普通高等教育风能与动力工程专业系列教材
中国可再生能源规模化发展项目（CRESP）资助
中国—丹麦风能发展项目（WED）资助

风力发电场

主　编　刘永前
副主编　施跃文　张世惠　韩　爽

机械工业出版社

本书主要介绍风电场设计、建设和运行维护的理论与技术。在风电场设计方面主要介绍了风能资源测量与评估、风电场宏观选址、微观选址、风电机组选型、风电场电气系统设计、风电机组基础设计、风电场财务评价等；在风电场建设方面主要介绍了风电机组的运输、安装以及风电场建设管理；在风电场运行维护领域主要介绍了风电场运行、设备维护检修等内容，并加入了风电场功率预测等新技术；最后简要阐述了海上风电场的设计、建设和运维技术。

本书的主要特点是系统地阐述了风电场全生命周期中的理论与技术，并简要介绍了风电场功率预测和海上风电等风电场领域的前沿技术。

本书是普通高等院校风能与动力工程本科专业的“风力发电场”专业课教材，也可作为从事风电场建设、运营和设计等工作的工程技术人员的培训和自学教材。

图书在版编目（CIP）数据

风力发电场/刘永前主编. —北京：机械工业出版社，2013.11（2025.1重印）
普通高等教育风能与动力工程专业系列教材
ISBN 978-7-111-43930-1

Ⅰ.①风… Ⅱ.①刘… Ⅲ.①风力发电-发电厂-高等学校-教材 Ⅳ.①TM614

中国版本图书馆CIP数据核字（2013）第209771号

机械工业出版社（北京市百万庄大街22号 邮政编码100037）
策划编辑：王雅新 责任编辑：王雅新
版式设计：常天培 责任校对：张玉琴
封面设计：张 静 责任印制：邓 博
北京盛通数码印刷有限公司印刷
2025年1月第1版·第7次印刷
184mm×260mm·12.5印张·307千字
标准书号：ISBN 978-7-111-43930-1
定价：35.00元

电话服务 网络服务
客服电话：010-88361066 机 工 官 网：www.cmpbook.com
010-88379833 机 工 官 博：weibo.com/cmp1952
010-68326294 金 书 网：www.golden-book.com
 机工教育服务网：www.cmpedu.com

普通高等教育风能与动力工程专业
系列教材编审委员会

序

开发利用风能是增加能源供应、调整能源结构、保障能源安全、减排温室气体、保护生态环境和构建和谐社会的一项重要措施，对于建设资源节约型和环境友好型社会，实现中国经济、社会可持续发展具有重要促进作用。目前，风力发电是风能利用的最主要方式。自2006年《中国可再生能源法》实施以来，我国风电连续多年保持快速增长，2010年成为全球风电新增和累计装机容量最多的国家，在短时间内步入世界风电大国行列。

随着我国风力发电产业的规模化发展和风能利用技术的不断进步，风力发电专业人才的培养显得越来越重要。2006年，教育部批准在华北电力大学设置了国内第一个“风能与动力工程”专业，之后国内多所高等院校也陆续设置了该专业。由于“风能与动力工程”专业是新专业，因此，其专业课程设置、教材建设和教学方法研究都需要一个探索和实践的过程。在中国政府/世界银行/全球环境基金—中国可再生能源规模化发展项目（CRESP）风电技术人才培养子赠款项目和中国—丹麦风能发展项目（WED）资助下，2008年成立了“风能与动力工程”本科专业教材编审委员会，开始组织编写“风力发电原理”、“风力机空气动力学”、“风力发电机组设计与制造”、“风力发电机组监测与控制”、“风力发电场”和“风电场电气工程”六部必修课教材。

风力发电是一个跨学科的专业，涉及许多学科领域。在专业教材编写时，从专业人才培养目标出发，除了要掌握专业基础知识外，还要掌握风能领域中的专业知识。教材初稿经过在华北电力大学本科学生的试用后，又对内容进行了修改和补充，形成了现在的第一版系列教材。随着我国从“风电大国”向“风电强国”，从“中国制造”向“中国创造”，从“国内市场”向“国际市场”的转变，我国风力发电产业将进入一个新的发展阶段，教材内容也需要不断补充和更新。编审委员会将会根据新的需求，结合教学实践对此系列教材不断进行完善。

在本系列教材编写和出版过程中，得到了中国可再生能源学会风能专业委员会、华北电力大学和机械工业出版社的具体指导，各书编审人员付出了辛勤的劳动，许多专家为本教材提供资料并审阅书稿，在此一并向他们表示衷心的感谢。

本系列教材除了用于高等院校“风能与动力工程”专业教学外，也可作为从事风电专业科技工作人员的参考书。

“风能与动力工程”专业教材编审委员会

2011年6月

前 言

风力发电场（简称风电场）指风力发电机组群组成的发电站，是风能规模化开发利用的主要形式。风力发电场的规划、设计、建设、运行和维护技术是风电技术的关键组成部分之一。

“风力发电场”是普通高等院校风能与动力工程专业的必修专业课程之一。内容涵盖了选址、测风、风能资源评估、风电场设计、风电场建设、运行和维护等风力发电场生命周期中的理论与技术，还介绍了海上风电场、风电场功率预测等新技术。本专业学生学习本课程，可为从事风电场投资、设计、建设及运营等工作奠定良好的理论和技术基础。本书也可作为从事风电场设计、建设和运行维护等工作的技术人员的参考资料。

本书包括绪论、风能资源测量与评估、风电场设计、风电场建设、风电场运行、风电场设备维护和海上风电场七章内容。第1章由韩爽编写，第2章由刘永前、张世惠编写，第3章由韩爽、刘永前编写，第4章由施跃文编写，第5章由刘永前、张世惠编写，第6章由张世惠编写，第7章由刘永前编写。史洁、王聪、龙泉、史晨星、李莉、刘瑞轩、徐强、阎洁、高小力、王一姝、刘子敏、高赞等参与了教材的部分编写和修改校核工作。全书由刘永前、韩爽统稿。贺德馨研究员对全书进行了审阅。

本书在编写过程中，参考了国内外大量文献，在此谨向相关文献的作者表示诚挚的感谢。尤其要感谢“中丹风能发展项目”、“中英海上风电培训项目”和荷兰 ECOFYS 公司为本教材提供了素材。

由于作者水平所限及风电技术的快速发展，编写过程中难免有疏漏及不当之处，希望读者不吝指正。

编　者

目　录

第1章 绪 论

1.1 国内外风电场发展历史、现状及趋势

1.1.1 风电场的定义

风力发电场是将多台并网型风电机组安装在风力资源好的场地，按照地形和主风向排成阵列，组成机群向电网供电，简称风电场。

1.1.2 风电场的发展历史

1. 美国

1973年石油危机发生后，美国政府鼓励开发可再生能源。风电场于20世纪80年代初在美国加利福尼亚州兴起。联邦政府和加利福尼亚政府对可再生能源的投资者分别减免25%的税赋，有效期到1985年底，并立法规定电力公司必须收购风电，价格是长期稳定的。

加利福尼亚州东边是沙漠，西边是太平洋，悬殊的日温差形成了强烈的海陆风。从加州的旧金山到洛杉矶之间有三个类似山口的地区，海陆风经过山口时气流加速，主风向只有东风和西风，而且气温越高风速越大，与空调的负荷需求相匹配，是非常好的风电场场址。在政策的鼓励支持下，1986年这三个风电场的总装机容量达到160万kW。

1986年后优惠政策中止，并且当地的很多风电机组没有经过认证，故障率高，所以此后一段时间内美国风电处于徘徊状态。20世纪90年代后期，美国又开始实行新的可再生能源发展政策，改为按可再生能源发电量减税，风电发展开始回升。

2. 丹麦

丹麦是风力发电的先驱。丹麦地形平坦，海岸线绵长，来自北海的风长驱直入，形成了良好的风资源。

丹麦最早树立的一批风电机组，没有经过官方的选址规划，也没有区域限制，导致很多风电机组接近住户，噪声大，引起社会的不满。1992年，丹麦议会提出了一个风力发电开发的指导意见，遭到大多数人的反对，认为树立的风电机组会对景观和自然环境产生负面影响。1994年，政府（风电机组选址委员会）颁布了一个建立当地风电发展规划的通知。规划权利下放到各个地方政府，各个地方政府再进行听证，划出可建区和不可建区；当地民众规划风电机组塔筒的高度、颜色和建设；全国统一规定，在农村地区风电机组噪声不得超过45dB，住宅区不得超过40dB；还规定了风电机组距离房屋、纪念馆、教堂、海岸、湖泊、溪流和森林的最小距离；划定区域还应避开各种保护区和风景名胜；同时还要考虑美学因素。1997年，大多数地方政府响应，提出了5065个场址，容量达到2381MW。

公众对风力发电的接受程度取决于其对当地决策的参与程度、风电场所有制和对当地经济的好处等方面。丹麦的民主传统历史悠久，社会问题经常通过公开对话的方式解决。在发

展风力发电时，首先承认风电场存在负面影响，在划定建设区域的同时，划定不可建设区域。在所有制方面，丹麦实行合作社制度，原则是谁受益，谁受损，即受到风力发电不利影响的民众同时也享受风力发电带来的用电方便、增加收入等各种好处。在社会经济方面，风力发电可增加当地税收以及提供工作岗位等。

3. 德国

德国具有中等的风能资源，陆地上的风电场场址基本已经开发殆尽。

1996 年，德国修改了联邦建筑法令，允许在乡村地区建设风电场，当地代表决定“适合区域”与“不适合区域”。德国北部风资源丰富，南部较差，因此风电发展存在南北差异。

同丹麦类似，当地政府及公众参与风电开发决策；在所有制方面，实行有限合伙的所有制形式，风电开发商首先成立自己的有限责任公司，然后在每个项目中，以开发商的有限责任公司作为一般合伙人，个人投资者作为有限合伙人，形成一种有限合伙关系，项目的收益根据每个合伙人的投资比例进行分配；土地租赁费用可以为农场主提供不菲收入，所以公众接受程度较高。

4. 西班牙

西班牙是半岛国家，有长的海岸线，具有良好的风资源。它有大面积的陆地，还有很多山区，人口密度低，适合发展风电，但是电网比较薄弱。

西班牙实行自治制度，自治区进行风电场开发规划，通过社会、经济和环境等各方面进行讨论，确定开发区域划分界限，公众也参与决策过程，因此公众接受程度比较高，同时土地租赁可以为当地小农场主带来可观的收益。

西班牙风电开发项目审批行政程序复杂，有 60 个规则、40 类程序（国家、自治区及当地等），大的项目审批可能要 5 年，会在一定程度上阻碍风电场的开发速度。

5. 英国

英国是岛国，有欧洲最好的风资源。

英国的风电场多为大公司所有，公众参与度低，当地税收很少，租赁费用给大的土地所有者，所以公众接受程度低。

英国强调“基于标准”的决策方法，即奉行谨慎和总体规划原则，而不是由土地的所有者和开发商来决定。50MW 以下的电站建设由当地规划部门授权，大的电站则由政府能源处（英格兰和威尔士）以及苏格兰行政部门（苏格兰）决定。批准程序繁琐而缓慢，在 1999~2003 年间，94% 的苏格兰规划得到批准，50% 的英格兰规划得到批准，40% 的威尔士规划得到批准；批准所需的时间为：苏格兰 10 个月，英格兰 8.5 个月，威尔士 23.4 个月。为改变可再生能源发展的落后局面，2004 年英国颁布了一项促进可再生能源发展的法令，在一定程度上促进了风电的开发。在近几年的风电发展尤其是海上风电发展中，英国表现出了良好的发展态势。

6. 法国

法国具有很好的风资源，其中布列塔尼（半岛）和北部海岸最为突出。

法国的风电开发规划决策系统类似于英国，空间发展规划不像丹麦、德国那样好，但也没有英国那样大的阻力。项目批准过程缓慢，市长负责审查项目的计划申请，可以行使否决权，但是项目批准要由相应的部门负责人来做。批准一个风电场，大约需要 27 个授权书。

因为风电项目一般均为大公司所有，所以公众接受程度较低。为更好利用风资源，促进风电发展，2005 年法国进行了项目审批改革，以缩短项目批准时间。

7. 印度

印度是亚洲地区风能发展较快的国家。原因有三：印度的经济崛起与快速发展，使得其国内的能源消耗大幅提升；印度国内拥有的石油及天然气的蕴藏量不多；印度严重缺电。鉴于这三个原因，为了维持能源供应的安全与稳定，自 20 世纪 80 年代起印度积极推广可再生能源政策。

当时印度是世界上唯一建立非常规能源部的国家，可再生能源的发展有了机构的支持和保障。印度建立了可再生能源投资公司，该公司专门为可再生能源技术的开发提供低息贷款，以及帮助可再生能源项目进行融资。建立风力发电经济激励政策，对风电场开发项目，政府提供 10% ~15% 的装备投资补贴；允许外资独资经营风电场；风电场项目 5 年免税；风电机组整机进口关税税率为 25%，散件进口为零税率；某些邦给予风力发电减免销售税的优惠；实行电力和电量转移政策，风电开发商可以在任何电网使用自己的风电机组发出的电力和电量，电力公司只收取 2% 的手续费；同时实行电量储存政策、直接售电政策和最低保护价政策。

8. 中国

1986 年，山东荣成进口了三台丹麦 Vestas 55kW 风电机，建立了中国第一个风电场。为促进风电发展，国家实行了多种激励政策，2005 年，《可再生能源法》颁布，把风电的发展列入法律法规作为一项长期的政策来执行；2006 年，国家发改委发布《可再生能源发电价格和费用分摊管理试行办法》，确定了风电价格的分摊机制；同年，国家发改委印发《可再生能源发电有关管理规定》，明确了可再生能源发电项目的审批和管理方式。这些法律法规为促进中国风电场的快速发展起到了重要的推动作用。自 2003 年以来中国风电的发展进入了快速增长期，图 1-1 为 2001 ~2012 年中国新增及累计风力发电装机容量统计图。

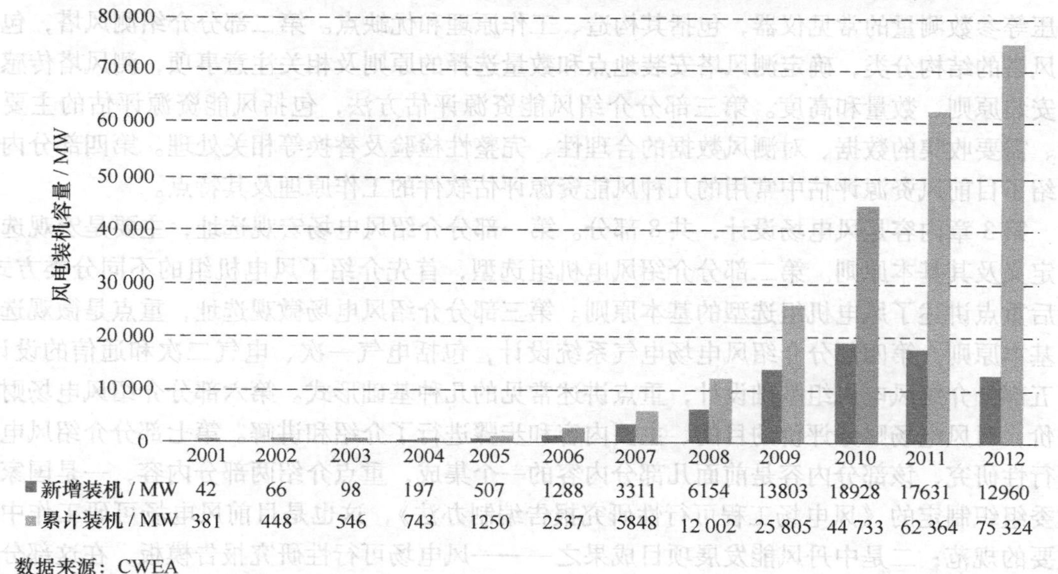

	2001	2002	2003	2004	2005	2006	2007	2008	2009	2010	2011	2012
新增装机 / MW	42	66	98	197	507	1288	3311	6154	13803	18928	17631	12960
累计装机 / MW	381	448	546	743	1250	2537	5848	12 002	25 805	44 733	62 364	75 324

数据来源：CWEA

图 1-1 2001 ~2012 年中国新增及累计风力发电装机容量

1.1.3 风电场的现状

伴随着风力发电机组单机容量的不断增加，风电场的装机容量也在大幅增长，尤其是中国，规划了若干千万千瓦级的风电基地，形成了集中分布的、大规模的风电场群。在技术方面，风资源评估、机组设计、风电场设计、海上风电场等都是有待提高和急需深入研究的领域。

1.1.4 风电场的发展趋势

随着陆地可用风场的逐步减少，人们将目光转向海上风电场；与此同时，大容量机组的开发也如火如荼；另外，更精细化的风资源评估软件正在研发之中；为保障风电的快速发展，电网建设也是人们关注的重要内容。

1.2 本课程的主要内容及要求

1.2.1 本课程的主要内容

《风力发电场》涵盖了风电场从选址、测风、风资源评估、风电场项目审批、风电场设计、风电场建设以及运行维护等内容，具体包括绪论、风能资源测量与评估、风电场设计、风电场建设、风电场运行和风电场设备维护、海上风电场共7章。

第1章绪论，以美国、丹麦、德国、西班牙、英国、法国、印度和中国为代表，介绍了国内外风电场开发技术的发展历史、现况及未来的发展趋势。作为开篇，系统介绍了《风力发电场》课程的主要内容及学习要求。

第2章内容是风能资源测量与评估，共4部分。第一部分介绍用于风速、风向、气温、气压等参数测量的常见仪器，包括其构造、工作原理和优缺点。第二部分介绍测风塔，包括测风塔的结构分类，确定测风塔安装地点和数量选择的原则及相关注意事项，测风塔传感器的安装原则、数量和高度。第三部分介绍风能资源评估方法，包括风能资源评估的主要指标、需要收集的数据、对测风数据的合理性、完整性检验及替换等相关处理。第四部分内容介绍了目前风资源评估中常用的几种风能资源评估软件的工作原理及其特点。

第3章内容是风电场设计，共8部分。第一部分介绍风电场宏观选址，主要是宏观选址的定义及其基本原则。第二部分介绍风电机组选型，首先介绍了风电机组的不同分类方式，然后重点讲述了风电机组选型的基本原则。第三部分介绍风电场微观选址，重点是微观选址的基本原则。第四部分介绍风电场电气系统设计，包括电气一次、电气二次和通信的设计。第五部分介绍风电机组基础设计，重点讲述常见的几种基础形式。第六部分介绍风电场财务评价，对风电场财务评价的目的、主要内容和步骤进行了介绍和讲解。第七部分介绍风电场可行性研究，该部分内容是前面几部分内容的一个集成，重点介绍两部分内容，一是国家发改委组织制定的《风电场工程可行性研究报告编制办法》，这也是目前风电场可研工作中最重要的规范；二是中丹风能发展项目成果之一——风电场可行性研究报告模板，在这部分内容中，主要突出了与《风电场工程可行性研究报告编制办法》的不同和改进之处。第八部分介绍风电场项目后评估，该内容也是中丹风能发展项目成果之一——风电场项目后评价，以案例的形式介绍了中丹风能发展项目对中国东北三个省六个运行风电场的评价及结论。

第4章内容是风电场建设，共8部分。该章内容从风电场投资者或者业主的角度出发，讲述了从项目公司成立到风电场试运行验收的整个过程。第一部分介绍风电项目公司的建立，包括建立条件、过程、组织结构及注册等内容。第二部分是设备采购和施工单位招标等。第三部分介绍风电机组运输，包括运输方式选择及注意事项等。第四部分介绍风电场工程施工组织设计以及土建施工和电气施工等内容。第五部分简单介绍风电场工程施工组织管理。第六部分介绍风电场工程管理即施工阶段管理，这也是风电场建设的主体阶段，包括风电场工程质量管理、风电场工程施工进度管理、风电场工程造价管理、风电场工程技术管理、风电场工程施工总平面管理及风电场安健环管理等诸多内容。第七部分内容是生产准备，风电场建成后，进入生产准备阶段，主要是为了保证新建（或扩建）风电场按时投产并高效运转而开展的一系列生产制度、人员、设备和技术等方面的准备工作。第八部分内容是风电场工程建设项目的验收，包括单项工程验收、单位工程验收、整套启动试运行验收和工程移交生产验收。

第5章内容是风电场运行，共5部分。第一部分介绍风电场运行规程，即为保证风电场正常运行必须遵循的规定和制度。第二部分介绍风电场安全规程，即为保证风电场运行人员和设备安全必须遵循的规章制度。第三部分介绍风电场监控系统，包括风电场监控系统的目的和意义、监控系统结构和功能等。第四部分介绍风力发电机组状态监测系统，包括风力发电机组状态监测的意义、基础以及目前常用的风力发电机组状态监测技术。第五部分介绍风电场功率预测系统，包括风电场功率预测系统的意义、分类、原理及发展现状。

第6章内容是风电场设备维护，共3部分。第一部分介绍风电场设备维护与检修，包括定期维护、不定期维护和风力发电机组油品的使用。第二部分介绍风电场备件管理，包括备品备件的分类、储备原则及保管等内容。第三部分介绍风电场检修规程，包括风电场检修的基本原则、风电场检修内容与要求。

第7章内容是海上风电场，共6部分。第一部分对海上风电的现状做了简单介绍。第二部分介绍海上风电的成本组成及影响因素。第三部分介绍海上风电场设计问题。第四部分介绍海上风资源测量。第五部分介绍海上风电场的建设及安装过程。第六部分介绍海上风电场的运营维护中可能会遇到及应注意的问题。

1.2.2 本课程的要求

（1）掌握风的形成原理，测风仪器及其工作原理，测风数据的处理，年平均风速、风功率密度、湍流强度等基本概念，风速随高度变化的基本原理，风速的统计特性，Weibull分布等概率密度函数；熟悉风的分级方法，测风步骤及测风塔的地点选择和安装，风能可利用区的分类，风能资源评估的主要步骤及其主要参数指标；了解世界风能资源的分布，我国风能资源的评估和分布。

（2）掌握风电场宏观选址、风电场微观选址和风电机组选型；熟悉WAsP、WindFarmer等软件的基本原理及其使用；了解风电场设计及前期工作的主要内容，风电场可行性研究报告的编制，风电场可行性研究报告的编制，项目核准的程序、内容及效力。

（3）了解风电场建设的前期准备工作，包括工程项目的初步设计和施工图设计，工程项目计划的制订和工程项目征地及建设条件的准备，设备、工程招标及承包商的选定、签订承包合同；风电场工程施工，包括施工许可、施工进度控制、施工投资控制、施工质量控制、施工安全管理；风电机组的运输、安装与调试；风电机组的试运行与验收。

(4) 掌握风电场运行内容及方法，风电场的日常维护，年度例行维护，故障处理；了解风电场的管理。

(5) 掌握海上风电场的特点、风资源测量、风电场建设及安装以及运维等知识，了解风电场成本构成及其影响因素。

习　题

1. 按时间顺序列举中国刺激风电发展的相关政策法规，并指出其对中国风电发展的具体意义。

2. 思考风力发电发展面临的主要问题。

第2章　风能资源测量与评估

2.1　风能资源测量仪器及其工作原理

风能资源测量仪器包括风速计、风向计、温度计和压力计等。

2.1.1　风速计

测量大气气流速度的装置叫做风速计，包括旋转式风速计、声学风速计、压力式风速计、散热式风速计、激光风速计等。旋转式风速计又分为风杯式和螺旋桨叶片式两种。

1. 风杯式风速计

目前应用最为广泛的是风杯式风速计。风杯式风速计的工作原理是让风吹动一个水平装配在柱子上的风轮，风轮由3～4个咖啡勺状的小碗组成，材料通常为工程塑料和金属（铝）材料，如图2-1所示。

风杯式风速计的结构是3个风杯连接在一个垂直轴上，总有一个风杯朝向风的方向。风杯将风的压力转化成旋转的扭矩。风杯的转速和风速在一定范围内呈线性关系。风速计内的转换器将风杯的旋转转化成电信号，然后通过电缆传输到记录仪内。

需要考察的指标包括起始风速和距离常数。

起始风速是风速计开始旋转的最小风速。根据风资源评估的需要，风速计要能够保持25m/s的风速，而不去考察小于1m/s风速的特性，要求起始风速在1m/s以下。

图2-1　风杯式风速计

距离常数描写的是风速计的惯性性能，就是对所有风速都保持不变的一种特性，正像它的名字一样，通过试验测定。平均风速与时间常数的乘积就称为距离常数。时间常数是指风吹过风速计时，风速计在经过一个风速的突然变化后恢复到63%的均衡速度所需要的最短时间，即风速计对风速变化的“响应时间”。较大的距离常数通常对应较重的风速计。当风速增加时转杯能迅速增加转速；但当风速突然降低时，由于惯性作用，转速却不能立即下降，这样会高估阵性风的风速（产生的平均误差约为10%）。

风杯式风速计中最常用的是三风杯式风速计，具有造价低、耐用且不受风向变化的影响等特点。技术指标见表2-1。

表2-1　风杯式风速计的技术指标

参　数	技术指标	参　数	技术指标
测量范围/(m/s)	0～96	运行温度范围/℃	-55～60
启动风速/(m/s)	0.78	运行湿度范围/(%)	0～100
距离常数/m	3.0	记录精度/(m/s)	0.1

风杯式风速计结构形式简单，相对而言不用保养，机械式功能方式，因而不会出现故障。缺点在于十字风杯具有惯性，启动时，风很小的时候它没有响应；强阵风后仍然继续高速运转一段时间；只测量水平方向的风。

2. 螺旋桨风速计

螺旋桨风速计如图 2-2 所示，由螺旋桨和支撑它的水平轴组成，水平轴尾部的叶片起到对风作用。与风杯式风速计相同，螺旋桨风速计产生与风速成正比的电信号，以此实现风速的测量和记录。表 2-2 是螺旋桨风速计的基本规格。

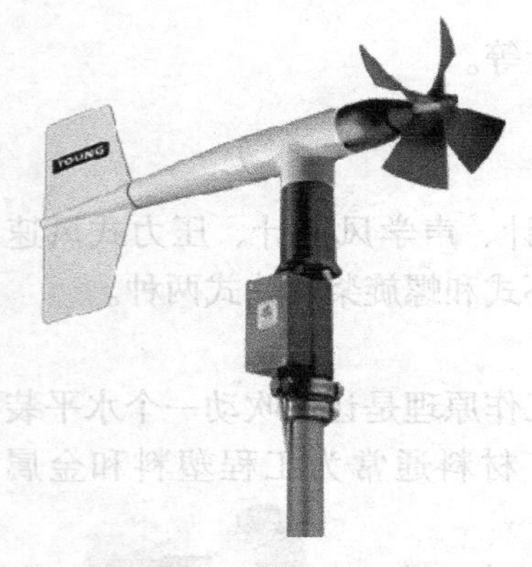

图 2-2 螺旋桨风速计

表 2-2 螺旋桨风速计的基本规格

	风速	风向	温度
测量范围	0～50m/s	0～360°	-40～60℃
起始数值	—	—	—
距离常数	—	—	—
运行温度范围	-40～60℃	-40～60℃	-40～60℃
运行湿度范围	0～100%	0～100%	0～100%
系统误差	—	—	—
分辨率	—	—	—

3. 超声波风速计

超声波风速计由四个四面体构成，在一个四面体的角上设置了一个超声波发送器和接收器，如图 2-3 所示，该仪器也装在气象柱上，四个传感器中的每一个向另外三个传感器发送超声波，此时风不仅在水平方向上而且在竖直方向上都传送声波，使得声音相应延时达到下一个传感器，通过这种延时，电子测定仪测量水平方向和竖直方向的风速。超声风速计的优势在于精度较高，对微小风速变化响应速度快，这是因为系统中不含旋转机械，无需克服摩擦力做功。超声波风速计可以附带测量竖直方向的风，若采用抗腐蚀材料制造超声波风速计，还可进一步降低日常维护成本。超声波风速计的缺点在于测量仪的敏感度高，成本很高，需配套使用加热设备以保证风速计不受冰雪影响。

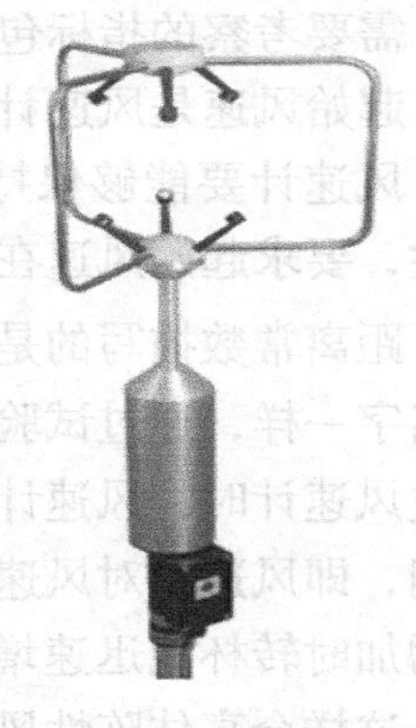

图 2-3 超声波风速计

4. 皮托（普朗特）管

图 2-4 所示为皮托管。它是一种广泛应用于航空等工业的压力测量仪器，用来测量流场中给定点的当地速度，而不是管道或导管中的平均速度。表 2-3 是皮托（普朗特）管风速计的技术指标。它由一个带直角弯角的短管和压力测量设备组成，弯管垂直置于流体中，出口正对来流方向。当流体流至弯管时无法继续向前流动，此时测量的压力为停滞压强（即总压力）。由伯努利方程可知

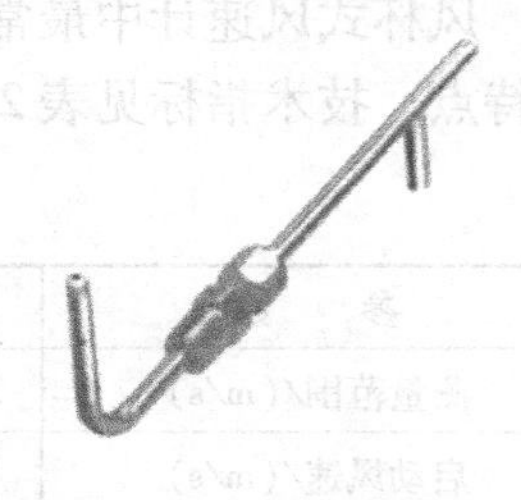

图 2-4 皮托（普朗特）管

$$p_t = p_s + \left(\frac{\rho V^2}{2}\right) \tag{2-1}$$

式中　V——流体的速度；

p_t——停滞压力或总压力；

p_s——静态压力；

ρ——流体的密度。

由上式可以求得流体速度为

$$V = \sqrt{\frac{2(p_t - p_s)}{\rho}} \tag{2-2}$$

表2-3　皮托（普朗特）管风速计的技术指标

名　称	测量单位	量程/(m/s)	精度/(%)	分辨率/(m/s)	温度/℃	差压范围/kPa
皮托管风速计	m/s, fpm(英尺/分钟)	0.1~40	0.5(max)	0.001	−20~800	±1.25

5. 热线式风速计

热线式风速计如图2-5所示，它是利用一根被电流加热的金属丝探针测量风速。流动的空气使金属探针散热，散热速率和风速的二次方根呈线性关系，再通过电子线路线性化（以便于刻度和读数），即可制成热线式风速计。热线式风速计分旁热式和直热式两种。旁热式的热线一般为锰铜丝，其电阻温度系数近于零，它的表面另置有测温元件。直热式的热线多为铂丝，在测量风速的同时可以直接测定热线本身的温度。当风速发生较小变化时，金属探针的温差较大，易于检测，因此热线式风速计在小风速时灵敏度较高，适用于对小风速的测量。它的分辨率在0~4.99m/s时为0.01，在5~50m/s时为0.1。

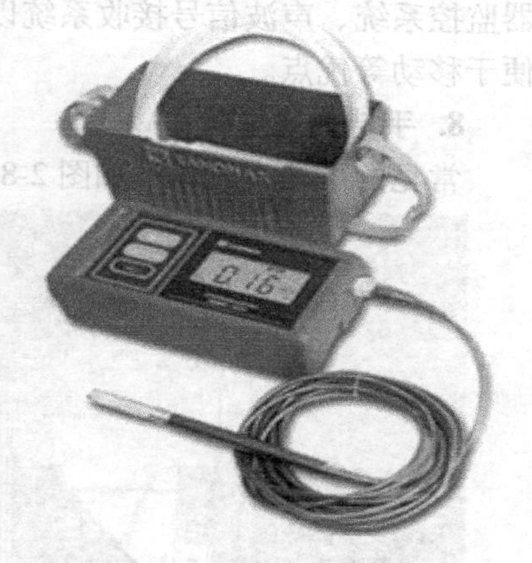

图2-5　热线式风速计

热线式风速计具有良好的响应能力（可达几百kHz甚至1MHz），其时间常数只有几十毫秒，是大气湍流和农业气象测量的重要工具。它还具有其他优点，如：测量范围大、信噪比高、可提供温度测量数据。但是，发热金属丝在一定程度上扰乱了真实流场，导致测量误差。此外，热线式风速计受环境影响较大：若空气中的杂质沉积于金属探针，不仅会改变风速计的测量特性，引起误差，还会降低风速计测量频率；若在高温环境中使用热线式风速计，环境温度会不可避免的引起测量误差。

6. 激光多普勒风速计

激光多普勒风速计如图2-6所示，它是利用光学技术测量一维、二维和三维的风速或湍流，既适用于自由流动也适用于管流动。非侵入性工作原理和方向敏感性使它非常适合于物理传感器难以或不可使用的场合，如：换向流动、化学反应、高温、旋转机械等。

激光多普勒作为一种很成熟的遥感技术，现在已经开始成功应用于风能领域。将一束激光束从设备中发射到空气中，通过测量空气颗粒反射回来的光的多普勒频移，获得风在单一光束方向上的速度。结合多个方向上的速度就可以获得风的速度矢量。优点是测量不干扰实际流场；无需校准设备；测量范围广（0 ~ 超声速）；可以对沿激光束任意方向各不同层面的气流速度进行连续测量，不需要安装测风塔。

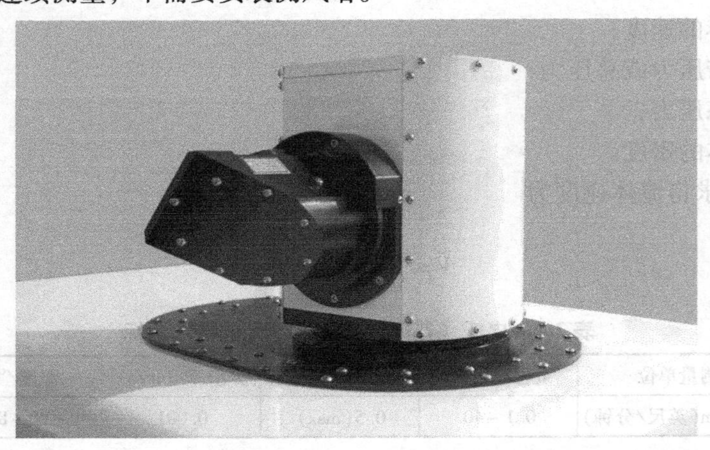

图 2-6　激光多普勒风速计

7. 相位多普勒风速计

相位多普勒风速计如图 2-7 所示，它是采用高频多普勒声雷达系统（Sodar），利用雷达原理定时发射声波，接收大气散射回波，记录并处理回波信号。它由信号发生器、高频扬声器监控系统、声波信号接收系统以及数据发送系统等组成。具有不需要测风塔、体积较小、便于移动等优点。

8. 手持式风速计

常见的手持式风速计如图 2-8 所示，其优点是携带方便、操作简单，数字直读。

图 2-7　相位多普勒风速计

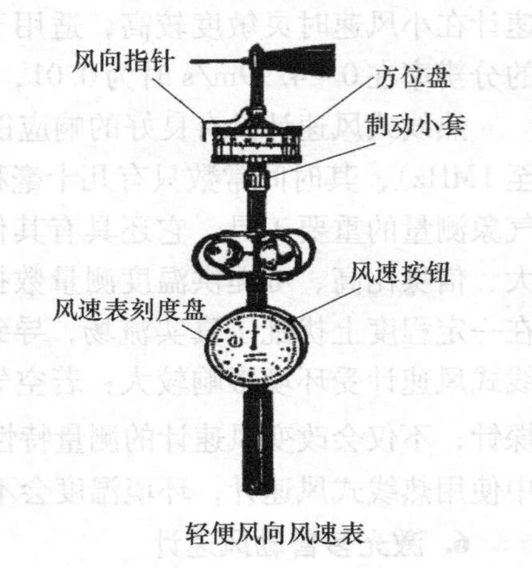

图 2-8　手持式风速计

2.1.2　风向计

风向计是一种测定风向的显示仪器。

1. 风向袋

在野外或没有测量仪器情况下，人们常用飘带或旗子作为风向标。在航空运输和公路运输中经常使用能绕垂直轴作水平旋转的锥形布袋，用以显示风向，如图2-9所示。有风时风吹进袋口，使锥底指示风的去向；布袋的倾角越小，表示风速越大。

除了纺织品做的风向标以外，风向传感器还常用金属或者塑料材料。

2. 风信鸡

风信鸡是应用最广泛的风向标，在许多教堂塔顶或者房顶上都能看到，如图2-10所示。风信鸡通常采用轻质金属制成，一方面增强耐用性，另一方面易于精确制造。风向标的形状与重量并不重要，但是，全部重量必须精确地平均分布以保证设备正常运行。除了风信鸡之外，还有各种各样其他的形状。

在风向探头上还常常有罗经刻度盘，可以附带显示天空的方向。

图2-9　风向袋

图2-10　风信鸡

3. 风向标

风向标是古老的辅助手段。大约2000年前，在希腊就已经使用风向标。例如，公元前80年，基尔赫丝（Kyrrhos）的安德龙尼克斯（Andronikos）就让人在由他资助的塔（风塔）上安装了风向标。美国密希根州的蒙太哥（Montague）安装了一个可能是最大的风向标。它高14. 6m，长4. 30m，重约2t。

图2-11所示为风向标，主要分为尾翼、平衡锤、指向杆、转动轴四部分，指向箭头永远指向风的来源。风向标的变换器由码盘和光电元件组成。风向标及轴随风转动，带动码盘在光电组件的缝隙中转动，使用电位计来传导相应产生的电信号。这个电信号通过电缆传导至记录仪内部，由风向标上的指北点相关联得出实际的风向值。因此，风向标上指北点的朝向至关重要。测量范围是0～360°，有的风向标是按照16个扇区来划分的，这种风向标不适合风资源评估使用。

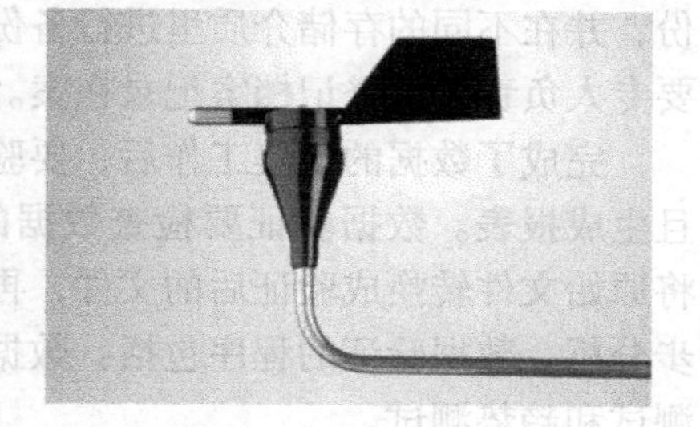

图2-11　风向标

2.1.3 大气温度传感器

大气温度传感器如图 2-12 所示，它由传感导体、防护盘和接口设备组成。传感导体通常用铝或者镍制成，常见的元件还有热敏电阻、电阻热探测器（RTDs）和半导体。接口设备或者数据测定器测量出电阻值用于计算实际气温。防护盘用来保护传感导体，避免受到阳光直接辐射。常见的防护盘为多层 Gill 型。

2.1.4 大气压力传感器

大气压力传感器如图 2-13 所示，其利用压电效应产生电压信号，并转化成标准输出(4 ~ 20mA/1 ~ 5VDC)储存在数据记录仪中。因此一般需要由外部电源供电。测量范围是 15 ~ 115kPa，准确度是 ±1.5kPa。实际工程中需要注意传感器型号与数据记录仪之间的兼容性。

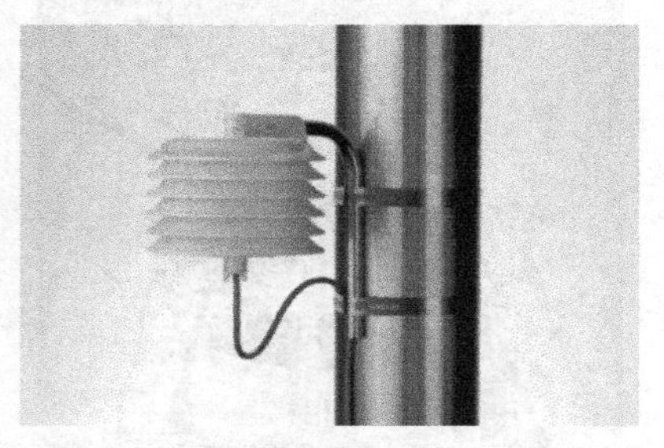

图 2-12 大气温度传感器

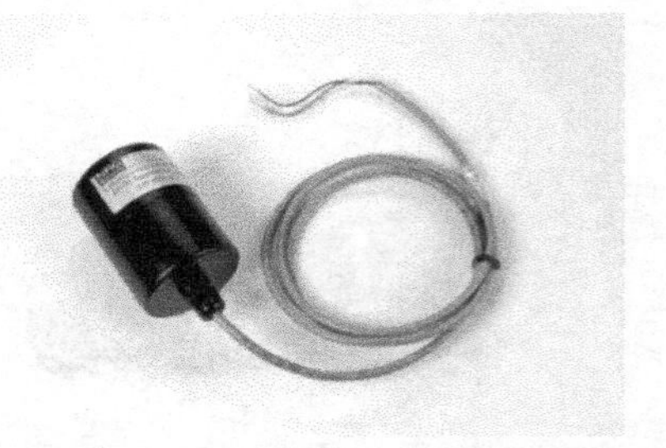

图 2-13 大气压力传感器

2.1.5 数据记录仪

数据记录仪（风资源自动记录仪）如图 2-14 所示，其主要技术参数有：

1）采样间隔；
2）数据记录间隔；
3）数据记录格式；
4）数据采集方式；
5）无线传输方式；
6）记录仪供电方式。

数据的采集和整理工作非常重要。用专用存储卡以及读卡器将数据读入到电脑里后，要及时制作数据的备份，并在不同的存储介质里进行备份。数据整理的工作要专人负责，并登记档案记录在案。

完成了数据的收集工作后，要验证和处理数据，并且生成报表。数据验证要检查数据的完整性和合理性，将原始文件转换成验证后的文件，再生成报表以供进一步分析。数据验证的程序包括：数据范围测试、相关性测试和趋势测试。

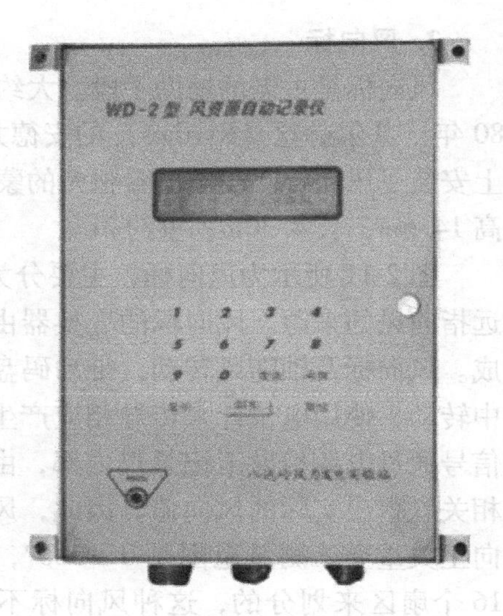

图 2-14 风资源自动记录仪

数据分析一般要计算三个重要指标：风切变指数、

紊流强度和功率密度。

测风设备厂家一般提供数据分析的报表程序，负责整理数据的人员要每一个月或每一个季度向项目经理呈报一次报表。

这里描述的参数是指记录在数据记录仪里的内部记录功能参数。一般每2s采样一次数据，并记录每10min的最大值、最小值、平均值以及标准偏差，主要用于后期的数据处理。

（1）平均风速。所有测量参数均需计算10min的平均值，这是目前风能测量的标准化时间间隔。除风向外，其余参数的平均值均指所有样本数据的平均值，而风向平均值是一个单位矢量（合成）值。平均值用来生成风速变化性的报告，以及风速和风向的频率分布报告。

（2）标准偏差。风速和风向需要计算标准偏差值。风速和风向的标准偏差值是考察紊流强度和气流稳定性的指标。同时，标准偏差也可以用于检验平均值的正误。

（3）最大值和最小值。风速和温度的最大、最小值是在指定区间内，以2s为采样间隔所得的最大、最小读数，需要每日记录。在记录最大、最小风速的同时，还应记录最大、最小风速所对应的风向。

2.2　测风塔的结构、地点选择和传感器安装

2.2.1　测风塔结构类型

测风塔是用于安装风速、风向等传感器以及风数据记录器、测量气象参数的高耸结构。测风塔由塔底座、塔柱、传感器支架、避雷针、杆体、拉线等部分组成。按照测风塔结构类型可以分为桁架型和圆筒型；按照测风塔矗立方式可以分为自立型和拉线型。风电场最常见的测风塔是桁架拉线型。桁架型结构形式较为稳定，塔架承受风的载荷作用较小，抗风能力强。桁架型结构分为三角形桁架和四边形桁架两种，三角形桁架最为经济，当三角形桁架不能满足受力及变形要求或经济要求时，可选用四边形桁架结构。立杆拉线型测风塔受力较为合理，可靠性高，塔体截面小，塔架材料用量小，但拉线基础数量多，施工工艺复杂。风电场内建设的测风塔多采用钢绞线斜拉加固的方式。

在沿海地区，测风塔结构要能承受当地30年一遇的最大风载的冲击，表面应涂有防盐雾腐蚀涂层。

2.2.2　测风塔高度选择

风速是风能资源测量最重要的指标，选择多个测风高度是为了计算风电场的风切变特性，模拟不同风电机组轮毂高度下的风况以及数据备份。安装测风塔时，其最高高度不应低于拟安装风电机组的轮毂高度，其余高度可按10m的整数倍选取。以70m测风塔为例来介绍不同测风高度的用途：

70m：这个高度可以代表某些风电机组的轮毂高度，目前还有一些风电机组的轮毂高度通常在65m~110m高度范围。

60m：风能资源评估时利用这个高度测量的数据检验数据合理性或者插补其他高度的缺

测数据。

25m：这是风电机组叶片的最小高度，可以计算风轮扫掠面积内的风能情况。

10m：标准气象测量高度。

2.2.3 测风塔地点和数量选择

测风塔地点应选择具有代表性的位置，所选位置的风况基本代表该风电场的风况；应避免选择极端位置（最高或最低点）以及在高大建筑物、树木等障碍物附近；要考虑测风塔附近陡峭地形对低层测量的影响；与单个障碍物距离应大于障碍物高度的3倍，与成排障碍物距离应保持在障碍物最大高度的10倍以上；应选择在风电场主风向的上风向位置；要考虑土地利用、建筑许可、入场道路等因素。

测风塔数量选择应依据以下原则：测风塔数量依风电场地形复杂程度而定，对于较为平坦地形的风电场，可以选择1处测风塔址，一般1个测风塔覆盖20~30MW，风资源测量时间至少为一年；复杂地形条件下则需要更多的测风塔。

测风塔的位置和数量一定要先在地形图上确定，再到现场勘察、调整并最终确定。

2.2.4 测风塔传感器的安装

测风传感器在塔架上用支架安装，必须尽量减小塔架、支架、传感器和其他设备对所测参数的影响。

一座测风塔上应安装多层测风仪，以确定风速随高度的变化（风剪切效应）；至少在10m高度和拟安装风电机组的轮毂中心高度处各安装一套风速风向仪，安装高度一般有10m、25m、40m、50m、60m、70m等高度；温度计、压力计安装高度一般较低，一个风场安装一套即可。图2-15为风速传感器的安装示意图。

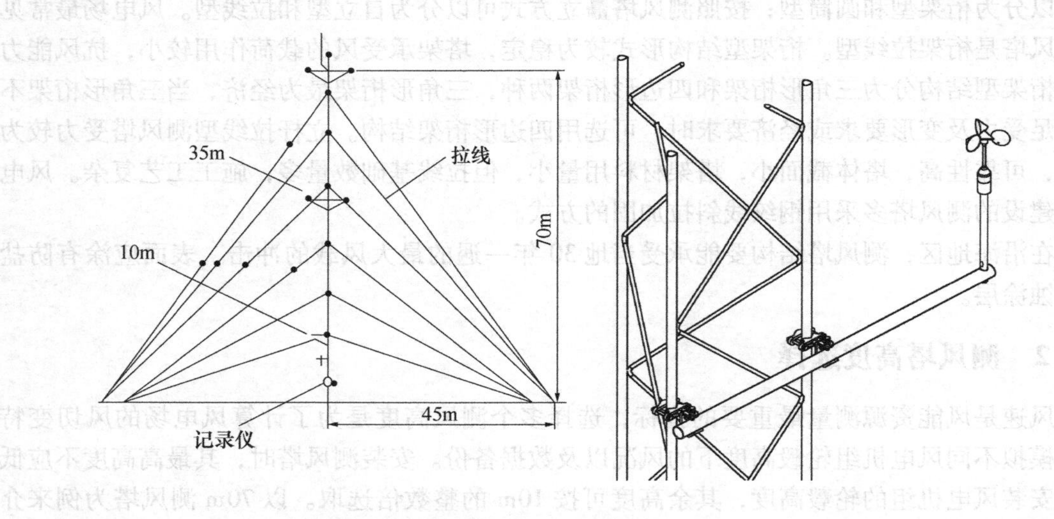

图2-15 风速传感器安装示意图

上层传感器安装在离塔架顶端至少0.3m的位置，以减少塔影效应；传感器要安装在单独的横梁上，支架应水平地伸出塔架以外至少3倍桁架式塔架的宽度，或6倍圆筒式塔架的直径；传感器安装在塔架主风向的一侧，应在支架以上至少8倍支架直径的高度；应有一处迎主风向对称安装两套风速、风向传感器；风向标应根据当地磁偏角修正，保证按实际“北”定向安装。

温度传感器要带保护罩，安装位置离塔架表面至少一个塔架直径的距离，以减小塔架本身热效应的影响；传感器在塔架上的位置要尽可能在盛行风向上，以保证足够的通风。

在数据采集器内放置干燥剂包以防潮，把数据采集器、连接电缆、通信设备放入安全的防护箱内锁住，保证设备安全，同时抵御酸雨、冰冻、沙尘等恶劣天气。防护箱在塔架的安装位置要足够高（离地1.5m处），高于平均积雪深度，并能防止故意破坏。如果用太阳能做电源，要把太阳能电池板放到防护箱之上以防阴影，朝向南方并接近直立，以减少脏物堆积和保证在冬季太阳角度较低时能获得最大的能量。确保所有进出设备防护箱的电缆都有滴水回路，密封防护箱的所有开口，以防止漏雨、昆虫和啮齿动物造成破坏。

测风塔顶部应安装避雷装置。塔身部分应悬挂“请勿攀登”的明显安全标志。在有牲畜出没的地方，应设防护围栏。

2.3 风能资源评估方法

建设风电场最基本的条件是要有能量丰富、风向稳定的风能资源，选择风电场场址时应尽量选择风能资源丰富的地点。因此风能资源的评估工作至关重要，将直接影响风电场经济效益。

风能资源评估包括对气象站气象资料的整编和对测风资料的分析，根据《风电场风能资源评估方法》GB/T18710—2002标准，对风电场测风数据进行订正；计算相关的风能参数，利用专业的风能资源评估软件（WAsP、WindFarmer等）绘制风电场预装风电机组轮毂高度的风能资源分布图，结合风电机组功率曲线计算各风电机组的发电量等参数，对风电场风能资源进行评估，以判断风电场是否具有开发价值。

2.3.1 风能资源评估所需要的基础资料

从地方气象台、站和有关部门收集气象、地理及地质数据资料，对其进行分析和归类，从中筛选出具有代表性的完整的数据资料。包括能反映某地风气候的多年（10年以上，最好30年以上）平均值和极值，如平均风速和极端风速、风向、平均和极端（最低和最高）气温、平均气压、雷暴日数以及地形地貌等。

风电场现场测风塔各高度实测10min平均风速、风向资料，测风时间至少为一年。

2.3.2 气象站资料分析

对从气象站收集到的多年资料进行分析，检验气象站周围环境的变化和仪器的变更，从而判断数据是否具有较好的代表性。判断测风年在长系列数据中的位置，从而判定大小风年。根据长系列风向资料判断该地区的主导风向。

2.3.3 测风资料分析

测风资料的检验分为完整性检验和合理性检验。

1. 完整性检验

测风塔一年实测 10min 完整数据个数应为 52 560（闰年为 52 704），通过对实测数据的检验，得到实测数据占应测数据的百分比即为实测数据的完整率。

2. 合理性检验

合理性检验包括范围检验、相关性检验和趋势检验。

（1）范围检验。测风塔各测量参数的合理范围见表 2-4。

表 2-4 各测量参数的合理范围

测量参数	合理范围
风速	$0 < V < 60$m/s
湍流强度	$0 < I < 1$
风向	$0 < D < 360°$
气压	940hPa $< P <$ 1 060hPa

（2）相关性检验。相关性检验统计表见表 2-5。

表 2-5 测风塔相关性检验统计

主要参数	合理相关性
50m/30m 高度小时平均风速差值	<2.0m/s
50m/10m 高度小时平均风速差值	<4.0m/s
50m/30m 高度风向差值	<22.5°

（3）趋势检验。趋势检验统计表见表 2-6。

表 2-6 测风塔趋势检验统计

主要参数	合理相关性
1h 平均风速变化	<6m/s
1h 平均气温变化	<5℃
3h 平均气压变化	<10hPa

注：各地气候条件和风况变化很大，三个表中所列参数范围供检验时参考，在数据超出范围时应根据当地风况特点加以分析判断。

3. 不合理数据和缺测数据的处理

列出所有不合理数据和缺测数据及其发生时间，对不合理数据再次进行判断，挑出符合实际情况的有效数据，回归原始数据组；将备用的或可供参考的传感器同期记录数据，经过分析处理，替换已确认为无效的数据或填补缺测的数据。

4. 数据检验结论

根据《风电场风能资源评估方法》GB/T 18710—2002 的要求，经过数据检验和处理，测风塔各高度风速、风向有效数据完整率应在 90% 以上。

$$有效数据完整率 = \frac{应测数目 - 缺测数目 - 无效数据数目}{应测数目} \times 100\% \qquad (2\text{-}3)$$

2.3.4 测风数据订正

根据风场附近长期测站的观测数据，将验证后的风场测风数据订正为一套反映风场长期平均水平的代表性数据，即风场测风高度上代表年的逐小时风速风向数据。

1. 数据订正的理想条件

1）同期测风结果与气象站数据的相关性较好。

2）气象站具有长系列规范的测风记录。

3）气象站与风场具有相似的地形条件。

4）气象站距离风场比较近。

2. 数据订正方法

（1）绘制风场测站与对应年份的长期测站各风向象限的风速相关曲线。某一风向象限内风速相关曲线的具体做法是：建一直角坐标系，横坐标轴为基准站（气象站）风速，纵坐标轴为风场测站的风速。取风场测站在该象限内的某一风速值（某一风速值在一个风向象限内一般有许多个，分别出现在不同时刻）为纵坐标，找出长期测站各对应时刻的风速值（这些风速值不一定相同，风向也不一定与风场测站相对应），求其平均值，以该平均值为横坐标即可定出相关曲线的一个点。对风场测站在该象限内的其余每一个风速重复上述过程，就可作出这一象限内的风速相关曲线。对其余各象限重复上述过程，可获得16个风场测站与长期测站的风速相关曲线。

（2）对每个风速相关曲线，在横坐标轴上标明长期测站多年的年平均风速，以及与风场测站观测同期的长期测站的年平均风速，然后在纵坐标轴上找到对应的风场测站的两个风速值，并求出这两个风速值的代数差值（共有16个代数差值）。

（3）将风场测站数据的各个风向象限内的每个风速都加上对应的风速代数差值，即可获得订正后的风场测站风速风向资料。

2.3.5 风资源参数计算

在进行风能资源评估及风电场选址时，要考虑以下几个主要指标及因素。

1. 空气密度

风电机组通过把风力转化为作用在叶片上的转矩获得能量，这部分能量取决于流过叶轮的空气的密度、叶轮的扫风面积和风速。因此，空气密度也是决定风能大小的重要因素。

$$\rho = \frac{P}{RT} = 1.055\ (\mathrm{kg/m^3}) \tag{2-4}$$

式中 P——年平均大气压力，Pa；

R——气体常数，287J/kg·K；

T——年平均空气开氏温标绝对温度（K），T = 摄氏温度 t + 273°C。

2. 平均风速、风功率密度

平均风速是最能反映当地风能资源情况的参数，分为月平均风速和年平均风速。由于风的波动性，计算时一般使用年平均风速。年平均风速是全年瞬时风速的平均值。年平均风速越高，则该地区风能资源越好，安装风电机组的单机容量也可相应提高，风电机组的输出特性也较好。

由风能公式可知，风功率密度只与空气密度和风速有关，对于特定地点，当空气密度视为常量时，风功率密度只由风速决定。

由于风速具有随机性，其值每时每刻都在变化，因此不能使用某个瞬时风速值来计算风功率密度，只有使用长期风速观测资料才能反映其规律。

风功率密度越高，则该地区风能资源越好，风能利用率也高。风功率密度的计算可依据该地区多年的气象站数据和当地测风设备的实际测量数据进行，也可利用 WAsP 软件对风速风向数据进行精确的分析处理后再进行计算。

3. 风速年变化、日变化

风速年变化是风速在一年内的变化。我国一般是冬春季风速大，夏秋季风速小，有利于风电和水电互补，将风电机组的检修时间可以安排在风速最小的月份。同时，风速年变化曲线与电网年负荷曲线对比，一致或接近的部分越多越理想。

风速虽瞬息万变，但如果把多年的资料平均起来便会显出一个趋势。一般说来，风速日变化有陆、海两种基本类型。陆地白天午后风速大，夜间风速小，因为午后地面最热，上下对流最旺，高空大风的动量下传也最多；海洋上，白天风速小，夜间风速大，这是由于白天大气层的稳定度大，海面上气温比海温高所致。

4. 主要风向分布

风向及其变化范围决定风电机组在风电场中的确切排列方式，风电机组的排列方式很大程度地决定各台风电机组的输出功率，从而决定风电场的效益，因此，盛行风向及其变化范围要精确。同平均风速一样，风向的统计分析也要依据多年的气象站数据和当地测风设备的实际测量数据进行。利用 WAsP 软件可对风向及其变化范围进行精确的计算确定。

5. 50 年一遇最大风速

按照《全国风能资源评价技术规定》中最大风速采用极值 I 型概率分布，其分布函数为

$$F(x) = \exp\{-\exp[-\alpha(x-\mu)]\} \tag{2-5}$$

式中 α——分布的尺度参数；

μ——分布的位置参数，即分布的众值。

$$\mu = \frac{1}{30}\sum_{i=1}^{30} V_i \tag{2-6}$$

$$\sigma = \sqrt{\frac{1}{29}\sum_{i=1}^{30}(V_i-\mu)^2} \tag{2-7}$$

$$\alpha = \frac{C_1}{\sigma} \tag{2-8}$$

$$u = \mu - \frac{C_2}{\alpha} \tag{2-9}$$

式中 V_i——连续 n 个年最大风速样本序列（$n \geqslant 15$）；

C_1，C_2——概率分布参数，取值参照表 2-7。

气象站 50 年一遇最大风速 $V_{50-\max}$ 计算得

$$V_{50-\max} = u - \frac{1}{\alpha}\ln\left[\ln\left(\frac{50}{49}\right)\right] \tag{2-10}$$

表2-7 极值Ⅰ型概率分布参数取值表

n	C_1	C_2	n	C_1	C_2
10	0.949 70	0.495 20	60	1.174 65	0.552 08
15	1.020 57	0.518 20	70	1.185 36	0.554 77
20	1.062 83	0.523 55	80	1.193 85	0.556 88
25	1.091 45	0.530 86	90	1.206 49	0.558 60
30	1.112 38	0.536 22	100	1.206 49	0.560 02
35	1.128 47	0.540 34	250	1.242 92	0.568 78
40	1.141 32	0.543 62	500	1.258 80	0.572 40
45	1.151 85	0.546 30	1000	1.268 51	0.574 50
50	1.160 66	0.548 53	∞	1.282 55	0.577 22

通过长系列数据计算出气象站50年一遇最大平均风速后，通过相关性分析，推算出风电场轮毂高度处50年一遇最大风速。

6. 湍流强度

湍流强度是风速的标准偏差与平均风速的比值，用同一组测量数据和规定的周期进行计算。湍流强度是描述风速随时间和空间变化的程度，反映脉动风速的相对强度，是描述大气湍流运动特性的最重要的特征量。湍流很大程度上取决于环境的粗糙度、地层稳定性和障碍物。

$$I=\frac{\sigma}{V} \tag{2-11}$$

式中 σ——风速的标准偏差；

V——10min 平均风速。

7. 风切变指数

风速随高度增加而增大的趋势变化曲线称为风廓线，其变化规律称为风切变规律。在大气边界层中，风速随高度有显著变化，但由于地面粗糙度不同，风速随高度的变化也就不同。风速随高度的变化，是风速受地面粗糙度的影响而引起的，大气低层常用指数公式表示风速和高度的变化关系：

$$V_h=V_0\left(\frac{X_h}{X_0}\right)^{\alpha} \tag{2-12}$$

式中 V_h——高度 X_h 处的风速；

V_0——高度 X_0 处的风速；

α——风切变指数。

一般来讲，地球表面的粗糙程度越复杂，对风的减速效果越明显。例如，森林和城市对风速影响很大，机场跑道对风的影响相对较小，而水面对风的影响更小，草地和灌木地带对风的影响相对较大。

8. 年风能可利用时间

年风能可利用时间是指一年中风电机组在有效风速范围（一般取3～25m/s）内的运行时间。一般年风能可利用小时数大于2 000h的地区为风能可利用区。

2.3.6 测风数据用于风能资源的评估

对计算处理后的各项参数指标及其他因素进行评估，其中包括重要参数指标的分析与判断，如风功率密度等级的确定、风向频率及风能的方向分布、风速的日变化和年变化、湍流强度分析、天气等；将各种参数以图表形式绘制出来，如绘制全年各月平均风速、风速频率分布图，各年、月风向和风能玫瑰图等，以便直观地判断风速风向变化情况，从而估计和确定风电机组机型和排列方式。

2.4 风能资源评估软件

2.4.1 WAsP软件

丹麦Risφ国家实验室开发的WAsP软件是风力气象预报、风力发电机和风电场产能预报的PC平台应用工具，服务于风力气象和风力相关产业。可以在Windows 98/ME/NT4/2000/XP系统下工作。图2-16为WAsP软件操作界面。

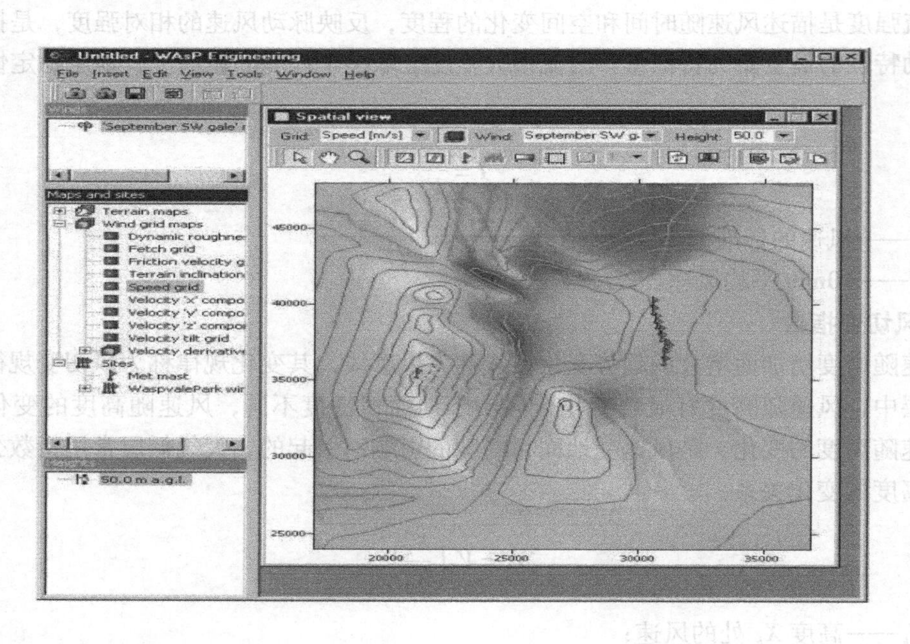

图2-16 WAsP软件操作界面

该软件主要功能有：区域风资源分布计算，风电场发电量计算，风电场布机效率计算等。WAsP软件考虑不同的地形条件、地表粗糙度和障碍物对风资源分布的影响，根据估算到的某点的风能资源状况，利用风电机组的功率曲线计算该风电机组的发电量。随着版本的不断更新，增加了尾流对发电量的影响模块，同时加入了风场效率计算工具等，计算风电场的理论发电量。

软件的不足之处有：

1）WAsP 软件主要针对欧洲的风资源分布特点开发，对于我国某些地区的风速分布特点不完全服从 Weibull 分布，在使用和原理上存在误差。

2）该软件主要适用于较为平坦的地形，对于复杂地形（如坡度较大时），其计算结论也存在较大的误差。

3）发电量计算没有考虑非标准状况下，空气密度变化带来的发电量偏差。

2.4.2　WindFarmer 软件

WindFarmer 软件是英国风能咨询公司 Garrad Hassan 开发的风电场设计和优化的集成软件工具。

该软件在用户给定了环境、技术和建筑物等限制条件时，能够自动优化风电机组布局以获得最大发电量。优化布局时，用户可以根据自己的实际情况，设置相应的限制条件：最小风机间距，噪声，可见性以及住宅、建筑物和雷达视线的距离等，得到适合该地区的最优风电机组布局；在计算发电量时，考虑了地形和尾流效应的影响和附近已有风电场对发电量的影响；能够对风电机组进行产能最大化和成本最小化的设计，并使其符合自然条件、规划设计和工程建设的要求；还能进行风力流动计算、噪声计算和风速数据的测量-相关联-预测分析（MCP）。采用可视化工具创建集锦照片，包括图像动画、风电场电缆视图显示、阴影闪烁分析和创建视觉影响区域地图。图 2-17 为该软件操作界面。

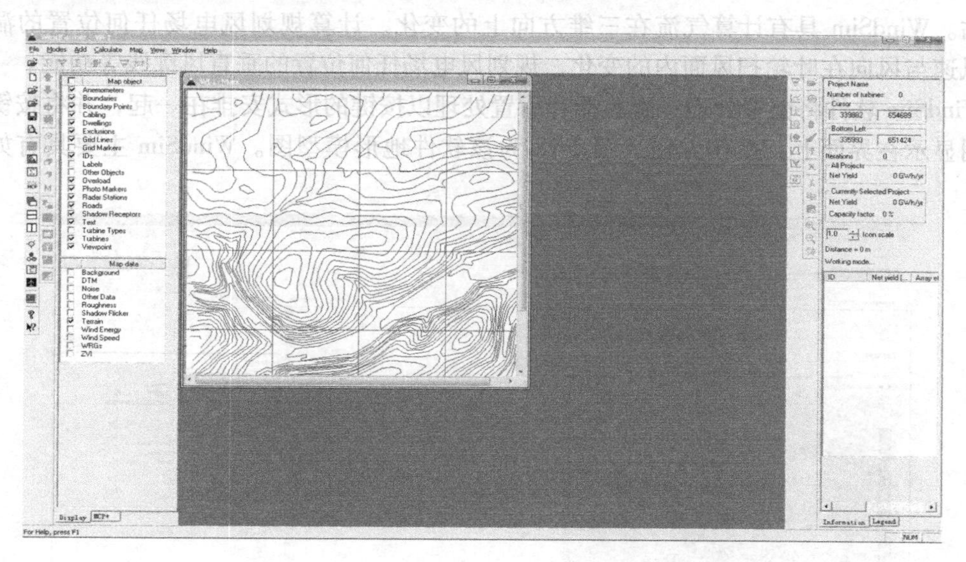

图 2-17　WindFarmer 操作界面

WindFarmer 作为一种模块化软件，包含了以下多个分析计算模块：

1）基本模块，优化设计的核心模块，计算风电场发电量和优化风电机组布局。

2）MCP^+ 模块，能够根据测风数据确定长期的风能资源分布情况。

3）湍流强度模块，计算地形和风电机组尾流效应对环境湍流强度值的影响。

4）电气模块，计算电气损耗和无功功率，并检查超负荷元件。

5）阴影闪烁模块。

6）财务模块。

7）视觉效果模块。

2.4.3 WindSim软件

WindSim软件是由挪威WindSim公司开发，基于计算流体力学方法的风电场选址及风能资源评估软件，适合复杂地形的风能资源评估（尤其是坡度超过16.7°）。目前，WindSim采用模块化的方法来完成微观选址的过程，WindSim软件主要具有如下6个模块：

1）地形模块：基于高度和粗糙度数据建立数值模型。

2）风场模块：对风场进行数值计算。

3）对象模块：用于设置和处理风电机组信息及测风数据。

4）结果模块：分析数值风场。

5）风资源模块：采用统计方法，利用测风数据和风场数值结果提供风能资源图。

6）能量模块：通过统计方法，考虑了尾流损耗等效应，利用测风数据和风场数值结果来计算年发电量，并确定风电机组载荷计算所需的风能特性数据。

其中，风场计算模块采用计算流体力学商用软件Pheonics的结构网格解算器部分。WindSim软件采用计算流体力学软件来模拟场址内的风场情形，可以计算出相对复杂地形下的风场分布情况，因此，WindSim软件可以用于相对复杂地形条件下的风电场选址及风能资源评估。WindSim具有计算气流在三维方向上的变化、计算规划风电场任何位置的湍流强度、风速与风向在叶轮扫风面内的变化、规划风电场任何位置的垂直风廓线等功能。

WindSim软件将前置处理、解算器和后置处理以按键的形式安排在一起，并将按键的功能说明显示在界面上，操作方便。图2-18为该软件地形模型图。WindSim主要具有如下优势：

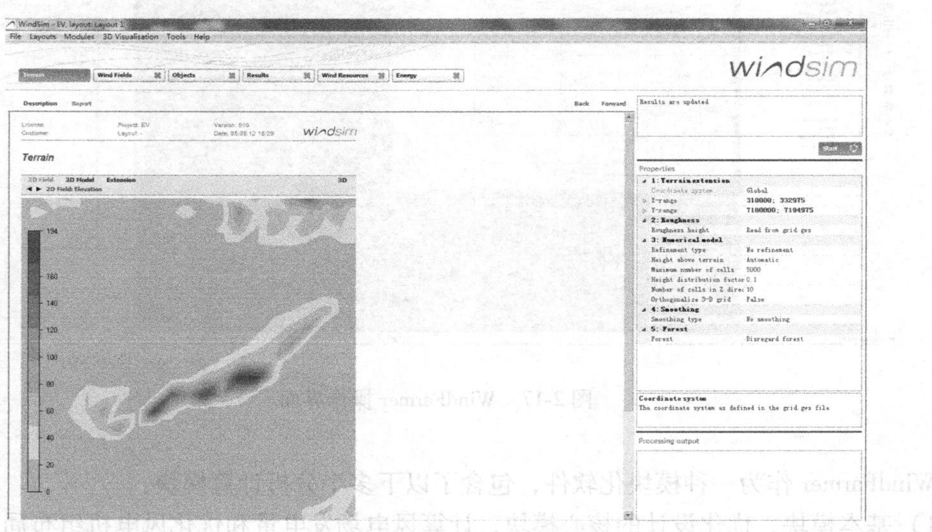

图2-18 WindSim地形模型图

1）软件采用双方程湍流模型，对复杂地形的模拟更精确。

2）将风电机组直接加入风场模拟，尾流计算更为准确。

3）软件能够优化风电机组布局设计。

4）软件具有噪声计算、AEP 密度修正等功能。

2.4.4　Meteodyn WT 软件

Meteodyn WT 软件是法国美迪顺风公司（Meteodyn）开发出的一款针对复杂地形的风能资源评估软件。该软件的核心是一组专门用于大气流研究的流体力学计算编码（CFD）。

Meteodyn WT 使用计算流体力学方法（CFD），适合复杂地形下的风能资源评估。其主要特点包括：

1）将多个测风塔以及每个测风塔不同高度的风流数据载入软件中进行综合计算，具有“多测风塔综合功能”。

2）直接输入测风的时间序列数据，而不通过威布尔拟合，降低结果的不确定性。

3）考虑热稳定度问题。例如在海边开发的风电场，由于海陆本身的物理属性不同，从海面吹来的风与陆地吹来的风具有不同的风廓线，那么可以通过 WT 软件按照不同的方向进行不同的热稳定度设定，从而达到更好的结果。

4）能够更为准确地计算场区每一点处的极风，在已知测风点处或区域极风（3s 或 10min）的情况下，可以推算整个场区每一点处的极风情况，为风电机组的载荷评估奠定基础，这对模拟台风等极端风况有帮助。

Meteodyn WT 具有多个应用模块，是风资源评估的一种有效工具，操作界面如图 2-19 所示。

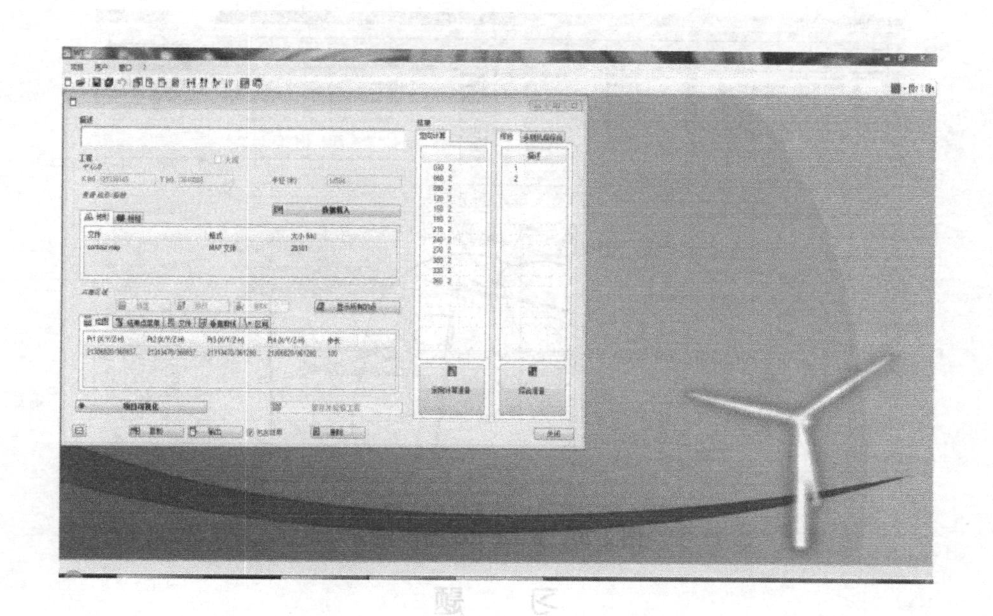

图 2-19　Meteodyn WT 操作界面

2.4.5 WindPRO 软件

WindPRO 软件是由丹麦 Energi-og Miljødata（EMD）协会开发的风能资源评估和风电场设计软件。WindPRO 软件在 Windows 98/ME/NT/2000/XP 下运行，可运用于单台风电机组和一个风电场的设计，采用模块结构，共有 8 个模块，每个模块均是完整的，可以单独运行，但又是相互关联的，一个模块的输入数据改变，其他模块也相应地做出修正。图 2-20 为软件操作界面。

该软件与 WAsP 软件功能类似，并兼有 Windfamer 软件的大部分功能，完全可视化界面，部分模块是基于 WAsP 软件之上的。该软件包括了多种类型的模块：基本模块、能量模块、环境模块、可视化模块、并网和规划模块，经济性模块等，每个模块都有不同的功能。该软件的主要特点有：

1）与 WAsP 软件、CFD 软件等有相应的接口，在遇到较为复杂的山地地形时，所有的数据输入和处理都可以在 WindPRO 软件中完成，输入数据通过本接口导出到所选的 CFD 模型。CFD 模型处理完数据后，再将流体仿真结果导入 WindPRO 中，由 WindPRO 利用 WindPRO 的风电场模型和风电机组数据，结合 CFD 风流仿真结果完成风电场发电量估算。

2）方便灵活的测风数据分析手段，用户可以方便地剔除无效测风数据，并对不同高度的测风数据进行比较，寻求相关性，评价测风结果。

3）可计算风电机组实际位置的空气密度。

4）自动修正标准条件下的风电机组功率曲线。

5）可计算风电场规划区域的极大风速。

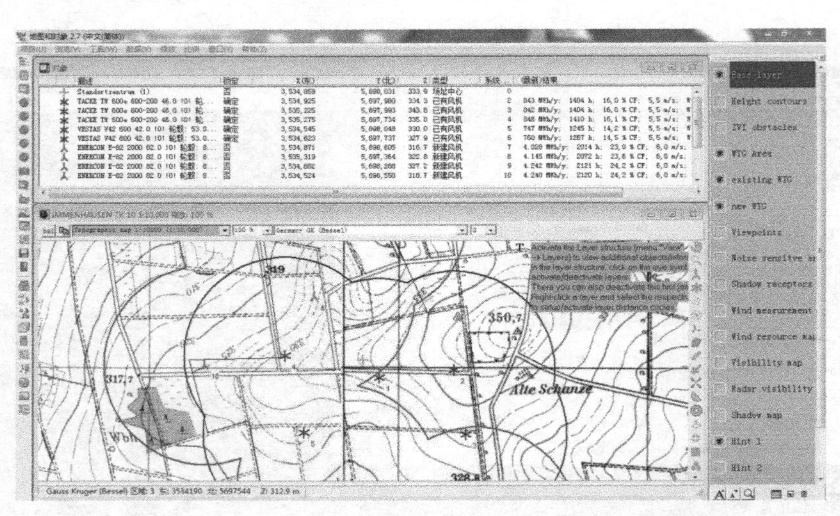

图 2-20 WindPRO 操作界面

习 题

1. 风电场选址为何不能采用气象台数据？
2. 障碍物附近应如何设置测风塔？

3. 风向标属于何种装置？由哪几部分组成？
4. 测风系统由哪几部分组成？其中传感器包括哪些装置？
5. 测风步骤包括哪几步？
6. 测风数据的处理步骤分为哪几步？
7. 安装测风塔之前需要考虑哪些因素？
8. 风能资源评估时，主要考虑哪些指标？
9. 我国风资源区域划分的标准是什么？
10. 常见的风能资源评估软件有哪些？分别适用于什么场合？

第3章　风电场设计

3.1　风电场宏观选址

风电场选址与传统发电厂选址有很大区别，风电场场址选择是否合理将直接决定场内风电机组的发电量，进而对整个风电场的经济效益产生重要影响。风电场选址是一个复杂的问题，一般可分为宏观选址和微观选址两个阶段。

风电场宏观选址是从一个较大的地区，对风能资源、并网条件、交通运输、地质条件、地形地貌、环境影响和社会经济等多方面因素考察后，选择出风能资源丰富、最有利用价值的小区域的过程，并最终为风电场项目立项和开展后续工作提供理论依据。下面介绍风电场宏观选址时应考虑的主要因素。

3.1.1　风能资源条件

建设风电场最基本的条件是要有高质量的风能资源，宏观选址时可利用已有的测风数据以及其他地形地貌特征在一个较大范围内找出可能开发风电场的区域，进行场址初选。现有测风数据是最有价值的资料。中国气象科学研究院和部分省区的有关部门绘制了全国及各地区的风能资源分布图，按照风功率密度和有效风速出现小时数进行风能资源区划分，可用于指导宏观选址。

我国陆上风能资源主要集中在内蒙古的蒙东和蒙西、新疆哈密、甘肃酒泉、河北坝上、吉林西部和江苏近海地区。第三次风能资源普查结果显示：我国陆上离地面50m高度达到3级以上风能资源的潜在开发量约23.8亿kW；我国5~25m水深线以内近海区域、海平面以上50m高度可装机容量约2亿kW；全国风能资源技术可开发量为2.97亿kW。

某些地区完全没有或者只有很少现成的测风数据，还有些区域地形复杂，由于风在空间的多变性，即使有现成资料用来推算风电场附近的风况，其可靠性也受到限制。这种情况下可以通过观察当地地形地貌特征、植被变形情况、风成地貌等方法初步判断风能资源是否丰富，也可向当地居民咨询当地风况。

风电场宏观选址时，应重点注意以下几个方面：

1. 风能资源丰富

风能质量好主要指以下4个方面：年平均风速较高、年平均风功率密度大、风频率分布好和可利用小时数高。风功率密度蕴含风速、风速分布和空气密度的影响，是风场风能资源评估的综合指标。参考《风电场风能资源评估方法》（GB/T 18710—2002），风功率密度等级达到或超过3级的风电场才具有商业开发价值。风功率密度等级见表3-1。

2. 风向基本稳定

盛行主风向是指出现频率最多的风向。一般可以按照不同风向和不同风向上的风能分别绘制风向玫瑰图和风能玫瑰图，进而判断盛行主风向。一般来说若某一场址只有一个盛行主风向或有两个盛行主风向且方向几乎相反，则这种风向对风电机组排布非常有利。某些场址虽然风能资源较好，但没有固定的盛行风向，这就给风电机组的排布（尤其是在风电机组数量较多时）带来不便，在这种情况下需要通过对多方面因素的综合考虑来确定最佳排布方案。在山区地区，盛行主风向与山脊走向垂直时最为理想。

表3-1 风功率密度等级表

风功率密度等级	10m高度		30m高度		50m高度		应用于并网风力发电
	风功率密度/(W/m²)	年平均风速参考值/(m/s)	风功率密度/(W/m²)	年平均风速参考值/(m/s)	风功率密度/(W/m²)	年平均风速参考值/(m/s)	
1	<100	4.4	<160	5.1	<200	5.6	
2	100~150	5.1	160~240	5.9	200~300	6.4	
3	150~200	5.6	240~320	6.5	300~400	7.0	较好
4	200~250	6.0	320~400	7.0	400~500	7.5	好
5	250~300	6.4	400~480	7.4	500~600	8.0	很好
6	300~400	7.0	480~640	8.2	600~800	8.8	很好
7	400~1000	9.4	640~1600	11.0	800~2000	11.9	很好

注：1. 不同高度的年平均风速参考值按1/7幂指数定律推算。

2. 与风功率密度对应的年平均风速参考值，按海平面标准大气压并符合瑞利风速频率分布的情况推算。

3. 风速的日变化和年变化

用各月的风速（或风功率密度）日变化曲线和全年的风速（或风功率密度）日变化曲线与当地同期的电网日负荷曲线对比，用风速（或风功率密度）年变化曲线与当地同期的电网年负荷曲线对比，两者一致或接近的部分越多越好，表明风电场发电量与当地负荷相匹配，风电场输出的电能可满足负荷变化需要。另外，好的风电场选址应尽量避免有较大的风速日变化和季节变化，以降低对电网的冲击。

4. 风电机组高度范围内风垂直切变较小

风电机组选址时要考虑因地面粗糙度引起的不同风廓线，当风垂直切变非常大时，对风电机组运行十分不利。

5. 湍流强度较小

由于风是随机的，加上地表粗糙度和附近障碍物的影响，由此产生的无规则湍流会给风电机组及其出力带来无法预计的危害，减小可利用的风能，使风电机组产生振动，叶片受力不均衡，引起部件机械磨损，从而缩短风电机组的寿命，严重时使叶片及部分部件受到不应有的毁坏等。

湍流强度在0.10或以下表示湍流相对较小，中等程度湍流值为0.10~0.25，当湍流强度超过0.25时，建设风电场就要特别慎重。为了减小湍流的影响，在选址时要尽量使风电机组避开粗糙的地表面或高大的建筑物。若条件允许，风电机组的轮毂高度应高出附近障碍物至少8~10m，距障碍物的距离应为5~10倍障碍物高度。

6. 不利气象条件影响小

风电场尽可能选在不利气象和环境条件影响小的地方，尽量避免强风暴、雷电、沙暴、覆冰、盐雾等对风电机组的影响。如因自然条件限制，不得不选在气象和环境条件不利的地点建设风电场时，要十分重视不利气象和环境条件对风电场正常运行可能产生的危害。

3.1.2 电网接入条件

并网风电场场址应尽量靠近电网，从而减少线损和送出成本。对小型的风电项目而言，要求离10~35kV电网比较近；对大型的风电项目而言，要求离110~220kV电网比较近。各级电压线路的一般输送容量和输电距离见表3-2。

表3-2 各级电压线路的一般输送容量和输电距离

额定电压/kV	输送容量/MW	输电距离/km	额定电压/kV	输送容量/MW	输电距离/km
35	2~10	20~50	330	200~800	200~600
60	3.5~30	30~100	500	1 000~1 500	150~850
110	10~50	50~150	750	2 000~2 500	500 以上
220	100~500	100~300	—	—	—

选址时应根据电网的容量和结构确定风电场的建设规模。接入电网的容量要足够大，从而避免受风电机组随时启动并网、停机解列的影响。通常风电场总容量不应大于电网总容量的5%，否则应采取特殊措施，以满足电网稳定性要求。

3.1.3 地质条件

风电场选址时要考虑所选定场地的地质情况，如是否适合深度挖掘（塌方、出水等）、房屋建设施工、风电机组施工等。要有能详细反映该地区水文地质条件的资料并依照工程建设标准进行评定。

风电机组基础位置持力层的岩层或土层应厚度较大、变化较小、土质均匀、承载力能满足风电机组基础的要求。最好是承载力强的基岩、密实的土壤或黏土等，并要求地下水位低，地震烈度小。

3.1.4 地形条件

地形因素要考虑风电场场址区域的复杂程度。如场址地形单一，则对风的干扰低，风电机组无干扰地运行在最佳状态；反之如地形复杂多变，产生扰流现象严重，对风电机组的安全运行及出力不利。

风电场最好在平坦地形建设，即在4~6km半径范围内，场址周围地形的高度差小于50m；并且地形高长比小于0.03（即3%坡度）。另外还要考虑建筑物和防护林带等地面障碍物对其附近气流的扰动作用。

3.1.5 地理位置

风电场场址应尽量远离强地震带、火山频繁爆发区，以及具有考古意义及特殊使用价值的地区。还应尽量避免洪水、潮水、地震和其他地质灾害等对工程造成破坏性影响。

不同地区温度、气压、湿度和海拔高度等的不同会引起当地空气密度的变化，而空气密度与风功率密度之间呈线性关系，故空气密度的变化将直接影响风电场的发电量。通常情况下空气密度与大气压成正比，与平均气温和海拔高度成反比。我国幅员辽阔，不同地区的空气密度差异很大，这一点在选址时应予以考虑。

3.1.6 施工安装条件

首先应收集候选场址周围地形图，分析地形情况。复杂地形，不利于设备的运输、安装和管理，装机规模也受到限制，难以实现规模开发，场内交通道路投资相对也大，所以应尽量避免选择地形过于复杂的场址。

3.1.7 交通运输条件

由于风能资源丰富的地区一般都在比较偏远的区域，如山脊、戈壁滩、草原、海滩和海岛等，大多数场址需要拓宽现有道路并新修部分道路以满足风电设备的运输。

在风电场选址时，应了解候选风场周围的交通运输情况，对风能资源相似的场址，尽量选择那些离已有公路较近、对外交通方便的场址，以利于减少道路的投资。

3.1.8 环境影响

风电场选址时应注意与附近居民、工厂等保持适当距离，尽量减小噪声影响。风电场应远离人口密集区，有关规范规定风电机组离居民区的最小距离应使居民区的噪声小于45dB(A)，该噪声可被人们所接受。风电机组离居民区和道路的安全距离从噪声影响和安全考虑，单台风电机组应远离居住区至少200m，而对大型风电场来说，这个最小距离应增至500m。

风电场选址时还应考虑到风电机组安装以后，旋转叶片的影子是否可能投射到附近建筑物上，造成光影闪动干扰正常生活、工作和学习。电磁波干扰也是风电机组可能引起的一个潜在环境问题。旋转的风电机组叶片可能反射电磁波，对电视信号、无线电导航系统、微波传输等产生影响。

此外，风电场选址时应避开自然保护区、珍稀动植物地区以及候鸟保护区和候鸟迁徙路径等。场址内树木应尽量少，以减少建设和施工过程中的树木砍伐。

3.1.9 其他因素

风电场选址时应考虑场址是否已作其他规划，或是否与规划中的其他项目有冲突，风电场所在地区的经济发展水平能否承受风电上网电价等。另外还应收集候选场址处有关基本农田、压覆矿产、军事设施、文物保护、风景名胜以及其他社会经济等方面的资料，选址时注意避开。

3.2 风电机组选型

风电机组是风电场中最主要的设备，其投资约占整个风电场总投资的60%～70%。风电机组选型是指在综合考虑风电场各方面因素（风能资源、气候条件、工程建设条件等）后为风电场选择最为适合的机型，在满足设备安全、施工可行等基本原则的基础上充分利用当地风能资源，实现风电场效益最大化。能否合理地进行风电机组选型将直接决定风电场的发电量以及项目在整个运行期（一般为20年）的经济效益。

3.2.1 风电机组概述

1. 基本形式

根据运行方式不同，风电机组可分为离网型风电机组和并网型风电机组两类。由于离网型风电机组不与电网连接，其运行不受电网电压和频率的限制，结构较为简单。本节主要讨论并网型风电机组的选型问题。

并网型风电机组一般有水平轴和垂直轴两种基本型式，如图3-1、图3-2所示。与水平轴型式相比，垂直轴型式的优点在于其传动系统和发电机安装在地面，维护方便，而且不需要偏航系统，可以节约成本。但垂直轴型式的机组起动风速较高，风能利用系数较低，同时还存在较为复杂的机械振动问题和气动弹性问题。目前国内外商业化运行的风电机组多为水平轴型式。

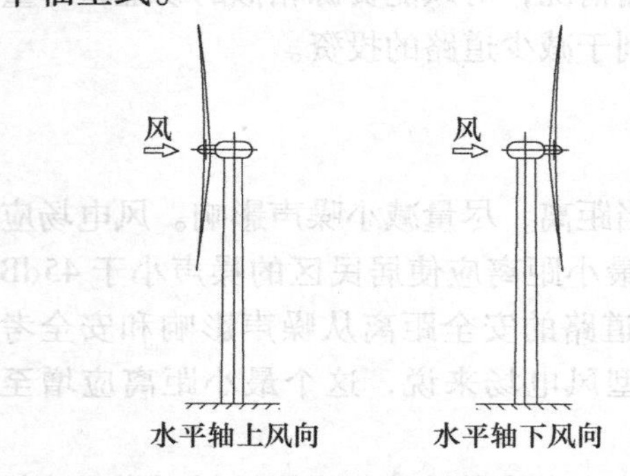

图3-1 水平轴风电机组

图3-2 垂直轴风电机组

水平轴风电机组有上风向和下风向两种（见图3-1）。上风向机组需要安装偏航装置以使风轮跟踪风向的变化随时调整方向；下风向机组无需调向装置即可实现自动对风。但由于受塔影效应的影响，下风向机组风能利用系数较低，叶片所承受的载荷也较复杂。因此大型风电机组很少采用下风向机组。

水平轴风电机组按风轮转速的不同可分为低速型和高速型。低速型风电机组（如图3-3所示）风轮转速低，叶尖速比小，一般采用多叶片风轮，风轮实度高，有较大的输出转矩，主要应用于风力提水。高速型风电机组风轮转速高，叶尖速比大，叶片数量较少，通常采用三叶片、两叶片或单叶片风轮（如图3-4所示），风轮实度低，主要应用于风力发电。

图3-3 低速型风机（来源：红鹰机组）

与三叶片风轮相比，两叶片风轮在相同风轮直径的前提下，要在转速较快时才能输出相同的功率，故两叶片风轮的空气动力噪声高，对周围环境的影响大。另外两叶片风轮的质量平衡及气动力平衡都比较困难，功率和载荷波动比三叶片风轮大。两叶片风轮的优点在于其叶片少、成本相对低，对于对噪声要求不高的近海风电场而言，两叶片风电机组也是一种选择方案。

目前商业化的大型风电机组多为三叶片上风向水平轴风电机组。

图3-4 高速型风机（来源：金风机组）

在水平轴风电机组中，按控制方式的不同可分为失速型风电机组、主动失速型风电机组和变桨变速型风电机组。目前变桨变速型风电机组已逐步替代了失速型风电机组，成为市场上的主流机型。

失速型风电机组又称定桨距风电机组，其风轮叶片直接与轮毂连接，桨距角固定不变。失速型风电机组的最大优点是控制系统结构简单、制造成本低、可靠性高。但其风能利用系数低，叶片上有复杂的液压传动机构和扰流器，叶片质量大，制造工艺难度高，而且当风速跃升时会产生很大的机械应力，需要比较高的安全系数。

主动失速型风电机组是定桨距型与变桨距型两种风电机组的结合。在低风速时，叶片桨距角调向可获取最大功率输出的位置，当风速超过额定风速后，叶片桨距角主动向失速方向调节，使功率调整在额定值以下，限制机组最大功率输出。随着风速的不断变化，叶片仅需要微调就能维持失速状态。其优点是既具备定桨距失速型风电机组的特点，又可进行变桨距调节，提高了机组的运行效率，减弱了机械制动对传动系统的冲击，输出功率较为平稳。

变桨变速型风电机组按不同传动方式可分为双馈型、直驱型和半直驱型风电机组。目前的主流机型是双馈型风电机组，其次是直驱型风电机组，半直驱型风电机组尚未进入商业化阶段。

双馈型风电机组多采用绕线转子异步发电机，定子绕组与电网直接连接，转子通过变流器与电网相连。机组采用变流装置调节励磁电流的频率，可以在不同的转速下实现恒频发电，以满足用电负载和并网的要求。

用于控制输出电压频率的转子绕组交流励磁电流，由外电路经换流器提供。换流器先将电网50Hz的交流电整流，得到直流电，再将该直流电逆变为频率满足要求的交流电，用于转子绕组的励磁。当风速在较大范围内变化时，若$n<n_1$，发电机处于亚同步运行状态，为保证定子绕组输出电压的频率为同步转速n_1所对应的频率，需要转子旋转磁场相对于转子本身的转速与转子旋转方向相同，且使$n+n_2=n_1$，所需励磁电流的方向为从外电路流入转子绕组（将其指定为正方向）。若$n>n_1$，发电机处于超同步运行状态，为保证定子绕组输出电压的频率为同步转速n_1所对应的频率，需要转子旋转磁场相对于转子本身的转速与转子旋转方向相反，且使$n-n_2=n_1$，所需励磁电流的方向为从转子绕组流入外电路。当$n=n_1$时，换流器向转子绕组提供直流励磁电流（频率为0），此时发电机将按同步发电机的原理运行。

需要注意的是，这里所说的励磁电流的流入流出只是为了便于理解和表述，实际上，由于双馈式风电机组的励磁电流为交流电，电流无所谓流入或流出，只能说电流与参考方向相同或相反。

在同步运行状态，换流器只提供直流励磁电流，不在发电机和电网之间交换功率。在亚同步运行状态，需要电网经换流器给发电机的转子提供能量；而在超同步运行状态，转子绕组会经换流器向电网馈送功率。由于这种风电机组的定子和转子都可以向电网馈送功率，故得名“双馈式”。

双馈式机组使用变桨变速系统，根据风速的变化调节转速，提高了风电机组的效率，同时调节励磁电流的有功分量和无功分量，从而独立调节发电机的有功功率和无功功率，以提高电力系统的静态和动态性能。

直驱型风电机组又称无齿轮箱风电机组，其工作原理是由风力机直接驱动发电机的转子旋转，无需升速齿轮箱传动。直驱型风电机组可采用永磁同步发电机或电励磁同步发电机。

由于发电机的转子与风力机直接连接，转子的转速就由风力机的转速决定。当风速发生变化时，风力机的转速也会发生变化，因而转子的旋转速度是时刻变化的。于是，发电机定子绕组输出的电压频率将是不恒定的。

为了解决风速变化带来输出电压频率变动的问题，需要在发电机定子绕组与电网之间配置换流器。直驱型风电机组将风能转化为频率、幅值都变化的三相交流电，经整流后通过逆变转换为恒频恒压的三相交流电并入电网。

机组通过全功率变流装置，对系统的有功功率和无功功率进行控制，实现最大功率跟踪，尽最大可能利用风能。由于风轮转速较低，发电机转子转速也低，为提高发电效率，发电机的尺寸和重量一般较大，这给风电机组的运输和安装带来困难，成本也相应增加，但由于省去了价格较高的齿轮箱，整个系统的成本还是降低了，而且也免去了齿轮箱产生的噪声，同时提高了转轴连接的可靠性。

半直驱型风电机组又称混合型风电机组，其原理是结合双馈系统和直驱系统的优点，采用单级齿轮箱升速，具有较佳的能量成本比，同时由于发电机的特殊设计，发电机的体积和重量大大减轻，便于安装和运输。

2. 总体布置形式

风电机组总体布置指机组中各分系统的布置方案和他们之间的相对位置。一般情况下机组传动系统的位置确定后，机舱布置方案就可以基本确定。

双馈型风力发电机组在进行传动系统布置时主要考虑主轴支撑方式以及主轴与齿轮箱的相对位置，主要包括单点支撑形式、双点支撑形式、三点支撑形式和内置主轴形式等几种布置形式。

直驱型风电机组的传动系统通常有两种布置方式。一种是风轮直接与发电机转子法兰盘相连，另一种是风轮通过主轴与发电机转子相连。由于第二种布置方式多了主轴及与其相关的轴承、支座等构件，系统结构稍复杂，设备成本增加。

机舱布置方案选择的基本原则是在保证重心平稳、运行安全的前提下，尽量便于安装、运行和维修，充分结合机组中各分系统的结构特点，提高机舱内单位面积利用率。

机舱布置要在机舱内各分系统和部件的外形尺寸及安装方式全部确定后才能最终完成。典型风电机组布置形式如图 3-5 所示。

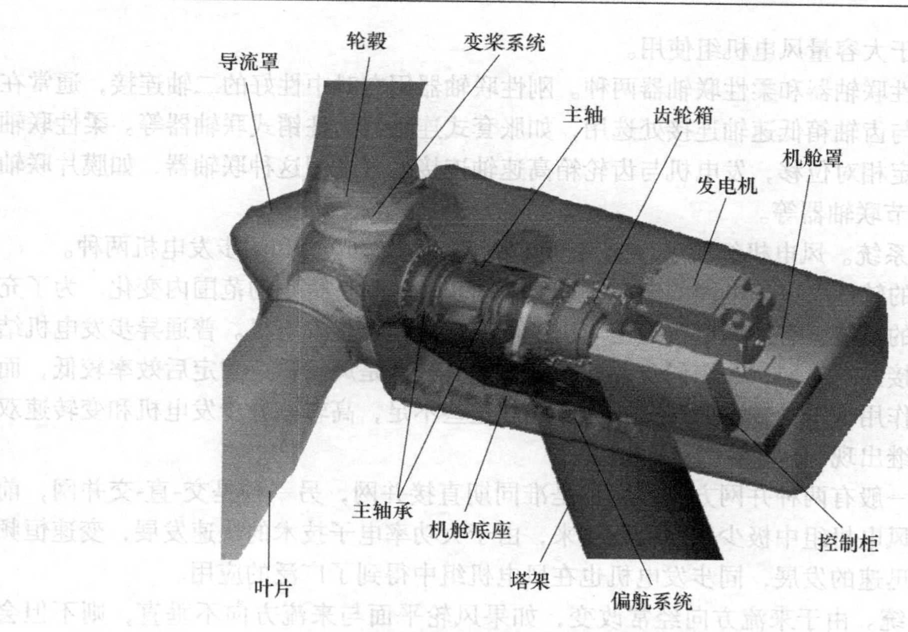

图 3-5　风电机组布置图

3. 主要系统介绍

（1）风轮系统。风轮系统包括叶片、轮毂和变桨距系统（仅对变桨变速型机组）。

叶片是风电机组中最重要的部件，叶片外形的气动性能直接决定着机组能否获得所希望的功率特性。优化叶片翼型，提高叶片强度，减轻叶片重量，降低制造成本是叶片设计的最终目标。

叶片通常采用玻璃纤维增强复合材料和碳纤维增强复合材料制作，复合材料中的基体材料一般为聚酯树脂或环氧树脂。叶片主要由壳体、主梁和连接结构组成，定桨距风轮叶片一般在叶片尖部还设有空气动力制动器，作为安全保护系统。叶片根部结构承受着作用在叶片上的所有载荷，一般通过预埋螺纹件结构或 T 形螺栓结构与轮毂相连。由于前者可靠性更高，所以应用更为广泛。

轮毂的作用是将叶片连接起来组成风轮，其中安装了固定叶尖制动或变距系统等装置。它承受着叶片传来的各种载荷并将其传递到其他机械部件中去。三叶片风轮轮毂的形状一般为截球壳或三通型。

（2）传动系统。传动系统是指从轮毂到发电机之间的主传动链，其中包括主轴及其轴承座、齿轮箱和联轴器等。

主轴是风轮的转轴，它支撑着风轮并将风轮的转矩传递给齿轮箱，将推力、弯矩传递给底座。由于其受力复杂，通常选用 42CrMnTi 及 $40CrNi_2MoA$ 材料制造。

齿轮箱位于风轮和发电机之间，用于传递动力提高转速，它是一种在无规律交变载荷和瞬间强冲击载荷作用下工作的重载齿轮传动装置。齿轮箱必须在保证满足可靠性和预期寿命的前提下，尽量简化结构，减轻重量，便于维护，同时应配置完备的润滑、冷却系统和监控装置等。大型风电机组齿轮箱一般采用行星齿轮箱传动或行星与平行轴齿轮箱组合传动形式。与平行轴齿轮箱相比，行星齿轮箱具有体积小、重量轻、传动比高、噪声低和成本低等优点，尤其适合于大容量风电机组使用。

联轴器有刚性联轴器和柔性联轴器两种。刚性联轴器用在对中性好的二轴连接，通常在风电机组中主轴与齿轴箱低速轴连接处选用，如胀套式连轴器、柱销式联轴器等。柔性联轴器允许二轴有一定相对位移，发电机与齿轮箱高速轴连接处多采用这种联轴器，如膜片联轴器或（双）十字节联轴器等。

（3）发电机系统。风电机组所采用的发电机一般有异步发电机和同步发电机两种。

异步发电机的转速取决于电网的频率，只能在同步转速附近很小的范围内变化。为了充分利用低风速时的风能，有的风电机组还采用了可变极数的异步发电机。普通异步发电机结构简单，可以直接并入电网，无需同步调节装置，但其缺点是风轮转速固定后效率较低，而且在交变的风速作用下承受较大的载荷。为了克服这些不足，高转差异步发电机和变转速双馈异步发电机相继出现。

同步发电机一般有两种并网方式：一种是准同期直接并网，另一种是交-直-交并网，前一种方法在大型风电机组中极少采用。近年来，由于大功率电子技术的快速发展，变速恒频风电机组得到了迅速的发展，同步发电机也在风电机组中得到了广泛的应用。

（4）偏航系统。由于来流方向经常改变，如果风轮平面与来流方向不垂直，则不但会减少功率输出，而且会使机组承受的载荷更为复杂。偏航系统的功能就是跟踪风向的变化，驱动机舱围绕塔架中心线旋转，使风轮扫掠面与风向始终保持垂直。风向标是偏航系统的传感器，将风向信号发给控制器，与风轮的方位进行比较后，发出指令给偏航电动机或液压马达，驱动小齿轮沿着与塔架顶部固定的大齿轮移动，经过偏航轴承使机舱转动，直到风轮对准风向后停止。偏航轴承分为滑动型和滚动型，有的具备自锁功能，有的设置强制制动，但都应设置阻尼满足机舱转动时平稳不发生振动的要求。

机舱在反复调整方向的过程中，有可能由于沿同一方向累计旋转圈数过多，造成机舱与塔底之间的电缆扭绞，因此偏航系统应具备解缆功能。机舱沿着同一方向累计转了若干圈后，必须反向回转，直到扭绞的电缆松开。

（5）液压和制动系统。液压系统主要为油缸和制动器提供必要的驱动压力，有的强制润滑型齿轮箱还需液压系统供油。油缸主要是用于驱动定桨距风轮的叶尖制动装置或变桨距风轮的变桨机构。液压站由电动机、油泵、油箱、过滤器、管路及各种液压阀组成。

制动系统主要分为空气动力制动和机械制动两种，有的风电机组只有机械制动。空气动力制动是指定桨距风轮的叶尖扰流器旋转约90°或变桨距风轮处于顺桨位置，这两种方式都是利用空气阻力使风轮减速或停止。机械制动是指在主轴或齿轮箱高速输出轴上安装的盘式制动器。通常要对运行中的机组进行停机操作时，首先应通过空气制动使风轮减速，然后再采用机械制动使风轮停转。

（6）控制和安全系统。控制系统包括控制和监测两部分，控制部分又分为手动和自动。手动控制是指运行维护人员在现场根据需要进行的操作，自动控制是指在无人值守的条件下实施的控制策略。监测部分指将各种传感器采集到的数据送到控制器，经过处理作为控制参数或作为原始记录储存起来。监测数据在机组控制器的显示屏和风电场中央控制室的电脑系统中均可以查询，通过网络或电信系统还能将现场数据传输到其他城市或地区。

安全系统与控制系统是完全不同的，它是控制系统的后备系统。常规风电机组的控制系统能够在可预见的常规条件下安全地起动或停止风电机组，在发生严重问题或可能发生严重问题时，安全系统将投入工作并保证风电机组能够在安全的条件下运行或停机。在控制系统出现故障时，安全系统将接替控制系统的工作。安全系统主要包括机组发生故障时的制动保护、独立于计算机的安全链保护、器件本身的保护、接地保护以及防雷击保护等。

(7) 塔架和基础。塔架和基础是风电机组的主要承载部件。随着风电机组容量的增加，塔架高度有时甚至达到100m以上，重量占风电机组总重量的1/2左右，其重要性随着风电机组容量的增加而增加。

塔架主要有桁架型和截锥型（俗称“塔筒”）。桁架型塔架制造简单、成本低、运输方便，但没有截锥型美观，机组维护时上下也不够安全。截锥型塔架在风电机组中广泛应用，其优点是美观大方，机组维护时上下安全。

风电机组的基础是保证机组安全运行的重要组成部分。基础通常由钢筋混凝土结构和钢制塔筒基础环构成，要承受风电机组在各种工作和事故状态下的动、静载荷，因此基础的设计和施工在风电场建设中应该受到高度重视。在基础中还必须按要求设置电力电缆和通信电缆通道，并设置风电机组接地系统及接地点。

3.2.2　风电机组选型基本原则

1. 制造企业的综合实力

在我国风电产业发展规划的指引和风电机组本地化相关政策的扶植下，目前国内已涌现出80余家风电机组整机制造企业，其中主要包括大型国有工业企业、股份制企业和民营企业、外资企业（含中外合资企业）三大类。这些整机制造企业的综合实力是机组选型时首先要考虑的因素，其综合实力的强弱将直接决定机组的质量、信誉和售后服务等。

风电机组整机制造企业必须具备完整的ISO9001质量认证体系，认证证书必须在有效期限内并且认证范围必须包括风力发电设备制造或相关内容。由于风力发电产业是一个新兴的产业，很多机组制造企业都是从其他领域转型过来的，所以企业的历史背景也非常重要。如企业成立时间、发展历史、行业信誉、原主营产品类型、研发能力、产品业绩、对风电产业的了解程度以及企业文化等，这些都是评价风电机组整机制造企业的重要依据。

风电机组的造价通常很高，一般在3500~5000元/kW，有的甚至更高。以一个总装机容量为49.5MW的风电场为例，仅风电机组一项的成本就在人民币2亿元左右。这就要求整机制造企业拥有很强的经济实力，具备雄厚的资本金和多元化的融资渠道。另外整机制造企业还应具有极强的抗风险能力，以保证后期的产品维护和可能面临的主要部件大面积更换等的潜在风险。

在风电机组整机产业快速发展的带动下，风电机组零部件制造业日益壮大，生产供应体系也日益健全。目前我国本土化生产的叶片、齿轮箱、发电机控制系统和变流系统等主要部件产业基本可以满足整机配套要求，轴承等零件尚需要进口。

由于风电机组的质量与可靠性很大程度上取决于上游配套企业的生产能力，所以在风电机组选型时应认真分析整机制造企业提供的主要部件配套生产企业的综合实力，其中包括企业资金实力、供货业绩、技术水平、研发能力、生产能力、质量保证体系等。另外对主要部件配套生产企业的上游企业（原材料生产厂、配套零件生产厂和协作单位等）也应详细调研分析。

2. 质量标准和安全要求

质量认证是风电机组选型中需要考虑的重要问题，是保证机组正常运行的重要保障。德国船级社（Germanischer Lloyd Wind Wnergie GmbH，GL）于1986年出台了第一套针对风电机组的设计准则，之后进行了几次补充和完善。国际电工委员会（IEC）于1994年出版了《风电机组—第一部分 安全要求》（IEC 61400—1），此后IEC又先后出台了多个IEC 61400标准，对涉及风力发电的11个不同领域进行了规范。

国际上进行风电机组认证的机构还有DNV、丹麦RISΦ国家实验室、德国风能研究所（DEWI）、德国Wind Test、KWK、荷兰ECN等，国内的中国船级社（CCS）和北京鉴衡认证中心也已建立了中国的风电质量认证体系。

在IEC 61400—1（2005版）中定义了四种不同的风电机组安全等级，每一个等级中都包含了主要设计参数间的固定关系，具体见表3-3。

表3-3 风电机组安全等级基本参数

安全等级		Ⅰ	Ⅱ	Ⅲ	S
V_{ref}/(m/s)		50	42.5	37.5	由设计者确定各参数
$I_{ref(-)}$	A	0.16			
	B	0.14			
	C	0.12			

表3-3中，所有参数均为轮毂高度处的数值，V_{ref}是10min平均风速的参考值；A代表较高的湍流强度；B代表中等的湍流强度；C代表较低的湍流强度；$I_{ref(-)}$是风速为15m/s时湍流强度的期望值。

另外对于特殊风电机组（如海上风电机组），由于外部条件的特殊性，需要按照S等级进行设计，其具体设计参数由设计者根据实际情况确定。

在进行风电机组选型时，应该首先根据风电场的风能资源情况确定拟选风电机组的安全等级。由于上表中的参数对应标准空气密度（$1.225kg/m^3$），所以在与风电场风能资源匹配时，应先将实测风况转换到标准空气密度下再进行比较。另外由于IEC 61400标准以欧洲气候条件为基准，在我国沿海、岛屿等经常出现台风的地区，应根据实际测量的极端风速确定风电机组安全风速。

风电机组的载荷计算通常用于分析风电机组的静强度和疲劳强度，是风电机组设计和选型的重要参考。载荷计算也主要依据IEC 61400—1标准进行。

3. 满足风电场建设特性

风电机组本身的性能和质量不足以决定整个风电场的发电量和效益，只有当机组的特性与风电场的风能资源完全匹配时才能使风电场获得最大的收益。

在进行风电机组选型时，风电场业主和机组生产厂家首先应该对风电场所在地区的气候条件和风能资源条件（如对多年平均气温、空气密度、年平均风速、50年一遇极大风速、湍流强度等）进行深入调研和分析。

风电机组的安全等级应参照IEC 61400—1标准选择。在同一安全等级中，不同机型的风轮直径（或风轮扫掠面积）一般不尽相同。通常风轮直径大的机组捕捉低风速所蕴含风能的能力较强，而风轮直径小的机组捕捉高风速所蕴含风能的能力较强。所以应该在满足安全等级的前提下优先选择风轮直径大的机组。

我国幅员辽阔，风能资源较好的三北地区（西北地区、东北地区和华北地区）和东南沿海地区所面临的气候条件差异很大，在机组选型时要全面考虑。

我国北方地区冬季气温很低，有的地区最低气温已低于-45℃，在-20℃以下的时间也较长。由于常温型风电机组的运行温度在-20℃以上，如果采用常温型风电机组不但发电量损失严重，机组的运行安全也将受到威胁。因此在这些地区应该选用低温型风电机组，这类机组的板材采用耐低温钢板，叶片工艺、润滑系统、加热系统等也都进行了特殊处理，最低运行温度可以达到-30℃。

我国东南沿海地区风电场的盐雾腐蚀非常严重，如果今后大力发展海上风电场则这方面问题将更为突出。盐雾腐蚀主要是通过电化学反应进行，容易被腐蚀的部件包括法兰、螺栓、塔筒等。通常可采用热镀锌或喷锌等办法，面漆采用专用“三防”漆（防湿热、防霉菌、防盐雾），以保护金属表面免受腐蚀。此外风电机组内的电气元件应按照“三防”要求采购，电缆应采用船用电缆。

台风也是沿海地区风电场不可回避的问题之一。为了提高在这些地区安装的风电机组的抗台风能力，可适当提高机组安全等级，增加叶片、塔架、基础等的结构强度。机组的控制系统一定要配有不间断电源，该电源的容量要能够驱动变桨和偏航系统并能保持30min以上持续运行。

雷击是危及风电场安全运营的一个重要因素。雷电释放的巨大能量会造成风电机组叶片损坏、发动机绝缘击穿、控制元器件烧毁等。因风电机组所处的地形位置不同，雷击事故率有所不同，地处山区的风力发电机组雷击事故率最高；且雷击事故中，大部分不是由于直击雷而是非直击雷引起的。我国幅员辽阔、雷暴多发，是世界上受雷暴危害最为严重的国家之一。我国南北区域雷电活动差异大，且地质条件迥异。因此，在风电机组防雷装置设计要求上应当因地制宜，采用更加经济合理有效的方法，保证风电机组的安全运行，在风电机组选型时必须要结合当地雷暴及地域情况考虑机组的防雷设计。

冰冻对风电场安全影响很大，当风机叶片表面大量结冰时，会造成叶片负载增加，同时使粗糙度增大，从而降低机翼的气动性，影响机组的正常运行。另外，风电机组自带测风仪结冰，将使测风数据不准，风向出现偏差会引起主动偏航，风速不准影响机组正常发电。输电线积冰，会因电线增加负重导致电线断裂，影响电力送出。风电机组的叶片结冰后，表面会发生凝冻现象，使得翼型的气动性能发生很大变化，风轮的性能下降。在我国风电已开发的区域中，冰冻现象最严重的主要为湖北、湖南、安徽和江西等长江流域地区，云南、贵州和广西等云贵高原地区，以及北方的部分地区。

随着我国风电开发的不断深入和技术能力的不断进步，高海拔地区日益成为风电开发的重点。在风电领域，对于高海拔项目的定义，一般是参考GB 1497—1985《低压电器基本标准》的规定，即海拔高度在2 000m以上的地区。随着海拔高度的增加，变化较大的是气压、空气密度和环境温度，并伴随着紫外线强度等的变化。海拔高度每升高1 000m，相对大气压力降低约12%，空气密度降低约10%，绝对湿度随海拔高度升高而降低。在高海拔地区，气压降低会导致绕组的起始电晕电压也同时降低。根据帕邢定律：在均匀电场中，击穿电压和电极距离与气压的乘积成正比。因此，在电气距离不变的情况下，气压降低会造成气隙的击穿电压降低。根据GB/T 16935.1—2008《绝缘性能》可知，在海拔2 000m以上如果不采取绝缘加强措施，则需要将电气间隙加大。在高海拔区域的风电项目进行机组选型时，应选取有运行经验、技术成熟的高海拔风电机组。

风电机组的选型还受到运输和安装条件的限制。在一些山区风电场，由于道路崎岖，转弯半径小，而修路成本高，工程难度大，很多大件设备不易运输。这种情况下应参考当地运输条件确定风电机组的单机容量和风轮直径。另外在一些山区地区或沿海养殖产业较发达的地区，施工安装面积较小，大型施工设备进场不便，在机组选型时也应充分考虑这些因素。

我国风电场多处于大电网的末端，拟选风电机组的电能质量和电气运行参数应尽量与电网条件相匹配，如电压波动、频率波动、三相不平衡、低电压穿越能力、无功补偿要求等，以保证机组不会因为电网的原因停机造成电量损失。

4. 经济性良好

在风电机组的选型工作中，经济性比选是非常重要的。经济性比选是指在满足安全等级要求的多个机型中，通过计算年发电量、风电机组成本、配套设备及工程费用等进而得到各种机型的千瓦造价、可利用小时数和度（kW·h）电成本，最终确定经济性最优的机型。

风电机组的总价格除以总装机容量（以kW为单位）即可得到机组的千瓦造价。千瓦造价是一个重要的经济指标，它能够把不同机型、不同容量的机组放在一个水平线上进行价格比较，得到一个最为直观的结论。计算千瓦造价时一定要注意机组价格所对应的供货范围，通常应该把备品备件、消耗品、技术服务、运输及保险费等含入总价之中，否则会有失比选的公平性。另外对于进口风电机组，一定要明确其所提供的价格是否包含税费。

可利用小时数是反映风电机组发电能力的重要指标。由于同一风电场中不同位置的机组发电量差异较大，一般以整个风电场为单位计算可利用小时数。可利用小时数的计算方法是用风电场年发电量除以风电场总装机容量，年发电量的计算是其中的核心问题。

计算风电场的年发电量一般有两种方法。第一种方法是利用WAsP等软件工具，输入测风数据、地形图和机组功率曲线后由软件计算得到风电场年发电量。这种方法虽然计算准确度较高，但操作复杂，耗时较长，不太适宜在机组选型时使用。第二种方法是结合风电场的风频分布与机组的功率曲线，按如下公式计算：

$$\text{风电场理论年发电量} = 8760 \sum_{i=1}^{n} [f(v_i) P_i] \times \text{机组总数} \tag{3-1}$$

式中 $f(v_i)$——风速 i 在一年中出现的频率；

P_i——机组功率曲线中风速 i 对应的输出功率。

在利用此公式计算时应该注意两点：一是机组功率曲线必须是风电场当地空气密度下的功率曲线，二是风电场理论年发电量乘以折减因子后才能得到实际年发电量，折减因子应根据风电场的具体情况选取，一般在0.65~0.75之间。这种计算方法较为简便，但计算误差稍大，适宜在初步选型时使用。

度电成本是一个综合性的经济指标，它最大的特点是对与机组相关的其他配套费用也进行了考虑。选择不同风电机组的投资差异不仅体现在机组本身的价格上，由于不同机型的轮毂高度不同，机舱重量各异，其吊装成本大相径庭。此外与机组配套的塔筒、箱式变电站、基础、道路、施工平台、集电线路等都会随不同机型的特点发生显著变化，这些因素在机组选型时必须充分考虑。用考虑全部相关因素后得到的总成本除以对应机型的实际年发电量便可得到该机型的度电成本。度电成本同时考虑了工程造价和风电场发电量两方面因素，是机组选型阶段最为客观、全面的综合性指标之一，是经济性比选的重要依据。

5. 付款方式、技术服务和质量保障

按照国家有关法律法规的规定，风电机组设备的采购需要以招标的形式进行，如需采购进口设备，则按国际通行做法应采用国际招标方式。工程建设项目采取招标形式便于选择性能良好、质量优异且成本相对较低的设备，同时还便于对风电场建设条件、风能资源情况、电网接入条件等提出要求，对供货进度、采购范围、产品服务、质量保障等方面做出规定。招标文件一般分为商务部分和技术部分两册，机组制造厂家在投标时对于招标要求的响应情况是风电机组选型时需考虑的因素之一。

付款方式是商务部分中最重要的条款之一。由于风电机组的价格通常很高，付款比例和条件的不同通常会给项目的经济指标带来较大的影响。对于生产运行业绩不多的机型，为了规避项目业主的风险，招标时提出的付款方式应尽量滞后。另外对于付款的条件应描述清楚，以避免在合同执行过程中引起歧义。

在技术服务方面，风电机组生产厂家应配合项目业主和设计单位进行机组的微观选址，应提供满足风电场设计、运行、维护所需的全部技术资料，并通过技术联络会等形式进行技术交底。机组生产厂家还应为项目业主提供关于机组运行及人员操作安全等方面的技术培训。塔筒的监造工作也应由机组生产厂家聘请其所认可的监理公司负责完成。

在机组吊装阶段机组生产厂家应提供现场安装指导，机组的调试工作也应由生产厂家主要负责。根据我国相关标准规定，风电机组在安全无故障连续并网运行240h后才能进行设备验收，此后设备将进入质保期。对于一些运行业绩较少的机型，项目业主可以在合同谈判中提出更为严格的设备验收条件。

在售后服务方面，通常风电机组生产厂家应提供1~2年的质量保证期，在此期间厂家应保证风电机组不低于95%的可用率。质保期内生产厂家应负责机组的运行和维护工作，如需使用备品备件则生产厂家应在质保期结束时予以补齐。质保期之后生产厂家应保证备品备件长期持续、低价地供应。如有技术升级，厂家应及时通知项目业主，由业主最终决定是否进行升级。

3.3 风电场微观选址

微观选址是在宏观选址选定的区域内确定风电机组的具体安装位置，以便使整个风电场具有更好的经济效益。进行风电场选址之前，需要充分了解和评价风场区域的场址地形、地貌及风况特征后，再匹配于风电机组性能进行发电经济效益和载荷分析计算。

3.3.1 微观选址的基本原则

（1）在风功率密度高的位置布置风电机组可使产能最大化。

（2）尽量集中布置，可以减少风电场的占地面积，充分利用土地，在同样面积的土地上安装更多的机组；可以减少电缆和场内道路长度，降低工程造价，降低场内线损。

（3）尽量减小风电机组之间尾流影响。一般情况下，垂直于盛行风向为行，平行于盛行风向为列，为减小机组之间尾流的影响，行间距$5D\sim9D$（D为机组的风轮直径），列间距$3D\sim5D$。

（4）避开障碍物的尾流影响区。障碍物是指针对某一地点存在相对较大的物体。在障碍物的下游会形成尾流扰动区，在尾流区，不仅风速会降低，而且还会产生很强的湍流，对风电机组运行十分不利。因此在设置风电机组时必须注意避开障碍物的尾流区。风电机组安装高度至少应高出地面2倍障碍物高度。由于障碍物的阻挡作用，在上风向和障碍物的外侧也会造成湍流涡动区。如果风电机组安装地点在障碍物的上风方向，应距障碍物有2~5倍障碍物高度的距离。

（5）满足风电机组的运输条件和安装条件。平坦地形，很容易满足此条件，在山区等复杂地形，经常有难度。要根据所选机型需要的运输机械和安装机械的要求，机位附近要有足够的场地能够作业和摆放叶片、塔筒，道路有足够的坡度、宽度和转弯半径使运输机械能到达所选机位。

（6）视觉上要尽量美观。在与主风能方向平行的方向成列，垂直的方向上成行；行距大于列距发电量较高，但等距布置在视觉上较好；在经济效益和美观上，要有一定的平衡。

3.3.2 微观选址技术路线

世界气象组织在风能资源利用方面的气象问题中给出了风电场微观选址技术方法的框图，如图3-6所示。

由图3-6可以看出，风电场选址时，首先要确定盛行风向；然后进行地形分类，可以分为平坦地形和复杂地形；再根据不同的地貌特征判断粗糙度和障碍物情况。综合上述各因素确定最终布置方案。

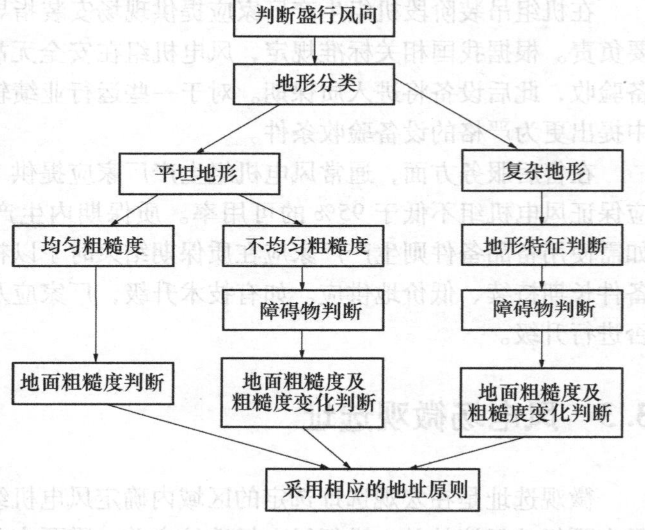

图3-6 风电机组安装位置选址技术路线

3.3.3 地形影响

风电场场区地形一般分为平坦地形和复杂地形。

1. 平坦地形

平坦地形可以定义为，在风电场区及周围5km半径范围内其地形高度差小于50m，同时地形最大坡度小于3°。实际上，对于场址周围特别是盛行风的来风方向，没有大的山丘或悬崖之类的地形，仍可作为平坦地形来处理。

平坦地形由于风速受地形起伏影响较小，风速没有明显的加速或减小，故在布置风电机组时，地表障碍物及尾流的影响为影响排布的主要因素。针对平坦地形，应在满足障碍物距离要求的前提下尽量拉大风电机组间的距离，以确保机组的安全性。

2. 复杂地形

复杂地形是指平坦地形以外的各种地形，大致可以分为隆升地形和低凹地形两类。局部地形对风力有很大的影响，这种影响在总的风能资源分区图上无法表示出来，需要在大的背景上作进一步的分析和补充测量。复杂地形下的风力特性的分析是相当困难的。但如果了解了典型地形下的风力分布规律就有可能进一步分析复杂地形下的风电场分布。

(1) 山区地形对风的影响。当气流通过丘陵或山地时，由于受到地形阻碍的影响，在山的迎风面下部，风速减弱，且有上升气流；在山的顶部和两侧，风速加强；在山的背风面，风速减弱，且有下沉气流，重力和惯性力将使山脊的背风面气流往往呈波状流动。

山地对风速影响的水平距离，一般在迎风面为山高的5~10倍，背风面为15倍。且山脊越高，坡度越缓，在背风面影响的距离越远。根据经验，在背风面对风速影响的水平距离L大致是与山高h和山的坡度α半角的余切的乘积成比例，即

$$L = h \times \cot\left(\frac{\alpha}{2}\right) \tag{3-2}$$

山谷地形由于山谷风的影响，风将会出现较明显的日或季节变化。因此选址时需考虑到用户的要求。一般来说，在谷地选址时，首先要考虑的是山谷风走向是否与当地盛行风向相一致。这种盛行风向是指大地形下的盛行风向，而不能按山谷本身局部地形的风向确定。因为山地气流的运动，在受山脉阻挡情况下，会就近改变流向和流速，在山谷内风多数是沿着山谷吹的。然后考虑选择山谷中的收缩部分，这里容易产生狭管效应。而且两侧的山越高，风也越强。另一方面，由于地形变化剧烈，所以会产生强的风切变和湍流，在选址时应该注意。

(2) 海陆对风的影响。除山区地形外，在风电机组选址中遇到最多的就是海陆地形。

由于海面摩擦阻力比陆地要小，在气压梯度力相同的条件下，低层大气中海面上的风速比陆地上要大。因此各国选择大型风电机组位置有两种：一是选在山顶上，这些站址多数远离电力消耗的集中地；一是选在近海，这里的风能潜力比陆地大50%左右，所以很多国家都在近海建立风电场。

从上面对复杂地形的介绍及分析可以看出，虽然各种地形的风速变化有一定的规律，但做进一步的分析还存在一定的难度，因此，应在当地建立测风塔，利用实际风和测量值来与原始气象数据比较，作出修正后再确定具体方案。

3.3.4 粗糙度影响

风吹过地面时，由于地面上各种粗糙元（草地、庄稼、树木、建筑物等）的作用，会对风的运动产生摩擦阻力，使风的能量减少并导致风速减小。减小的程度随离地高度增加而降低，直至达到某一高度时，其影响就可以忽略。这一层受到地球表面摩擦阻力影响的大气层称为“大气边界层”。如2.3.5节所述，粗糙度影响着大气边界层内的风切变规律，地球表面的粗糙度越大对风的影响越大。

3.3.5 障碍物的影响

障碍物是指针对某一地点存在的相对较大的物体，如房屋等。当气流流过障碍物时，由于障碍物对气流的阻碍和遮蔽作用，会改变气流的流动方向和速度。障碍物和地形变化会影响地面粗糙度，从而对风速风向产生影响，但这种影响有可能是有利的（形成加速区），也

可能是不利的（产生尾流、风扰动）。所以在选址时要充分考虑这些因素。

一般来说，没有障碍物且绝对平整的地形是很少的。

由于气流流过障碍物时，在障碍物的下游会形成尾流扰动区，然后逐渐衰弱。在尾流区，不仅风速会降低，而且还会产生很强的湍流，对风电机组运行十分不利。因此在设置风电机组时必须注意避开障碍物的尾流区。

尾流的大小、延伸长度及强弱跟障碍物大小与形状有关。作为一般法则，障碍物的宽度 b 与高度 h 之比 $b/h \leqslant 5$ 时，在障碍物下风向可产生 20 倍障碍物高度 h 的强扰动尾流区，宽度 b 越小减弱越快，宽度 b 越大，尾流区越长。当风电机组风轮叶片扫风最低点为 3 倍障碍物高度时，障碍物在高度上的影响可以忽略。因此如果必须在这个区域内安装风电机组，则风电机组安装高度至少应高出地面 2 倍障碍物高度。另外，由于障碍物的阻挡作用，在上风向和障碍物的外侧也会造成湍流涡动区。一般来说，如果风电机组安装地点在障碍物的上风向，也应距障碍物有 2 ~ 5 倍障碍物高度的距离。

3.3.6 机组的排列布置

布置的总原则是综合考虑地形、地质、运输、安装和联网等条件，最大限度地利用风能，并保证风电机组间相互干扰最小化。

对平坦地形，盛行主风向为一个方向或两个方向且相互为反方向时，单排或多排布置（梅花形），如图 3-7 所示，排列方向与盛行风向垂直；多排布置时，后排风电机组位于前排两台风电机组之间；盛行风向即行间距为 5 ~ 9 倍风轮直径，垂直于盛行风向上即列间距为 3 ~ 5 倍风轮直径。盛行风向不是一个方向的风电场，采取对行排列布置，“田”字形布置，如图 3-8 所示；风电机组间的距离应相对大一些，通常取 10 ~ 12 倍风轮直径或更大。

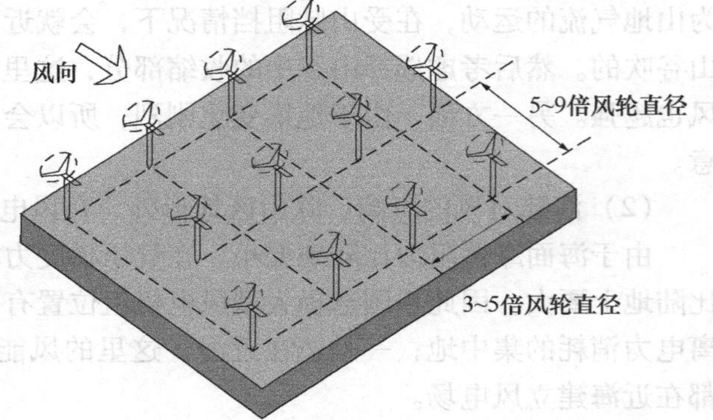

图 3-7 风电机组的梅花形排列

复杂地形条件，根据实际地形，测算各点的风力情况后，经综合考虑各方因素如安装、地形地质等，选择合适的地点进行风电机组安装。

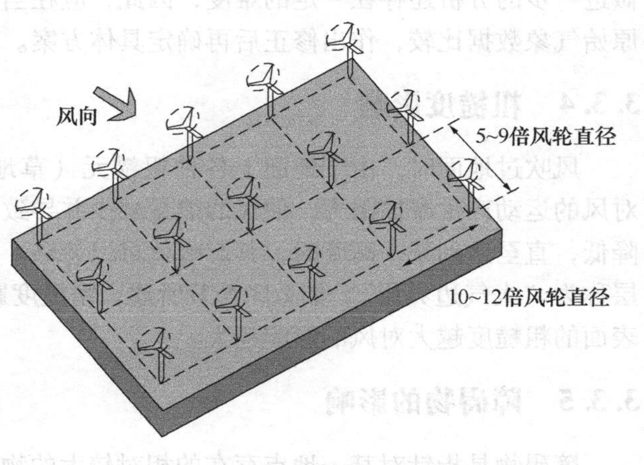

图 3-8 风电机组的田字形排列

3.3.7 微观选址时应注意的问题

随着风电建设的快速发展，风电场的数量日益增多，微观选址时可能遇到的问题也越来越多。

（1）土地类型。项目选址阶段，应充分调研场址地类及地表植被情况，避免占用耕地。对处于林地的风场，考虑到发电量及机组安全性，为减少树木对机组的影响，应选用轮毂高度较高的机组。

（2）噪声。在靠近居民区、养殖场的地方安装风电机组最大的问题是噪声干扰，这种噪声包括机械噪声和空气动力学噪声。在进行微观选址时，应根据规范要求，使风电机组位置能够满足噪声要求。

（3）光影。地球绕太阳公转，由于地轴的倾斜，地轴与轨道平面始终保持着大概66°34′的夹角，这样，才引起太阳直射点在南北纬23°26′之间往返移动。冬至日，太阳直射南回归线——即直射点的纬度为S 23°26′；夏至日，太阳直射北回归线——即直射点的纬度为N 23°26′。如果某地的纬度已经知道，依据下面的公式就可以计算出此地的太阳高度角的大小：

$$H_0 = 90° - \text{纬度} \tag{3-3}$$

根据太阳高度角的数值即可算出物体的阴影长度 L_0（D 为物体高度）：

$$L_0 = \frac{D}{\tan H_0} \tag{3-4}$$

风电机组微观选址时应保证机位距离常驻村落在 L_0 以上，以确保风电机组的光影及闪烁对村落的常驻人群及野生动物种群的栖息无影响。

（4）坟地及其他。风电场选址时，可能会遇到场址内有坟地，应使机组位置尽量避开坟地。在沿海地区选址时，风场内会有军用雷达站、气象站等，应充分调研以确保机组距离雷达站、气象站的距离满足要求。

3.3.8 微观选址后结果验证分析

进行微观选址时，根据现场情况，风电机组机位可能会有所调整，选址结束后，需要对结果进行分析，以确保机组安全性。

微观选址结果分析，主要是计算各个机位50年一遇最大风速及湍流强度。如果各机位均满足机组安全性要求，则方案通过；如果各机位50年一遇最大风速、湍流等指标存在问题，则需进行载荷计算，如计算结果能够满足要求，则可不调整方案，否则应调整布机方案。

同时各机位应满足地类、噪声、光影等要求，这就要求工程师在选址前进行详尽的前期勘察调研工作，以确保微观选址工作的顺利进行。

3.4 风电场电气系统设计

与常规发电厂相同，风电场电气系统也是由一次系统和二次系统共同组成，下面分别介绍一次系统和二次系统设计。

3.4.1 电气一次系统

根据在电能生产过程中的整体功能，风电场电气一次系统可以分为：风电机组、集电系统、升压变电站和厂用电系统四个主要部分。

这里所指的风电机组，除了风力机和发电机以外，还包括电力电子换流器（有时也称为变频器）和对应的机组升压变压器（箱式变压器或集电变压器）。目前，风电场的主流机组输出电压为690V，由于电压等级较低，若直接接入风电场升压变电站，所需电缆截面和电能损耗都过大，因此经过机组升压变压器将电压升高至10kV或35kV后，再接入风电场升压变电站。

3.4.1.1 风电场电气主接线

1. 电气主接线的设计原则

电气主接线是发电厂、变电所电气设计的首要部分；主接线的确定对电力系统的整体性和风电场、变电所运行的可靠性、灵活性以及经济性密切相关，并对电气设备选择、配电装置布置、继电保护和控制方式有较大影响。

发电厂主接线设计有以下基本要求：

（1）可靠性。供电可靠性是电力生产的基本要求，在主接线设计中可以考虑以下几个方面：

1）任一断路器检修时，尽量不会影响其所在回路供电。

2）断路器或母线故障及母线检修时，尽量减少停运回路数和停运时间，并保证对一级负荷及全部二级负荷或大部分二级负荷的供电。

3）尽量减小发电厂、变电所全部停电的可能性。

（2）灵活性。发电厂主接线应该满足在调度、检修及扩建时的灵活性。

1）调度时，应可以灵活的投入和切除发电机、变压器和线路，灵活调配电源和负荷，满足系统在事故、检修以及特殊运行方式下的系统调度要求。

2）检修时，可以方便地停运断路器、母线及其继电保护设备，进行安全检修不致影响电力系统的运行和对用户的供电。

3）扩建时，可以容易地从初期接线过渡到最终接线。在不影响连续供电或停电时间最短的情况下，投入新装机组、变压器或线路而不互相干扰，并且对一次和二次系统的改建工作量最小。

（3）经济性。在满足可靠性、灵活性要求的前提下，还应尽量做到经济合理。对于经济性的考虑主要包括以下内容：

1）投资省。

①主接线力求简单，以节省断路器、隔离开关、互感器、避雷器等一次电气设备。

②继电保护和二次回路不过于复杂，以节省二次设备和控制电缆。

③采取限制短路电流的措施，以便选取价格较低的电气设备或轻型电器。

2）占地面积小。主接线设计要为配电装置布置创造条件，尽量减少占地面积。

3）电能损失少。在发电厂和变电站中，电能损耗主要来自变压器，应经济合理地选择主变压器的种类、容量、数量，并尽量避免因两次变压而增加的电能损失。

2. 风电场电气主接线设计

根据风电场电气一次系统的组成，风电场电气主接线设计包括以下4个部分：风电机组与箱式变压器间的电气接线，风电机组分组与连接方式，箱变高压侧电压等级选择和风电场集电线路方案。

（1）风电机组与箱式变压器间的电气接线。一般电力电子换流器与发电机看作一个整体，都安置在塔架顶端的机舱内，这样风电机组与箱式变压器之间的接线大都采用单元接线。

箱式变压器的接线方式可采用一台风电机组配备一台变压器，也可以采用多台风电机组配备一台变压器。风电场风电机组大部分采用一机一变单元接线方式，出口电压为0.69kV，采用低压电力电缆接入箱变低压侧，箱变在风电机组20m以内布置。箱式变压器采用油浸双绕组无励磁调压变压器，容量根据风电机组容量确定。

（2）风电机组分组与连接方式。集电系统将风电机组生产的电能按组收集起来。分组采用位置就近原则，每组包含的风电机组数目大体相同。每一组的多台机组输出（经箱式变压器升压后）一般可由电缆线路直接并联汇集为一条10kV或35kV架空线路输送到风电场升压变电站。

对于分组后机组的连接方式，总体可分为辐射形、环形和星形三种，其中环形连接又包括单边环形、双边环形、多边环形和复合环形，如图3-9所示。目前应用最广的是辐射形连接，其操作简单且成本较低；而环形连接由于能提供冗余，提高系统可靠性，因此具有很大的研究价值。

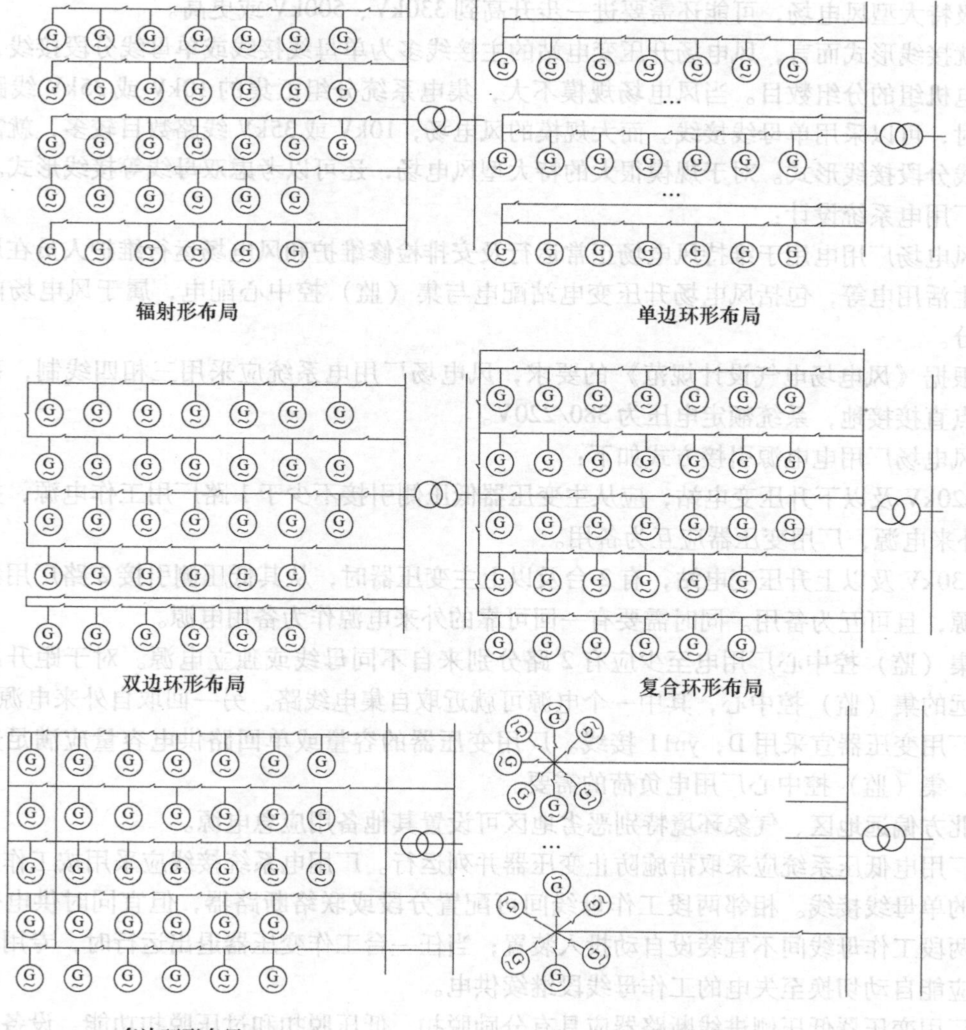

图3-9　风电机组的连接方式

（3）箱变高压侧电压等级选择。风电机组出口电压为0.69kV，如果直接接入风电场升压变电站，一方面所需的电缆截面过大，另一方面电能损耗也过大。在风电机组出口处连接箱式变压器，将电压升高至10kV或35kV，再接入升压变电站进行二次升压是一种可行的方案。

根据风电场规模对两种电压等级进行技术经济比较，确定合理的集电线路电压等级，尽可能优化成本和确保可靠性。

（4）集电线路方案。风电场集电线路有地埋电缆和架空线两种方案，选用哪种应根据风电场具体情况而定。架空线路投资成本较低，但在风电场内需要条形或格形布置，不利于设备检修，也不美观；采用直埋电力电缆敷设，风电场景观较好，但投资较高。

3.4.1.2 风电场升压变电站电气主接线

升压变电站的主变压器将集电系统汇集的电能再次升高。到达一定规模的风电场一般可将电压升高到110kV或220kV接入电力系统，对于规模更大的风电场，如百万千万或千万千万级特大型风电场，可能还需要进一步升高到330kV、500kV或更高。

就接线形式而言，风电场升压变电站的主接线多为单母线接线或单母线分段接线，取决于风电机组的分组数目。当风电场规模不大，集电系统分组汇集的10kV或35kV线路数目较少时，可以采用单母线接线。而大规模的风电场，10kV或35kV线路数目较多，就需要用单母线分段接线形式。对于规模很大的特大型风电场，还可以考虑双母线等接线形式。

厂用电系统设计：

风电场厂用电用于维持风电场正常运行及安排检修维护和风电场运行维护人员在风电场内的生活用电等，包括风电场升压变电站配电与集（监）控中心配电，属于风电场内用电的部分。

根据《风电场电气设计规范》的要求，风电场厂用电系统应采用三相四线制，系统的中性点直接接地，系统额定电压为380/220V。

风电场厂用电电源引接方式如下：

220kV及以下升压变电站，应从主变压器低压侧引接不少于1路厂用工作电源，并引接1回外来电源，厂用变压器应互为备用。

330kV及以上升压变电站，有2台及以上主变压器时，从其低压侧引接2路厂用独立工作电源，且可互为备用。同时需要有一回可靠的外来电源作为备用电源。

集（监）控中心厂用电至少应有2路分别来自不同母线或独立电源。对于距升压变电站较远的集（监）控中心，其中一个电源可就近取自集电线路，另一回取自外来电源。

厂用变压器宜采用D，yn11接线。厂用变压器的容量或单回路供电容量应满足升压变电站、集（监）控中心厂用电负荷的需要。

北方偏远地区、气象环境特别恶劣地区可设置其他备用应急电源。

厂用电低压系统应采取措施防止变压器并列运行。厂用电系统接线应采用按工作变压器划分的单母线接线。相邻两段工作母线间可配置分段或联络断路器，但宜同时供电分列运行；两段工作母线间不宜装设自动投入装置；当任一台工作变压器退出运行时，专用备用变压器应能自动切换至失电的工作母线段继续供电。

厂用变压器低压侧进线断路器应具有分励脱扣、低压脱扣和过压脱扣功能，设备控制电源不宜直接从场用400V交流电源盘引接。

3.4.1.3 主要一次设备

发电机已在风电机组选型章节中做过详细介绍，不再重复。

1. 变压器

（1）变压器容量和台数。风电场一般采用两级升压结构。在风电机组出口装设满足其容量输送的变压器，将690V电压提升至10kV或35kV；汇集后送至风电场中心位置的升压变电站，经过升压变电站的升压变压器变换为110kV或220kV送至电力系统。如果风电场的装机容量更大，可能还需要进一步升压后再送入电力主干网。

风力发电机出口的箱式变压器一般归属于风电机组，也称为集电变压器，箱式变压器将传统变压器集中设计在箱式壳体中。集电变压器的选择可以按照常规电厂中单元接线的机端变压器的选择方法进行，即：按发电机额定容量扣除本机组的自用负荷后，留10%的裕度确定。由于风电机组输出电压一般为690V，不是常规电力系统的标准电压等级，因此，和风电机组相连接的集电变压器，往往是和风电机组配套的特殊设计，确定容量范围后，一般不会有太多选择。

升压变电站中的升压变压器，其功能是将风电场的电能送给电力系统，因此也被称为主变压器，主变压器参照常规发电厂由发电机电压母线的主变压器进行选择。

主变压器容量的选择应满足风电场对于能量输送的要求，即主变压器应能够将低压母线上的最大剩余功率全部输送入电力系统。最大剩余功率指风电机组生产的额定功率减去本地所消耗的功率（如变电站用负荷和本地负荷）。

有两台或多台主变压器并列运行时，当其中容量最大的一台因故退出运行时，其余主变压器在允许的正常过负荷范围内，应能输送母线最大剩余功率。

另外在主变压器选择时还应考虑远期规划。

风电场厂用变压器的选择，容量按估算的风电场内部负荷并留一定的裕度确定。

变压器的台数与电压等级、接线形式、传输容量、与系统的联系紧密程度等因素有密切关系。与系统有强联系的大型、特大型风电场，在一种电压等级下，升压变电站中的主变压器应不少于两台；与系统联系较弱的中、小型风电场和低压侧电压为6～10kV的变电所，可只装一台变压器。

（2）变压器形式。

1）相数。高压大容量变压器的绝缘要求高、体积大、结构复杂，采用三相变压器，有时会因为体积过于庞大而不具备运输条件。但若在三相电力系统中，采用三台单相变压器组实现三相变压器的功能，要比用同容量和电压等级的一台三相变压器投资大、占地多，而且运行损耗大，配电装置结构复杂，维护工作量也大。选用一台三相变压器还是选用三台单相变压器组，需根据具体情况确定，一般要考虑以下原则：

当不受运输条件限制时，330kV及以下的电力系统，一般都应选三相变压器。

当风电场连接到500kV的电网时，宜经过技术经济的比较后，确定选用三相变压器、两台半容量的三相变压器或者单相变压器。

对于与系统联系紧密的500kV变电站，除考虑运输条件外，还应根据系统和负荷情况，分析变压器故障对系统的影响，以确定选用单相或三相变压器。

2）绕组数。绕组数一般对应于变压器所连接的电压等级，即电压变化的数目。但分裂绕组变压器的电压等级和绕组数不对应，它的电磁结构是高压或低压侧有两个绕组，这两个绕组的电压等级相同。分裂绕组变压器常用于发电厂厂用电系统，以此限制低压侧短路时的短路电流和扩大单元接线中连接两台发电机以节省造价。

当风电场中的变压器连接3个电压等级（其中两个为升高的电压等级）时，可以选择采用两台双绕组变压器或者一台三绕组变压器。

对于125MW及以下的风电场，可采用三绕组变压器，每个绕组的通过容量应该达到变压器额定容量15%及以上。三绕组变压器的台数一般不超过两台，因为三绕组变压器比同容量双绕组变压器价格高40%～50%，其运行检修也比较困难，台数过多容易造成中压侧短路容量过大，同时采用室外配电装置时其布置比较复杂。

对于200MW及以上的风电场，采用双绕组变压器加联络变压器连接多个电压等级。风电场的电能直接升高到一种电压等级，两个升高电压等级间采用联络变压器联系。联络变压器一般采用自耦变压器，自耦变压器的中高压绕组连接两个升高电压等级，低压侧常接入自用电系统作为备用/起动电源。

3）联结组标号。变压器三相绕组的联结组标号必须和系统电压相位一致，否则，不能并列运行。

电力系统采用的变压器三相绕组联结方式只有"Y"和"D"两种，分别称为"星形联结"和"三角形联结"，变压器三相绕组的联结方式应根据具体工程确定。在我国，110kV及以上电压等级中，变压器三相绕组"Yn"联结；35kV采用"Y"联结，而中性点多通过消弧线圈接地。35kV以下，采用"D"联结。在发电厂和变电站中，根据以上原则，并考虑系统或机组的同步并列要求以及限制三次谐波对电源的影响等因素，主变压器的接线组别一般都选用YnD11常规联结，其中的11表示低压侧线电压比相应的高压侧线电压在相位上滞后11个30°。

近年来，国内外也出现了全部采用全星形联结组别的变压器。全星形，指联结组别为YnYn0y0或Yny0的三绕组变压器或自耦变。它不仅与35kV电网并列时，由于相位一致比较方便，而且零序阻抗较大，有利于限制短路电流。同时也便于在中性点接消弧线圈。但全星形联结的变压器，无三次谐波通路，因此将引起正弦波电压畸变，并对通信设备发生干扰，同时对继电保护整定的准确度和灵敏度有影响。

4）调压方式。为保证供电质量，电压须维持在允许范围内。通过变压器的分接开关切换，改变变压器高压绕组的有效匝数，即可改变该变压器的电压比，从而实现电压调整。根据分接头的切换方式，变压器的调压方式有两种，一是无励磁调压：不带电切换，调压范围在±2×2.5%以内；有载调压：带负荷切换，调压范围在30%以内，但结构较复杂。一般只在下列情况选用有载调压：

①接于风电场这种出力变化大的发电厂的主变压器，特别是潮流方向不固定，且要求变压器二次电压维持在一定水平。

②接于时而为送端，时而为受端，具有可逆工作特点的联络变压器。为保证供电质量，要求母线电压恒定。

③发电机经常在低功率因数下运行。

2. 开关设备

（1）断路器。断路器是电力系统不可缺少的主要控制、保护设备，是电力系统中最重要的开关电器，其作用为切断电路。为了可以熄灭电路分合时所产生的电弧，断路器都装设有灭弧装置，因而可以用来实现电路的最终分合。用于实现导体连接，分段的触头在灭弧装置中，由可以快速拉动触头运动的操动机构分合。为了防止断路器分合时由于遮断容量不足而发生爆炸，断路器需要远程操作，或采用防爆措施，如10kV常用高压开关柜。

常用的断路器类型有：油断路器、真空断路器和SF_6断路器等。

油断路器可分为多油断路器和少油断路器，多油断路器内部带有电流互感器，配套性强；户外使用时，不易受大气条件的影响。其缺点是油量多，钢材消耗也多，油量太多不仅给检修断路器带来困难，而且增加了爆炸和火灾的危险性。因此，在国内除35kV户外多油断路器在技术经济指标方面仍有可取之处外，其他电压等级的多油断路器已停止生产。一般电压等级的少油断路器结构细而高，稳定性差，不宜在强烈地震地区使用。

真空断路器灭弧室的绝缘性能好，触头开距小，要求操动机构提供的能量也小；加上电弧电压低，电弧能量小，开断时触头表面烧损轻微。因此真空断路器的机械寿命和电气寿命都很高，特别适宜用于要求操作频繁的场所。

SF_6是目前高压电器中使用的性能最优良的灭弧和绝缘介质。按照结构不同，SF_6断路器可分为瓷柱式与罐式两种。罐式断路器的灭弧室在其罐体内，重心低、电流互感器可以安装于其套管上，抗震性能较好，适应环境能力强，但其SF_6气体用量较大。瓷柱式断路器的灭弧室安装于绝缘支柱上，无法在本体上安装电流互感器，由于磁柱尺寸限制，外部耐压能力不如罐式断路器，重心较高，抗震能力不如罐式断路器，但是气体用量较小、结构简单、制造容易、运动件少、系列性好，同容量的价格便宜。

（2）隔离开关。隔离开关在电力生产中常被称为刀闸，是最常见的高压开关。它与断路器最根本的区别在于，它没有灭弧装置，结构简单，因而不能用来分合大电流电路。由于它可以在电路中形成明显的断开点，因此常在高压电气设备中用作保证工作安全的检修电器。此外，隔离开关常用来进行电力系统运行方式改变时的倒闸操作。对隔离开关的操作一般都是就地手动或电动分合，不需要像断路器一样装设强力的操作机构。为了检修接地的便利，隔离开关常常会装设接地开关。

（3）熔断器。熔断器是最早的保护电器。它串接于电路中，以熔点较低的材料作为熔断器的熔体，熔体装设于熔管中，当电路中出现故障电流时，由于熔点较低，熔体熔化断开电路，从而实现故障时对电路的保护功能。

熔断器分为低压熔断器和高压熔断器。高压熔断器型式一般分为户内式和户外式，用于户内或户外的又有不同型号。高压熔断器的电压等级有3kV、6kV、10kV、35kV、60kV、110kV等。若按是否有限流作用又可分为限流式和非限流式，限流式高压熔断器在短路电流达到最大值之前就熔断。

（4）接触器。接触器实现电路正常工作时电路的分合，它只能分合正常电流，无法断开故障电流，因此常常和熔断器一起工作，以取代较为昂贵的断路器。

3. 载流导体

导体可由铜、铝、铝合金或钢材料制成，多数载流导体一般使用铝或铝合金材料。

导体可分为硬导体和软导体两大类。硬导体根据其截面形状可分为管形、槽形和矩形，主要用于电流较大、软导体载流量不足的场合。

软导体应根据环境条件（环境温度、日照、风速、污秽、海拔高度）和回路负荷电流、电晕、无线电干扰等条件，确定导线的截面积和导线的结构型式。

当负荷电流较大时，应根据负荷电流选择较大截面的导线。当电压较高时，为保持导线表面的电场强度，导线最小截面积必须满足电晕的要求，可增加导线外径或增加每相导线的根数。

对于220kV及以下的配电装置，电晕对选择导线截面积一般不起决定作用，故可根据负荷电流选择导线截面积。导线的结构形式可采用单根钢芯铝绞线或由钢芯铝绞线组成的复导线。

对于330kV及以上的配电装置，电晕和无线电干扰则是选择导线截面及导线结构形式的控制条件。扩径导线具有单位重量轻、电流分布均匀、结构安装上不需要间隔棒、金具连接方便等优点，而且没有分裂导线在短路时引起的附加张力，故330kV配电装置中的导线宜采用空心扩径导线。

对于500kV的配电装置，单根空心扩径导线已不能满足电晕等条件的要求，而分裂导线虽然具有导线拉力大、金具结构复杂、安装麻烦等特点，但因它能提高导线的自然功率并有效地降低导线表面的电场强度，所以500kV的配电装置宜采用由空心扩径导线或铝合金绞线组成的分裂导线。

风电场中常见的导体有母线、连接导体、跳线和输电线路，输电线路又可分为电缆线路和架空线路。

母线是将电气装置中各载流分支回路连接在一起的导体。它是汇集和分配电能的载体，又称为汇流母线。习惯上把各个配电单元中载流分支回路的导体均泛称为母线。母线的作用是汇集、分配和传送电能。由于母线在运行中，有巨大的电能通过，短路时承受着很大的发热和电动力效应，因此，必须合理地选用母线材料、截面形状和截面积以符合安全经济的要求。

连接导体是将发电厂和变电站内部电气设备进行连接的导体。跳线其实也是连接导体，不过为了跨越某一设备或建筑物，需要提升高度，所以称为跳线。

架空线是通过铁塔、水泥杆塔架设在空气中的导线，一般为裸导线。架空线造价低廉，但占用通道面积大，为目前主要线路形式。

架空线路由导线、避雷线、杆塔、绝缘子和金具等组成。导线用于传输电能；避雷线将雷电流引入大地以保护电力线路免受雷击；杆塔支撑导线和避雷线；绝缘子使导线和杆塔间保持绝缘；金具用于支持、接续、保护导线和避雷线、连接和保护绝缘子。

电缆通常是由几根或几组导线（每组至少两根）绞合而成的类似绳索的电缆。每组导线之间相互绝缘，并常围绕着一根中心扭成，整个外面包有高度绝缘的覆盖层。电缆有电力电缆、控制电缆、补偿电缆、屏蔽电缆、高温电缆、计算机电缆、信号电缆、同轴电缆、耐火电缆等，它们都是由多股导线组成，用来连接电路和用电设备等。

4. 电抗器和电容器

（1）电抗器。电抗器是在电路中用于限流、稳流、无功补偿及移相等功能的一种电感元件，其按照不同依据可以有不同的分类。

根据电抗器在电力系统中的作用，主要可分为限流电抗器和补偿电抗器两种。限流（串联）电抗器用于限制系统短路电流，通常在出线端或母线间，使得在短路故障时，故障电流不致过大，并能使母线电压维持在一定水平。补偿（或并联）电抗器，用于补偿系统的电容电流，在330kV及以上的超高压输电系统中应用，补偿输电线路的电容电流，防止线路端电压升高，从而使线路的传输能力和输电线的效率都能提高，并使系统的内部过电压有所降低。

另外，在并联电容器的回路通常串联电抗器，它的作用是降低电容器投切过程中的涌流倍数和抑制电容器支路的高次谐波，同时还可以降低操作过电压，在某些情况下还能限制电路电流。

（2）电容器

1）并联电容器是一种无功补偿设备，也称移相电容器。变电所通常采取高压集中的方式，将补偿电容器接在变电所的低压母线上，补偿变电所低压母线电源侧所有线路及变电所变压器上的无功功率，使用中往往与有载调压变压器配合，以提高电力系统的电能质量。

2）电容器放电装置。并联电容器组从电源断开后，两极板处于储能状态，储存的电荷能量很大，因而电容器两极之间残留一定的剩余电压，剩余电压的初始值为电容器的额定电压。电容器组在带电荷的情况下，如再次合闸投入运行，就可能产生很大的冲击合闸涌流和很高的过电压，如果电器工作人员触及电容器，就可能被电击伤或灼伤。为防止带电合闸及防止人身触电伤亡事故，电容器组必须加装放电装置。

放电装置的放电特性应满足下列要求：手动投切的电容器组的放电装置，应能使电容器组三相及中性点的剩余电压在5min内自额定电压（峰值）降至50V以下；自动投切的电容器组的放电装置，应能使电容器组三相及中性点的剩余电压在5s内自电容器组额定电压（峰值）降至10%电容器组额定电压及以下。

采用电压互感器或配电变压器的一次绕组作高压电容器组的放电线圈，一般能满足上述要求，并且通常采用单相三角形连接或开口三角形连接的电压互感器作为放电线圈，与电容器组直接连接。

3）耦合电容器。耦合电容器对50Hz的工频所呈现的阻抗，要比对高频所呈现的阻抗值大600~1000倍，基本上相当于开路；而对于高频信号来说，则相当于短路。所以耦合电容器可作为载波高频信号的通路，并可隔开工频高压电流。

此外，耦合电容器还可抽取50Hz的电流和电压，其原理与电容式电压互感器相同，50Hz的电流、电压可供继电保护及重合闸使用。

5. 互感器

在风电场和电力系统运行过程中，需要监视其运行状态。对电气一次系统运行状态最直接的反映就是电压和电流。由于电气一次系统的电压高、电流大，直接测量非常困难，所以需要将其变换为较低的电压和较小的电流。

互感器就是起电压和电流变换作用的传感器。它将一次系统的高电压、大电流按照比例变成标准的低电压（100V，$(100\sqrt{3})$V）和小电流（5A，1A）提供给二次系统中的测量设备和继电保护装置使用。这样二次系统可以采用功耗小、精度高的标准化、小型化的元件和设备，电气一次系统和二次系统也由互感器联系起来，其一次绕组接入一次系统中，而二次绕组接入二次系统中。

在生产运行中，工作人员不仅需要通过二次设备对一次设备和系统进行测量、控制监视，还有可能调整继电保护的运行方式；为了确保工作人员在二次系统工作时的安全，互感器的每一个二次绕组必须有一可靠的接地，以防一、二次绕组间绝缘损坏而使二次部分串入一次系统的高压。

互感器分为电流互感器（TA或CT）和电压互感器（TV或PT）。电流互感器串联于一次系统的电路中，将大电流变为小电流；电压互感器并联于一次系统的电路中，将高电压变换为低电压。

6. 风电场无功补偿装置

风电机组经升压站接入电网，由于感性负载（如变压器）的存在，消耗了系统的无功功率，增加了线路的损耗，提高了线路的电压损失，因此，需对系统进行无功功率的补偿。

风电场无功补偿采用低压侧补偿原则，升压变电站无功补偿装置的设计应符合DL/T 5014—2010及DL/T 5242—2010的规定。

升压变压器低压侧无功补偿装置类型及其容量范围，应结合风电场容量、风电机组性能、送出线路的长度以及风电场实际接入系统情况和无功电压要求，经技术经济综合论证确定。

无功补偿装置应具有自动电压与无功调节能力。根据《国家电网风电场接入系统管理规定》，风电场配备的无功补偿装置能够实现连续调节以控制并网电压，其调节速度应满足电网电压调节的要求。选用动态无功补偿装置（SVC型或SVG型）或与成组电容补偿装置配合共同满足风电场无功补偿要求，实现升压站无功连续、无触点动态调节，提高功率因数，减少风电场与电网接入点无功交换直至零，实现系统无功动态平衡。选用SVC型动态无功补偿装置或谐波值超过规定时，应根据电力系统要求设置相应滤波回路。

风电场并网运行时，应确保场内无功补偿装置动态部分的自动调整功能，且动态响应时间不大于30ms，并确保场内无功补偿装置的电容器支路和电抗器支路在紧急情况下可快速正确投切。风电场无功动态调整的响应速度应与风电机组高电压穿越能力相匹配。

接入系统发生故障或并网点电压出现跌落时，风电场应能动态调整机组无功功率和场内无功补偿装置，使并网点电压和机端电压快速恢复到正常范围内。在并网点电压升高的过程中，风电场应能通过动态调整机组无功功率和风电场内无功补偿容量，使并网点电压和机端电压快速恢复到正常范围内。

7. 消弧消谐装置

当系统发生弧光接地时，会产生高频振荡电压，损坏运行设备，破坏设备的绝缘能力，如果接地电容电流大于规定值10A，还可造成绝缘对地击穿。因此当系统对地电容电流大于规定值10A时，必须增设消弧消谐装置。

8. 过电压保护及接地装置（防雷保护装置）

（1）过电压保护装置

1）直击雷保护。风电场防雷保护应充分利用风电机组本身的防雷装置，风电机组机舱、塔架与接地网可靠相连，风电机组防雷引线与接地网相连处敷设冲击电阻；箱式变压器布置在风电机组塔架的保护范围之内。

变电站防雷保护可利用进线的架空避雷线、配电装置上的避雷针进行直击雷保护，此外变电站还应装设独立避雷针。

2）配电装置的侵入雷电波保护。根据《交流电气装置的过电压保护和绝缘配合》（DL/T 620—1997）的规定，在风电场的出线线路、母线上均装设氧化锌避雷器，对雷电侵入波和过电压进行保护。

（2）接地装置。风电场接地设计应符合DL/T 621—1997的规定。

风电机组及其升压变压器单元设备，以及与其邻近的集电线路设施接地宜使用一个总的接地网，且连接两地网的接地导体沿地中的距离不小于15m。风电机组工频接地电阻和冲击接地电阻应满足风电机组制造厂对设备接地的要求。

风电场接地设计应根据实测土壤电阻率和短路电流计算结果对接地装置区域进行接地电阻计算，确定接地装置的接地电阻值。最终接地电阻实际测试结果应满足 DL/T 621—1997 的要求。

升压变电站及集控中心所有机电设备、塔架等均应进行设备接地，防雷用避雷针、避雷线防雷设施及避雷器设备接地均应设置适当数量的垂直接地以加强雷电流的泄放。

集控中心宜根据电气设备布置设置二次等电位接地网，二次等电位接地网的设计应符合 GB 14285—2006 的规定要求。

集电线路有避雷器及电气设施、架设有避雷线及在居民区的杆塔应接地。在雷季，当地面干燥时，每基杆塔工频接地电阻不宜超过表3-4 所列数值。小接地电流系统，无地线的杆塔，在居民区宜接地，其接地电阻不宜超过30Ω。

表 3-4 杆塔的最大工频接地电阻

土壤电阻率 ρ/(Ω·m)	$\rho<100$	$100\leqslant\rho\leqslant500$	$500\leqslant\rho\leqslant1\,000$	$1\,000\leqslant\rho\leqslant2\,000$	$\rho\geqslant2\,000$
工频接地电阻/Ω	10	15	20	25	30

3.4.1.4 照明

风电场照明用电分为正常工作照明和事故照明两部分。

正常工作照明电源引自厂用400V 交流系统主配电盘；应急照明电源引自直流馈电屏，采用应急电源（EPS）、交流不间断电源（UPS），EPS 备用电源应采用直流 220V 电源供电，且连续供电时间应不少于 30min。

风电场各主要通道均配置应急照明。应急照明系统的配电线路应独立敷设，并设置明显的应急照明标识。

3.4.2 电气二次系统

二次设备是指对一次设备的工作进行监测、控制、调节、保护以及为运行、维护人员提供运行工况或生产指挥信号所需的低压电气设备，如控制开关、继电器、控制电缆等。

这些二次设备按照一定的要求相互连接，构成对一次设备进行监测、控制、调节和保护的电气回路，称为二次接线系统或者二次回路。风电场电气二次内容除变电站二次内容外，还包括风电机组和箱式变压器的保护、测量、检测等。

3.4.2.1 主要二次设备

继电器是二次系统中最重要的设备，用于实现不同电路间的控制。常见继电器有：电流继电器、电压继电器、时间继电器、中间继电器、功率方向继电器、差动继电器、冲击继电器、信号继电器等，各种继电器的区别主要在于其控制电路不同。

接触器的原理和继电器类似，电力系统中常用的电磁型接触器，也是依靠线圈带电来吸附触点的分合。与继电器相比，接触器的触点容量明显要大，可以通过较大电流，为了保证对较大的电流进行分合，接触器往往装设有灭弧装置。在电气二次系统中，接触器常用于断路器的合闸，其线圈接于断路器的操作回路，触点接入合闸回路，用以分合较大的合闸电流。

人工对电路进行控制时，如控制逻辑较为简单，可用按钮实现。用按钮控制电路分合虽操作简单，但触点数目太少，因此如果要实现逻辑较为复杂的电路控制，就需要用到控制开关。

在一次系统中，母线用于实现电能的集中和分配。在二次系统中，小母线实现类似的功能，不同的是，除了直流电源小母线用于给不同的设备分配电能，交流电压小母线和辅助小母线主要用于集中和分配信号。

另外继电器、接触器、控制开关、指示灯、各类保护和自动装置等基本元件，需要连接成可以实现二次系统测量、控制、监视和保护功能的电路，这些设备的连接需要依靠导体和接线端子来实现。常用的导体为绝缘导线和电缆，绝缘导线主要用于屏内或装置内配线，而电缆用于连接距离较远的设备。

除了采用各种继电器、控制开关等元件构造二次系统外，现在电力系统中常用成套保护装置和测控装置来实现二次系统的构建，在微机保护大规模应用后，成套保护装置和测控装置可以认为是应用于我国的二次系统中最基本的元件。

3.4.2.2 二次回路

电气二次部分的测量、监视、控制和保护功能的实现，需要由各类继电器、控制开关指示灯等元件搭建相应的电路，这些功能不同的电路称为二次回路。

根据实现的功能，二次回路可以分为保护回路、控制回路、测量回路和监视回路、信号回路以及为其提供电源的操作电源系统等。

（1）保护回路。继电保护回路用于实现对一次设备和电力系统的保护功能，它引入 CT 和 PT 采集的电流和电压并进行分析，最终通过跳闸或合闸继电器的触点将相关的跳闸/合闸逻辑传递给对应的断路器控制回路。

（2）控制回路。控制回路的控制对象主要是断路器、隔离开关。控制回路不仅要求可以人工对被控对象进行操作，还要可以引入继电器等设备的触点实现自动控制。在控制回路中需要有直流电源，这是因为控制回路中设备的运行需要电能，同时控制回路功能的实现还依赖于可以传递逻辑的电信号。

（3）测量和监视回路。测量回路是由各种测量仪表及其相关回路组成的，其作用是指示和记录一次设备的运行参数，以便运行人员掌握一次设备运行情况。它是分析电能质量、计算经济指标、了解系统潮流和主设备运行工况的主要依据，分为电流回路和电压回路。

（4）信号回路。灯光和音响等信号装置可以反映设备的正常和非正常运行状况，并作为主控室与生产车间联络、传送信息的工具。运行值班人员根据信号的性质进行正确的分析、判断和处理，以保证发电、供电工作的正常运行。信号系统由信号发送机构、接收显示元件及其传递网络构成，其作用是准确、及时地显示出相应的一次设备的工作状态，为运行人员提供操作、调节和处理故障的可靠依据。

信号回路按其电源可分为强电信号回路和弱电信号回路；按其用途可分为位置信号、事故信号、预告信号、指挥信号和联系信号。

（5）操作电源系统。变电站中，继电保护和自动装置、控制回路、信号回路及其他二次回路的工作电源，称为操作电源。操作电源系统由电源设备和供电网络构成。操作电源分为直流操作电源和交流操作电源两种。

变电站一般使用蓄电池组作为直流电源，基本工作原理是通过交流配电单元引入交流电，通过整流输出直流，并送给充电模块存储。交流操作电源系统就是直接使用交流电源，正常运行时一般由电压互感器或站用变压器作为断路器的控制和信号电源，故障时由电流互感器提供断路器的跳闸电源。另外还有一种交流不间断电源系统（UPS），可向需要交流电源的负荷不间断供电，其原理是将来自蓄电池的直流电变换成正弦交流电。

3.4.2.3 计算机监控系统

1. 风电场计算机监控系统

风电场计算机监控系统主要包含对风电机组和箱式变压器两部分的监测和控制系统，应采用分层、分布式网络结构，按照无人值班设计。一般分为三级：第一级为就地控制单元级，可在各台风电机组的就地控制屏上对单元设备进行控制；第二级为集中控制级，在风电场主控室的操作员工作站对风电机组及升压站设备进行集中监控；第三级为调度级，可在电力系统的调度端实现遥测和遥信。

风电机组的监控系统通常由机组的制造厂家配置，采用微机型监控系统，专供风电机组的自动监视和控制。根据厂家要求，监控系统通常采用总线式集中控制方式或环形控制方式，由运行人员在主控室内通过风电机组的微机监控系统，对风电场内所有机组集中进行远程监视和控制。

由于风力发电的特性，箱式变压器离风电机组较近，离风电场升压变电站较远，通常配置远方监控接口，通过风电机组就地监控单元和通信线路实现控制室远程监控。

风电场监控系统的信号传输主要为光纤通信方式，采用ADSS或者OPGW光纤。光纤芯数及采用单模或者多模需要根据制造厂家提供的设计参数确定。通信光纤的敷设方式应根据场内集电线路的敷设方式，并考虑综合造价后确定。根据制造厂家提供的光纤参数、可弯曲度、集电线路敷设方式计算通信光纤长度，由于光纤熔接存在损耗，因此计算时要预留余量。

2. 升压变电站计算机监控系统

升压变电站计算机监控系统主要负责对主变压器、高低压输电线路、站用变压器、无功补偿装置及公共设备进行集中监控。升压变电站计算机监控系统应满足以下设计原则：

1）监控系统要满足对变电站内所有设备的实时监测和控制，对数据进行统一采集处理。

2）监控装置采用交流采样技术采集电气模拟量信号，保护动作、报警等信号采用硬接点方式输入。

3）具备防误闭锁功能，能完成全站防误操作闭锁。

4）具备与电力调度数据专网的接口，满足通信技术及通信规约的要求。

5）监控系统物理结构和功能均为分层分布式。监控系统从结构上分为间隔层和站控层。第一级为就地控制（间隔层），在现场通过手动方式对升压站内设备进行控制；第二级远方控制（站控层），操作员在控制室通过计算机监控系统对变电站的主要运行设备进行控制。间隔层的设备按照一次设备设计方案及规模配置I/O测控装置，根据变电站的电压等级，220kV（110kV）的I/O测控装置应集中布置于继电室，35kV（10kV）的I/O测控装置可分散布置在开关柜上，各I/O测控单元宜按照断路器回路配置。

监控系统的具体功能要求，如配置原则、操作要求、系统功能、五遥等，应按照

DL/T 5149—2001《220kV ~500kV 变电所计算机监控系统设计技术规程》执行。

3.4.2.4 保护、测量和信号

1. 风电机组和箱式变压器的保护、测量和信号

（1）风电机组的保护、测量和信号。风电机组的保护设备通常由制造厂单独配置。为保证电力系统正常运行时的电能质量，以及当电气设备发生故障时，能在最短的时间和可能的最小区间内，自动把故障设备从电网中断开，以减轻故障设备的损坏程度和对附近网络的影响，风电机组通常配置以下保护和监测装置：电流速断保护、过负荷保护、温度过高保护、过电压保护、低电压保护、电网故障保护、防雷电保护、振动越限保护等，故障时保护动作跳开风电机组的断路器，并发出保护动作信号。

风电机组是相对独立的系统，自身配备有各种检测装置和变送器，可同时在就地显示器及监控系统显示器上反映风电机组的实时状态，如：当前日期和时间、叶轮转速、发电机转速、风速、环境温度、风电机组温度、当前功率、当前偏航和发电量等。

（2）箱式变压器的保护、测量和信号。箱式变压器的保护方式需根据一次设计方案确定，如采用油浸式变压器，依据规程配置高压熔断器保护、温度保护、避雷保护和负荷开关。各保护器件可根据响应时间要求查询二次设备手册确定。

箱式变压器的温度、电压、电流、功率等测量量可通过风电机组的通信光纤传输至监控系统。

2. 升压变电站的保护、测量和信号

变电站的保护方案参照 GB 14285—2006《继电保护和安全自动装置技术规程》，根据一次设备和变电站接入系统方案进行设计。

（1）电流互感器二次绕组设计。

1）二次绕组数量计算。一般情况下，继电保护装置、测量仪表、计量仪器等都需配置独立的二次绕组。其中继电保护装置根据其保护元件的不同，以及作为主保护、后备保护、自动装置等功能的不同，也需要配置独立的二次绕组。

2）准确等级。依据 DL/T 5137—2001《电测量及电能计量装置设计技术规程》的要求，电流互感器的准确等级可参考以下内容：

供保护及自动装置使用的二次绕组准确等级依照不同电压等级可分为5P、10P；

供测量用的二次绕组准确等级依照不同电压等级分为0.5、0.5S；

供计量用的二次绕组准确等级依照不同电压等级分为0.2S、0.2、0.5、0.5S。

准确等级的计算可参考电力工程计算手册。

（2）电压互感器二次绕组设计。电压互感器的用途是将继电保护装置、测量仪表和计量装置的电压回路与高压一次回路安全隔离，并取得固定的100V或者$100/\sqrt{3}$V二次标准电压。

1）二次绕组数量计算。二次绕组设计时一般设置保护与测量用绕组和计量专用绕组。

2）准确等级。依据 DL/T 5137—2001《电测量及电能计量装置设计技术规程》的要求，电压互感器的准确等级可参考以下内容：

供保护及自动装置使用的二次绕组准确等级依照不同电压等级可分为3P、6P；

供测量用的二次绕组准确等级依照不同电压等级分为0.1、0.2、0.5、1.0、3.0；

供计量用的二次绕组准确等级依照不同电压等级分为0.1、0.2、0.5、1.0、3.0。

准确等级的计算可参考电力工程计算手册。

3.4.2.5 直流系统设计

参考 DL/T 5044—1995《火力发电厂、变电所直流系统设计技术规程》，依据变电站设计等级及规模进行直流系统的设计方案。

根据二次设备的型号及数量，确定事故放电时间及计算变电站直流负荷。直流负荷按照功能可分为控制负荷和动力负荷。控制负荷是指电气和热工的控制、信号、测量和继电保护、自动装置等负荷，按照全部负荷计算；动力负荷是指各类直流电动机、断路器电磁操动的合闸机构、交流不停电电源装置、远动、通信装置的电源和事故照明等负荷，按照全部负荷的60%计算。

根据计算出来的直流负荷确定蓄电池的个数、容量及充电装置的容量。

3.4.2.6 电工试验室

根据风电场工程管理原则和需要，配备一定数量的仪器仪表或其他设备，对新安装或已投入运行的电气设备进行调整、试验、维护和检验。

3.5 风电机组基础设计

风电机组基础用于安装和支撑风电机组，必须保证风电机组在所有工况下能够安全稳定地运行。

3.5.1 风电机组基础的分类

根据不同的分类依据，风电机组基础可以进行如下划分：

1）按基础的几何形状划分：可以分为圆形、方形、多边形等，常见的为八边形基础。

2）按埋置深度划分：可以分为浅基础和深基础。

3）按基础形式划分：可以分为扩展基础、群桩基础、单桩基础和岩石锚杆基础。

3.5.2 扩展基础、桩基础和岩石锚杆基础

风电机组基础一般为现浇钢筋混凝土基础。根据风电场场址工程地质条件和地基承载力以及风电机组荷载等，从结构的形式看，常用的可分为扩展基础和桩基础两种。扩展基础，即实体重力式扩展基础，对基础进行动力学分析时，可以忽略基础的变形，并将基础作为刚性体来处理，而仅考虑地基的变形。按其结构剖面又可以分为单纯平板基础、阶形平板基础、锥形平板基础和岩石固定式平板基础。桩基础是由桩和连接于桩顶的承台共同组成的基础，从单个基桩受力特性看，可分为摩擦型桩和端承型桩两种：摩擦型桩是指在竖向极限荷载作用下，桩顶荷载全部或主要由桩侧阻力承受；端承型桩是指在竖向极限荷载作用下，桩顶荷载全部或主要由桩端阻力承受，桩侧阻力相对桩端阻力而言较小或可忽略不计的桩。从基桩的数目划分，又可以分为单桩基础和群桩基础：单桩基础指采用一根桩（通常为大直径桩）以承受和传递上部结构荷载的桩基础；群桩基础是指由 2 根或以上的桩组成的桩基础。

风电机组基础设计很大程度上取决于塔架底端受极限风速影响的颠覆性边界条件。实际工程中圆筒式塔架使用可采用扩展式基础、群桩式基础、单桩式基础和岩石锚杆基础，下文

将就这几种基础结构进行详细介绍。

1. 扩展式基础

若机组高度不超过某特定范围，可选用扩展式基础。扩展基础包含独立基础和条形基础。由于条形基础的长大于或等于 10 倍的宽，而独立基础长宽比在 3 倍以内且底面积在 $20m^2$ 以内，所以风电机组的基础为独立扩展基础。扩展式基础对风电机组、塔架、地基基础以及超额负载（浮力允许范围内）等在极限风速时的颠覆趋势有其特有的抵制作用。这种特有抵制作用及其所需的恢复时间，取决于地层内段的负荷承载容量，由于扩展基础必须要承受一定的重力负荷，故其边缘尺寸也由地层内段的负荷承载容量决定。1970 年 Brinch Hansen 明确提出了一定条件下扩展基础承受负荷的计算方法，这一计算理论的前提是假设各处所承受的负荷始终为恒定值。如果地层内段表现出一定的弹性，那么扩展基础很有可能受负荷大小影响发生倾斜，针对这一问题，应尽量以负荷最大值代替平均值作为基础设计依据。GL 法则要求风电机组运行时，基础的正向应力要超出其宽度范围，这就将其受到的最大颠覆力矩限制在 $WB/6$ 范围内，其中 W 是重力，B 为平板宽度。这一要求极大地增加了基础尺寸。

图 3-10 是三种不同的扩展式基础结构。

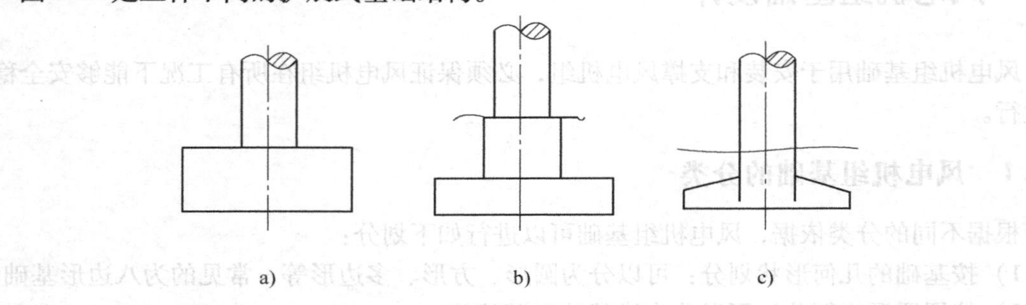

图 3-10 扩展式基础
a）单纯平板基础 b）阶形平板基础 c）锥形平板基础

图 3-10a 为恒定厚度的扩展基础，其上表面与地表水平，通常用于地表附近为岩石层的情况。这种结构主要通过在基础上下表面增加加固层来防止倾覆，另外尽量减小基础厚度也可以减少加固的必要性。

图 3-10b 中平板基础上增加了一个台座，主要用于岩石层有一定深度，并且平板厚度既要求有防弯曲措施又要求减小符合压力的状况。由于地层内段的过负荷能力增加，所以整个平板尺寸可以有一定程度的减小。

图 3-10c 中基础结构与图 3-10b 类似，但进行了两种改进，这两种改进都可以独立应用。首先，用一种嵌入平板的柱状塔代替图 3-10b 中的台座，第二是通过引用锥形设计减小平板的厚度。柱状塔顶部有排穿孔，可以用于顶部加固，同时底部应配有同样起加固作用的凸缘。平板的锥形设计的好处是可以节省材料，但略微增加了制作难度。扩展基础主要从以下几个方面计算和设计。

扩展基础主要从以下几个方面设计结构和配筋：

（1）扩展基础底面尺寸的确定。图 3-11 是基础底面尺寸计算示意图。

当轴心额定荷载作用时

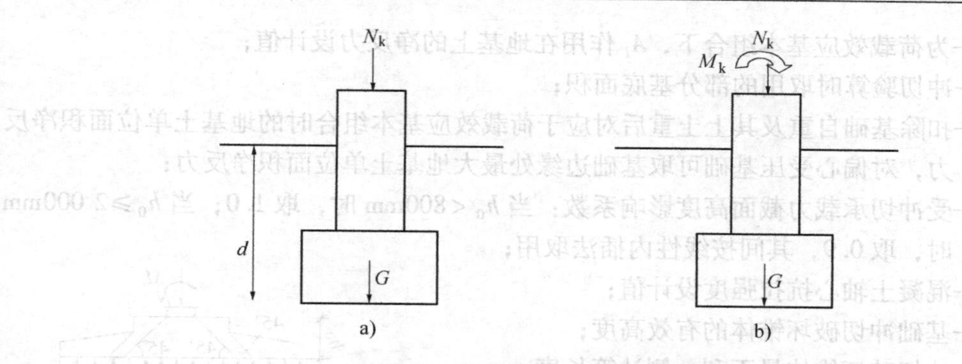

图 3-11 扩展基础底面尺寸计算示意
a) 轴心荷载作用 b) 偏心荷载作用

$$P_k = \frac{N_k + G_k}{A} \tag{3-5}$$

$$G_k = \gamma_c A d \tag{3-6}$$

$$P_k \leqslant f_a \tag{3-7}$$

即

$$A \geqslant \frac{N_k}{f_a - \gamma_c d} \tag{3-8}$$

当偏心载荷作用时，还应满足

$$\frac{N_k + G_k}{A} - \frac{M_k}{W} \leqslant P_k \leqslant \frac{N_k + G_k}{A} + \frac{M_k}{W} \tag{3-9}$$

$$P_{kmax} \leqslant 1.2 f_a \tag{3-10}$$

即

$$A \geqslant \frac{N_k}{1.2 f_a - \frac{M_k}{W} - \gamma_c d} \tag{3-11}$$

式中 N_k——风电机组及塔筒作用在基础顶面中心的垂直荷载标准值；

d——基础顶部到底部的垂直距离；

G_k——基础的等效重力；

M_k——风电机组及塔筒作用在基础顶面的弯矩荷载标准值；

W——基础的抗弯截面系数；

f_a——地基承载力特征值；

γ_c——地基土的比重。

（2）抗冲切验算

$$\gamma_0 F_l \leqslant 0.7 \beta_{hp} f_t a_m h_0 \tag{3-12}$$

$$a_m = \frac{a_t + a_b}{2} \tag{3-13}$$

$$F_l = p_j A_l \tag{3-14}$$

式中 F_l——为荷载效应基本组合下，A_l 作用在地基上的净反力设计值；

A_l——冲切验算时取用的部分基底面积；

p_j——扣除基础自重及其上土重后对应于荷载效应基本组合时的地基土单位面积净反力，对偏心受压基础可取基础边缘处最大地基土单位面积净反力；

β_{hp}——受冲切承载力截面高度影响系数：当 $h_0<800$mm 时，取 1.0；当 $h_0\geqslant 2\,000$mm 时，取 0.9，其间按线性内插法取用；

f_t——混凝土轴心抗拉强度设计值；

h_0——基础冲切破坏锥体的有效高度；

a_m——冲切破坏锥体最不利一侧计算长度；

a_t——受冲切破坏锥体最不利一侧斜截面的上边长，当计算基础环与基础交接处的受冲切承载力时，取基础环直径；当计算基础台柱边缘处的受冲切承载力时，取台柱宽；

a_b——受冲切破坏锥体最不利一侧斜截面在基础底面积范围内的下边长，当受冲切破坏锥体的底面落在基础底面以内（如图 3-12 所示），计算基础环与基础交接处的受冲切承载力时，取基础环直径加两倍基础有效高度；当计算基础台柱边缘受冲切承载力时，取台柱宽加该处有效高度的两倍。

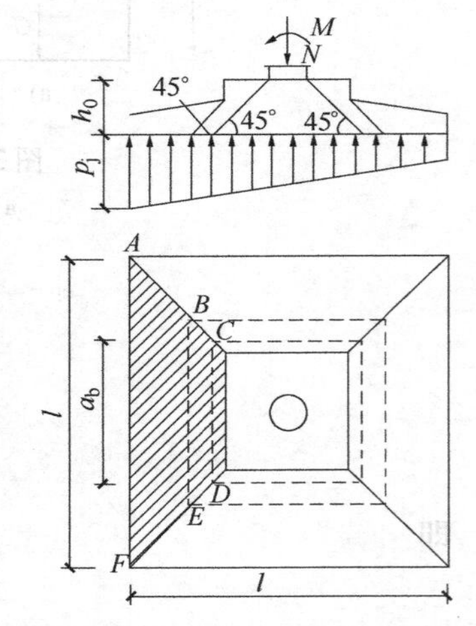

图 3-12 矩形基础底板计算示意图

（3）基础底板的抗弯配筋计算。在轴心荷载或单向偏心荷载作用下，对于方形基础，当台阶的宽高比小于或等于 2.5(a_1/h) 和偏心矩小于或等于 1/6 基础宽度时（如图 3-13a）：

$$M=\frac{1}{12}\Big[(2l+a')\Big(p_{max}+p-\frac{2G}{A}\Big)+(p_{max}-p)l\Big] \tag{3-15}$$

在单向偏心荷载作用下，对于方形基础，当台阶的宽高比小于或等于 2.5（a_1/h）和偏心矩大于 1/6 基础宽度时（如图 3-13b）：

$$M=\frac{1}{6}a_1^2(2l+a')\Big(p_{max}-\frac{G}{A}\Big) \tag{3-16}$$

式中 M——荷载效应基本组合下，任意截面处的弯矩设计值；

p_{max}——荷载效应基本组合下，基础底面边缘最大地基反力设计值；

p——荷载效应基本组合下，在任意截面处基础底面地基反力设计值；

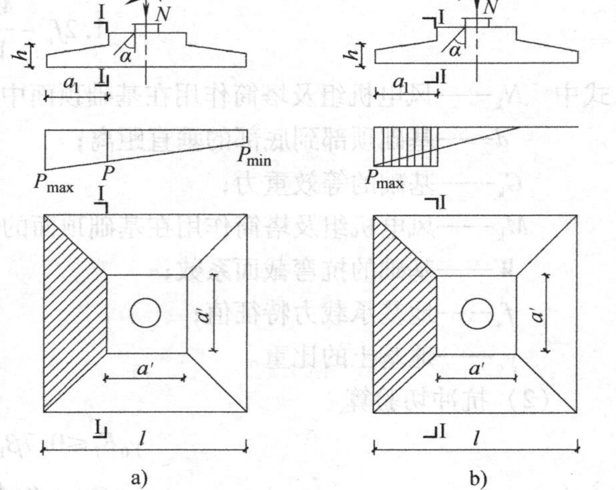

图 3-13 基础底板配筋计算示意图

a) 偏心距 $e\leqslant 1/6$ b) 偏心距 $e>1/6$

G——考虑荷载分项系数的基础自重及其上覆地基土的自重；

a'——边界处宽度；

A——抗弯计算时的部分基底面积；

a_1——任意截面至基底边缘最大反力处的距离；

l——基础底面的边长。

（4）斜截面受剪承载力验算

$$\gamma_0 V \leqslant 0.7\beta_h f_t b h_0 \tag{3-17}$$

$$\beta_h = \sqrt[4]{\frac{800}{h_0}} \tag{3-18}$$

式中　V——荷载效应基本组合下，构件斜截面上最大剪力设计值；

β_h——受剪截面高度影响系数：当 $h_0 \leqslant 800\text{mm}$ 时，取 $h_0 = 800\text{mm}$；当 $h_0 \geqslant 2\ 000\text{mm}$ 时，取 $h_0 = 2\ 000\text{mm}$；

f_t——混凝土轴心抗拉强度设计值；

h_0——截面的有效高度；

b——矩形截面的宽度。

2. 群桩式基础

如果地基浅层土质太差，不能满足上部建筑物对地基的强度和变形要求，或者上部结构物对基础的不均匀沉降敏感，地下水位地表水位较高，施工排水困难等，桩基础可以很好地解决这些问题。本教材分别从单桩和群桩基础介绍。

图3-14所示的基础结构，将一个桩基承台置于8个环形布置的圆桩之上。垂直方向和侧面载荷都有抵制基础倾倒的作用。基础上下桩之间的连接处必须进行加固。底部环形圆桩建造时可以先钻孔，然后布置加固结构，确定位置后直接浇注基础。群桩基础主要从以下几个方面设计结构和配筋：

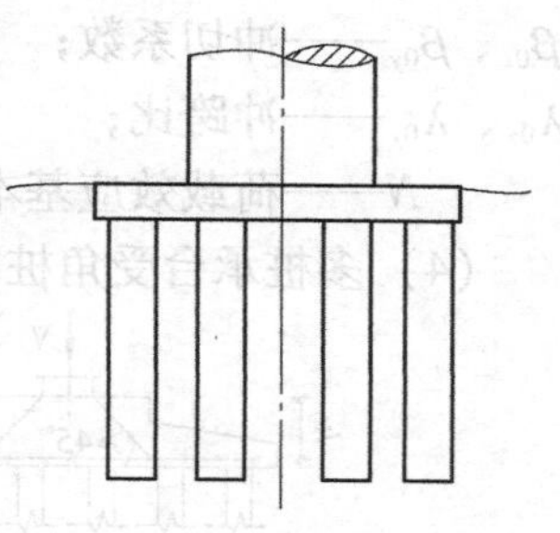

图3-14　群桩式基础

（1）基桩承载力载荷效应标准组合验算

轴心竖向力作用下

$$N_{ik} \leqslant R \tag{3-19}$$

偏心竖向力作用下，除满足上式，还应验算：

$$N_{ikmax} \leqslant 1.2R \tag{3-20}$$

水平力荷载作用下

$$H_{ik} \leqslant R_h \tag{3-21}$$

式中　N_{ik}——荷载效应标准组合轴心竖向力作用下，基桩或复合桩基的平均竖向力；

N_{ikmax}——荷载效应标准组合偏心竖向力作用下，桩顶最大竖向力；

R——基桩或复合基桩竖向承载力特征值；

H_{ik}——在荷载效应标准组合下，作用于基桩 i 桩顶处的水平力；

R_h——群桩中基桩水平承载力特征值。

（2）基桩抗拔承载力验算

$$N_{ik} \leqslant \frac{T_{gk}}{2} + G_{gp} \tag{3-22}$$

$$N_{ik} \leqslant \frac{T_{uk}}{2} + G_p \tag{3-23}$$

式中 N_{ik}——荷载效应标准组合下，基桩拔力；

T_{gk}——群桩呈整体破坏时基桩的抗拔极限承载力标准值；

T_{uk}——群桩呈非整体破坏时基桩的抗拔极限承载力标准值；

G_{gp}——群桩基础所包围体积的桩土总自重除以总桩数，地下水位以下取浮重度；

G_p——基桩自重，地下水位以下取浮重度。

（3）基础环对承台的冲切验算

$$\gamma_0 F_l \leqslant 2[\beta_{0x}(b_c + a_{0y}) + \beta_{0y}(h_c + a_{0x})]\beta_{hp} f_t h_0 \tag{3-24}$$

$$F_l = N - \sum N_i \tag{3-25}$$

$$\beta_{0x} = \frac{0.84}{\lambda_{0x} + 0.2} \tag{3-26}$$

$$\beta_{0y} = \frac{0.84}{\lambda_{0y} + 0.2} \tag{3-27}$$

式中 F_l——荷载效应基本组合下，扣除承台及其上填土自重，作用在冲切破坏锥体上的冲切力设计值，冲切破坏锥体应采用自基础环或台桩边缘至承台底板连线构成的锥体，锥体与承台底面的夹角不小于45°（如图3-15）；

h_0——承台冲切破坏锥体的有效高度；

β_{hp}——承台受冲切承载力截面高度影响系数；

β_{0x}、β_{0y}——冲切系数；

λ_{0x}、λ_{0y}——冲跨比；

N——荷载效应基本组合下，基础环根部轴力设计值。

（4）多桩承台受角桩冲切验算（如图3-16所示）

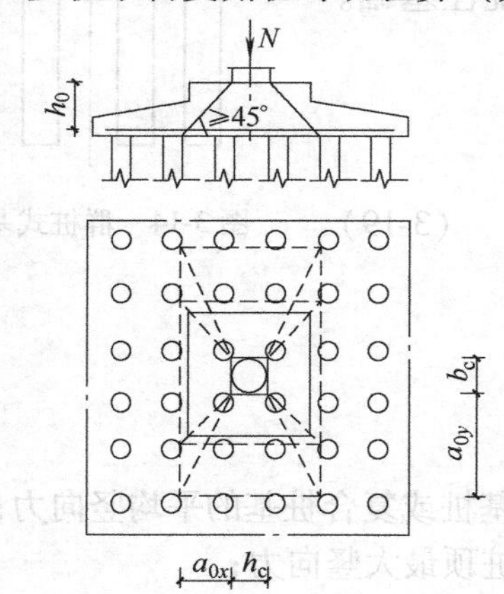

图3-15 基础环对承台冲切示意图

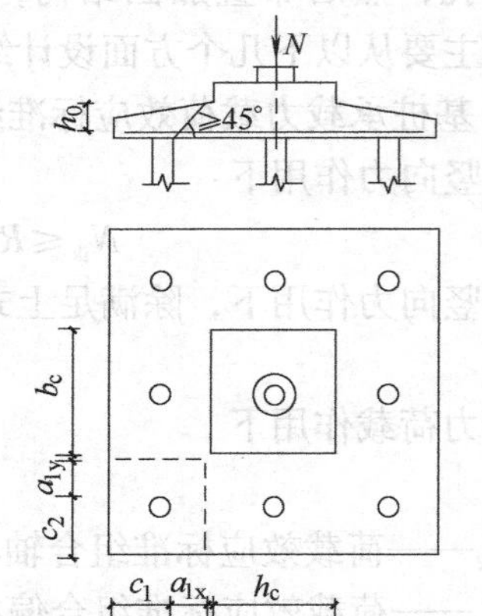

图3-16 多桩承台受角桩冲切示意图

$$\gamma_0 N_l \leqslant [\beta_{1x}(c_2 + a_{1y}/2) + \beta_{1y}(c_1 + a_{1x}/2)]\beta_{hp} f_t h_0 \tag{3-28}$$

$$\beta_{1x} = \frac{0.56}{\lambda_{1x} + 0.2} \tag{3-29}$$

$$\beta_{1y}=\frac{0.56}{\lambda_{1y}+0.2} \tag{3-30}$$

式中　N_l——荷载效应基本组合下，扣除承台及其上填土自重后的角桩桩顶竖向力设计值；

β_{1x}，β_{1y}——角桩冲切系数；

λ_{1x}，λ_{1y}——角桩冲跨比，其值满足0.25～1.0，$\lambda_{1x}=a_{1x}/h_0$，$\lambda_{1y}=a_{1y}/h_0$；

c_1，c_2——从角桩内边缘至承台外边缘的距离；

a_{1x}，a_{1y}——从承台底角桩内边缘引45°冲切线与承台顶面或承台变阶处相交至角桩内边缘的水平距离；

h_0——承台外边缘的有效高度。

3. 单桩基础

单桩基础按构造形式可以分为实心单桩基础和中空单桩基础。

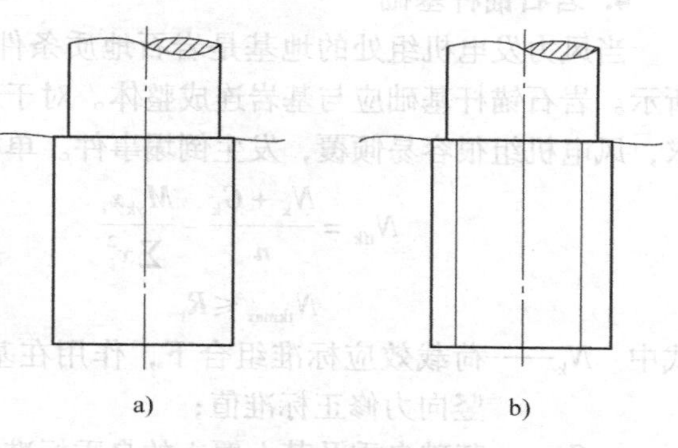

图3-17　单桩基础
a）实心单桩基础　b）中空单桩基础

混凝土单桩基础由一个直径较大的混凝土圆桩构成，圆桩独立承受了土壤的侧面负载，如图3-17a所示。这种情况用于地下水位较低，因此基础可以伸入地下较深处的情况。尽管这种基础结构简单，但其材料成本较高。

图3-17b为中空单桩基础，这种基础使用较为廉价的材料代替混凝土单桩基础的中心，因此与混凝土实心单桩基础无结构差异。

最近兴起了一种空心单桩基础，叫P&H桩基础。重力式扩展基础依靠重力和基础下卧土承载力来承担作用于基础上部的轴向力和弯矩，水平力由基础下卧土的摩擦阻力承担。而P&H桩基础主要由环形基础周围土的水平承载力承载基础所受的水平载荷和弯矩。

P&H基础又分为P&H无张力灌注桩基础和P&H无张力岩石或桩锚杆基础，如图3-18所示。P&H无张力灌注桩基础为后张拉混凝土圆柱体，一般外径3.5～6m，内径2.5～4m。

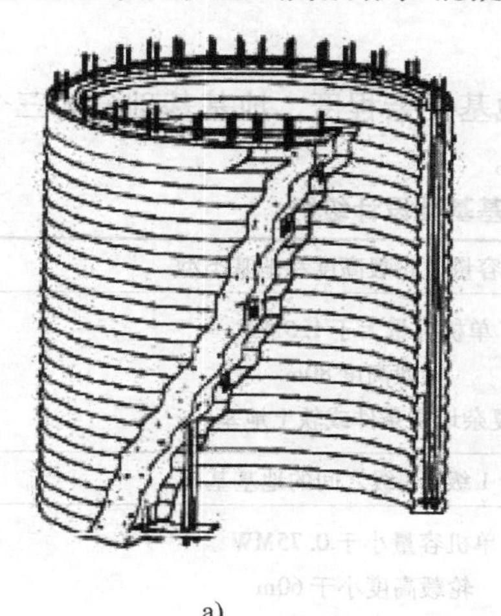

a)

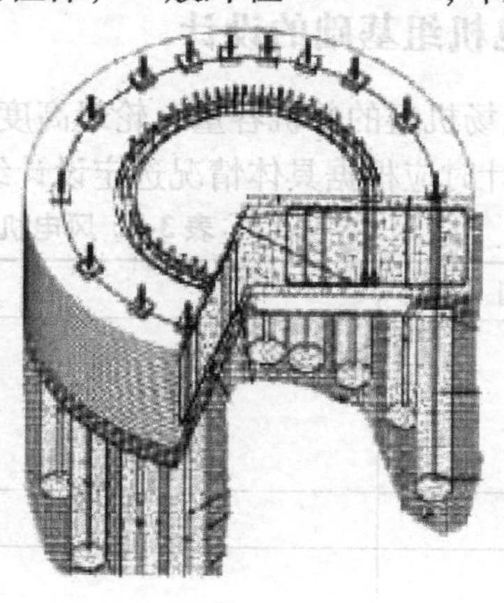

b)

图3-18　P&H桩基础
a）P&H无张力灌注桩基础　b）P&H无张力岩石或桩锚杆基础

基础中使用波纹钢筒用来作为模板和支撑，在波纹钢筒空心部分底部有1m高混凝土，混凝土上有素土回填。基础顶部通常为30cm厚承台板。基础深度主要由风电机组类型、载荷以及地质条件决定，通常埋深9~11m。和风电机组塔架连接的锚杆经过预应力处理。P&H无张力岩石或桩锚杆基础是支撑大型风电机组的专利基础。岩石锚杆基础适用于岩石地质条件，桩锚杆基础适用于特别软弱地质条件。P&H岩石或桩锚杆基础承台下有不等长单排或双排预应力锚杆。风电机组施加的巨大弯矩由锚杆长度分布的摩擦力承担，正常使用状态载荷在土体、承台接触面锚杆中不产生应力循环，因此不存在疲劳载荷和岩土模量消减现象。

4. 岩石锚杆基础

当风力发电机组处的地基是岩石地质条件时，此时可以选用岩石锚杆基础，如图3-19所示。岩石锚杆基础应与基岩连成整体。对于岩石锚杆基础，如果上拔力不满足基础承载要求，风电机组很容易倾覆，发生倒塌事件。单根锚杆所承受的拔力（拉力）验算如下：

$$N_{tik}=\frac{N_k+G_k}{n}-\frac{M_{yk}x_i}{\sum x_i^2} \tag{3-31}$$

$$N_{tkmax}\leqslant R_t \tag{3-32}$$

式中 N_k——荷载效应标准组合下，作用在基础顶面上的竖向力修正标准值；

G_k——基础自重及其上覆土的自重标准值；

M_{yk}——荷载效应标准组合偏心竖向力作用下，作用于基础底面，绕通过基础底面形心的 y 主轴的合力矩修正标准值；

x_i——第 i 根锚杆至基础底面形心的 y 轴线的距离；

N_{tik}——荷载效应标准组合下，第 i 根锚杆所受的拔力；

R_t——单根锚杆抗拔承载力特征值；

N_{tkmax}——荷载效应标准组合下，锚杆所受的最大拔力。

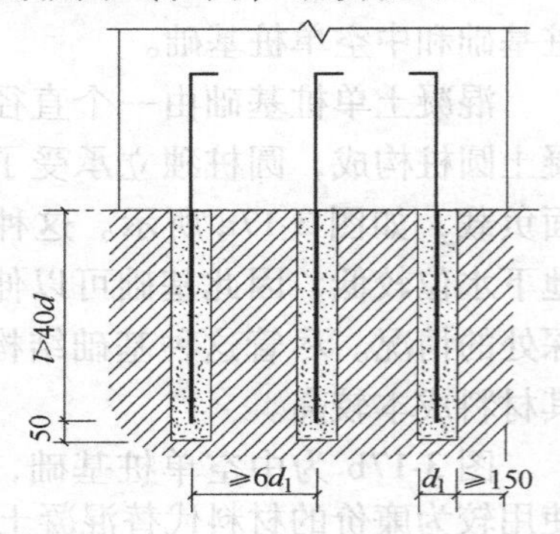

图3-19 岩石锚杆基础

3.5.3 风电机组基础的设计

根据风电场机组的单机容量、轮毂高度和地基复杂程度，地基基础分为三个设计级别，见表3-5，设计时应根据具体情况选定设计级别。

表3-5 风电机组地基基础设计级别

计算级别	单机容量、轮毂高度和地基类型
1	单机容量大于1.5MW 轮毂高度80m 复杂地质条件或软土地基
2	介于1级、3级之间的地基基础
3	单机容量小于0.75MW 轮毂高度小于60m 地质条件为简单的岩土地基

注：1. 地基基础设计级别按表中指标划分，分属不同级别时，按最高级别确定；

2. 对1级地基基础，地基条件较好时，经论证基础设计级别可降低一级。

风电机组地基基础设计应符合下列规定：

（1）所有机组地基基础，均应满足承载力、变形和稳定性的要求；

（2）1级、2级机组地基基础，均应进行地基变形计算。

（3）3级机组地基基础，一般可不作变形验算，如有下列情况之一时，仍应作变形验算。

1）地基承载力特征值小于130kPa或压缩模量小于8MPa；

2）软土等特殊性的岩土。

机组地基基础设计前，应进行岩土工程勘察，勘察内容和方法应符合GB 50021—2009的规定。

风电机组基础型式主要有扩展基础、桩基础和岩石锚杆基础，具体采用哪种基础应根据建设场地地基条件和风电机组上部结构对基础的要求确定，必要时需进行试算或技术经济比较。当地基为软弱土层或高压缩性土层时，宜优先采用桩基础。

根据风电场工程的重要性和基础破坏后果（如危及人的生命安全、造成经济损失和产生社会影响等）的严重性，机组基础结构安全等级分为两个等级，见表3-6。

表3-6　机组基础结构安全等级

基础结构安全等级	地基的重要性	基础破坏后果
一级	重要的基础	很严重
二级	一般的基础	严重

注：机组基础的安全等级还应与机组和塔架等上部结构的安全等级一致

地基基础设计需进行下列计算和验算：

1）地基承载力计算。

2）地基受力层范围内有软弱下卧层时应验算其承载力。

3）基础的抗滑稳定、抗倾覆稳定等计算。

4）基础沉降和倾斜变形计算。

5）基础的裂缝宽度验算。

6）基础（桩）内力、配筋和材料强度验算。

7）有关基础安全的其他计算（如基础动态刚度和抗浮稳定等）。

具体设计过程可参见《FD003—2007风电机组地基基础设计规定》。

3.6　风电场财务评价

财务评价是根据国家现行财税制度和价格体系，分析、计算项目直接发生的财务效益和费用，编制财务报表，计算评价指标，考查项目的盈利能力、清偿能力以及外汇平衡等财务状况，据以判别项目的财务可行性。它是项目可行性研究的核心内容，对合理确定工程造价、确保工程质量以及节约建设资金具有重要意义，其评价结论是决定项目取舍的重要决策依据。

通过经济财务评价，可以获得项目的获利能力、变现能力、财务生存能力，形成多个方案的优化比较与优选，采用财务特定评价指标作为决策标准或依据。

项目财务评价的基本内容和步骤包括：

1）选取财务评价基础数据与参数，包括主要投入物和产出物财务价格、税率、利率、汇率、计算期、固定资产折旧率、无形资产和递延资产摊销年限，生产负荷及基准收益率等。

2）计算销售收入，估算成本费用。

3）编制财务评价报表，主要有：财务现金流量表、损益和利润分配表、资金来源与运用表、借款偿还计划表。

4）计算财务评价指标，进行盈利能力分析和偿债能力分析。

5）进行不确定性分析，包括敏感性分析和盈亏平衡分析。

6）编写财务评价报告。

依据国家“风力发电场项目可行性研究报告编写规程”，本节将对风电场财务评价的主要内容进行详细分析。

3.6.1 概述

首先简要叙述本风电场的项目规模、年上网电量、风电场项目建设工期及其财务评价计算期等内容。举例如下：

某工程拟装机容量36MW，安装24台1 500kW的风电机组。根据拟建场址的风能资源数据，结合推荐机型功率曲线和电网运行方式，估算项目投产后年上网电量约为8 499.4万kW时。

本项目计算期取21年，其中建设期限1年，生产期限20年。

3.6.2 项目投资和资金筹措

说明本项目的固定资产投资、流动资金和建设期利息，说明建设资金的筹措和贷款偿还条件。例如：

某项目固定资产投资为a万元；建设期利息为建设期支付的固定资产投资贷款利息，根据投资使用计划，按规定的贷款利率以复利计算，风电场建设期利息为b万元；本项目流动资金为c万元；则本项目的总投资＝固定资产投资＋建设期利息＋流动资金$=a+b+c$（万元）。

资金筹措及贷款条件：主要介绍项目的资金来源、资本金所占的比例，贷款来源及利息，偿还期限等。例如：

某利用国内银行贷款项目，项目建设资金由资本金和内资贷款组成，资本金占总投资的20%，国内长期贷款年利率为6.55%。假设项目总投资为50 000万元，则利用国内银行长期贷款本金为40,000万元，建设期利息2620万元。贷款偿还期15年（含3年宽限期）。

3.6.3 分析与评价

1. 总成本费用计算

总成本费用计算应包括以下内容：

(1) 固定资产价值计算。

固定资产价值＝固定资产投资＋建设期利息－无形及递延资产价值。

（2）风电场总成本计算，包括折旧费、维修费、职工工资及福利费、材料费、摊销费、利息支出费及其他费用等。各项费用计算公式如下（各数据仅为举例说明，不具代表性）：

折旧费 =（固定资产价值—固定资产残值）×综合折旧率

维修费 = 固定资产价值 × 修理费率

职工工资及福利费 = 职工年工资 × 编制定员 ×（1 +14%）

劳保统筹和住房基金 = 职工年工资 × 编制定员 ×27%

材料费一般按定额取，例如5元/kW；

摊销费包括无形资产和递延资产的分期摊销，例如，可取无形资产10年平均摊销，递延资产5年平均摊销；

利息支出为固定资产和流动资金在生产期应从成本中支付的借款利息，固定资产投资借款利息依各年还贷情况而不同；

其他费用也可以定额计取。

2. 发电效益计算

对风电场建成发电后的经济效益进行计算，需要说明发电效益计算的方法和参数，其内容应包括：

（1）发电量收入计算。

发电量收入 = 上网电量 × 上网电价

（2）税金计算。电力工程缴纳的税金包括增值税、销售税金附加、所得税。

增值税为价外税，增值税率按照财政部和国家税务总局财税［2001］198号“关于部分资源综合利用及其他产品增值税政策问题的通知”精神，增值税按纳税额减半征收，税率为8.5%；销售税金附加包括城市维护建设税和教育费附加，分别按增值税的5%和3%计征；所得税税率按25%（中外合资按15%）计征。

（3）利润及分配。

发电利润 = 发电收入 − 发电成本 − 销售税金附加

税后利润 = 发电利润 − 所得税

税后利润提取10%的法定盈余公积金和5%的公益金后，剩余部分为可分配利润，再扣除应付利润，即为未分配利润。

3. 清偿能力分析

清偿能力分析主要考察计算期内各年财务状况及清偿能力，应包括以下内容：

1）借款还本付息计算；

2）资金来源与运用计算；

3）资产负债计算。

具体体现为如下指标：

（1）借款偿还期。按规定贷款条件还贷，贷款偿还期一般为15年，有时含1~3年宽限期。

（2）还贷资金。风电场的还贷资金主要包括还贷利润、还贷折旧。

1）还贷利润：还贷利润 = 可分配利润 − 还贷期应付利润

2）还贷折旧：项目的折旧费按还贷要求还贷，还贷期内的折旧100%用于还贷。

（3）还贷平衡计算。一般项目80%的资金来源于贷款，因此有一定的还贷压力，根据不含税的上网电价进行计算，看能否满足贷款偿还要求。

（4）资金来源与运用。主要说明用于还贷的资金来源与运用，在风力发电项目中，用于还贷的资金来源主要有发电利润、折旧费和短期借款等。

（5）资产负债分析。该项指标主要反映项目各年所面临的财务风险程度及偿债能力，分析项目在计算期内各年资产、负债和所有者权益情况。通过计算项目资产负债率的年变化，对项目的偿债能力做出判断。

4. 盈利分析

盈利分析应包括以下内容：

1）财务现金流量（全部投资）计算；

2）现金流量（资本金）计算；

3）根据财务盈利能力计算成果，分析所得税税前和税后的财务内部收益率、投资利润率、投资利税率及资本金利润率的财务评价指标。

5. 敏感性分析

敏感性分析是在确定性分析的基础上，通过进一步分析、预测项目主要不确定因素的变化对项目评价指标（如内部收益率、净现值等）的影响，从中找出敏感因素，确定评价指标对该因素的敏感程度和项目对其变化的承受能力。

风电场项目的不确定因素主要有上网电价、上网电量、固定资产投资、偿还年限引起的财务内部收益率和投资回收期的改变，通过上述因素的分析，确定风电场项目的抗风险能力。

6. 财务评价结论

根据前面1-5项的计算分析，得到财务指标汇总表及文字性的结论，主要对项目的偿债能力、抗风险能力、资本金财务内部收益率、投资利润率和投资利税率等进行概括性总结。

3.7 风电场可行性研究

风电场工程可行性研究是在风电场预可行性研究工作的基础上进行，是政府核准风电项目建设的依据，风电场工程可行性研究工作由获得项目开发权的企业按照国家有关风电建设和管理的规定和要求负责完成《风电场前期工作管理规定暂行办法》。

通过可行性研究，设计单位应提供给业主一份风电场项目可行性报告，包含规定的图表，优化了的风电机组布置及预测发电量，通过技术经济比较，确定适合于本风电场的风电机组机型，经过论证、比较，优选接入电力系统和电气主接线方案，从施工角度推荐使工程早见成效的施工方法，经过工程投资概算和财务分析，测算并评价工程可能取得的经济效益、业主可能获得的回报率。

3.7.1 《风电场工程可行性研究报告编制办法》

1. 资料收集

需要收集的资料包括：经批准的项目建议书；地区经济发展规划、本地区电力发展规划；本地区与风电场接入电力系统相适应的电压等级的电力系统地理接线图；待选风电场风能资料和整编后的当地气象站的风能资料；工程地质资料、中国地震烈度区划图；上网电价的初步批件；风电机组技术资料；本地区劳动力、工程材料（包括水泥、沙、石子）、施工用电、用水等的价格；融资的条件；1:1 万的地形图和 1:5 万的地形图等。

2. 风资料处理

经过出力，得到轮毂高度的风向玫瑰图（全年和每月的风向玫瑰图）、风能玫瑰图（全年和每月的风能玫瑰图），轮毂高度代表年的平均风速、风功率密度，如果风电场在海拔 1000 米以上，或在高纬度处，还需测量大气压或温度，计算空气密度，作为以后修正理论发电量的依据。

3. 地质勘察

地质专业人员需要到现场踏勘风电场现场，了解风电场的地形地貌以及场址的地震烈度，评价场址的稳定性，边坡的稳定性，需判别岩土体的容许承载力等场址的主要地质条件。

4. 风电机组机型选择、机位优化和发电量估算

主要工作是机型比选、优化布机和通过各种折减系数估算发电量。

5. 风电场接入电力系统及风电场主接线设计

确定风电场接入电力系统的方案，即风电场与电力系统的连接方式、输电电压等级、出线回路数、输送容量，以及配套输变电工程等；对主要电气设备进行选型，设备的布置以及确定机电设备和材料的工程量。

6. 土建工程设计

包括风电场内机组的基础和箱式变电站的基础设计，以及风电场联网工程的变电所土建部分设计和风电场中控室土建设计。

7. 工程管理

拟定风电场的管理机构、人员编制和主要管理设施。

8. 施工组织设计

解决风电场所在地的对外交通运输条件，对内设备运输的道路设计，施工场地的平整、以及施工的工程量，预计风电场项目建设工期，绘制施工总进度表，核定工程永久用地的范围及计算征地面积，估算施工临时用地面积，提出电气设备的施工技术要求以及安装工程量。

9. 环境影响评价

施工期对环境影响的预评估：林地的征用、水土流失、植被的破坏、施工噪声、施工生活废水和施工粉尘等问题及可采取的措施。

建成后对环境的预评估：风电机组在运行过程中可能产生噪声污染，风电机组若布置不当可能影响景观，运行期间风电机组是否影响候鸟的迁徙需进行评估。

提出环境保护对策、措施和投资估算，进行环境经济效益的分析，最后给出结论和建议。

10. 工程投资概算

工程投资概算是确定和控制基本建设投资、编制利用外资概算、编制设备招标（或议标）标底的依据。

概算的编制可分以下几项进行：总概算表，机电设备及安装工程概算表，建筑工程概算表，施工临时设施概算表，其他费用概算表，联网工程概算表。

11. 财务评价

风电场财务评价是从项目的角度，用现行动态价格和财务税务规定，估算风力发电项目需投入的资金（若建设期在一年以上，各年投入资金）、年运行费（经营成本）及项目建成后可获得的财务收益。计算投资回收期（含建设期财务内部收益率、投资利润率、上网电价等财务指标，评价本项目的财务可行性，并作必要的敏感性分析。这是最后一道工序，也是投资者最关心的一道工序，如不满足审批或投资者的要求，需修改上述的设计方案，重新进行工程投资概算和财务评价，使满足要求，否则本项目不可行。

设计单位将风电场项目的可行性研究报告提交业主单位，由当地主管部门组织审查。审查的主要目的是工程项目技术上可行、经济上合理、更重要的是要审批是否符合电力发展规划、环境保护和水土保持要求，以及能否占用土地和满足允许的上网电价等。

随着可行性研究报告上报的同时，还需向审批部门提供如下的资料：可行性研究报告的审查意见，出资人出资协议书，土地征用意向书，经环保部门审批同意建设的《建设项目环境影响报告表》，当地电网管理部门同意收购上网电量的承诺函，当地物价部门对电价的审批文件，使用银行贷款项目出具银行经评估后同意提供贷款的承诺函。

3.7.2 风电场可行性研究报告模板

中丹风能发展项目的研究成果之一是风电场可行性研究报告模板。与国家发改委《风电场工程可行性研究报告编制办法》相比，该可行性研究报告模板新增加了节能设计、招标方案和风险分析三个方面的内容。

1. 节能设计

我国是个能源消费大国，能源相对短缺，然而能源浪费却相应严重。电能供需矛盾近年来越发突出，能源的缺乏已严重制约着国民经济的发展。节能问题一直是我国发展国民经济的一项长远战略方针。风电场作为一种清洁的可再生能源，其自身就是对传统化石能源的节约。

在风电场可行性研究报告节能设计部分，设计单位要结合我国具体国情和实际情况，综合利用各种节能技术措施，趋利避害，选择经济合理的节能方案，以期获得显著的节能效果。

节能设计一般围绕以下几个原则：

1）以经济实用、系统简单、减少备用、安全可靠、高效环保、以人为本为基本原则。

2）通过经济技术比较，采用新工艺、新结构、新材料，优化设备选型和配置，满足合理备用的要求。

3）运用先进的设计手段，优化布置，使设备布置紧凑，建筑体积小，检修维护方便，施工周期短，工程造价低。

4）严格控制风电场用地指标、节约土地资源。

5）风电场水耗、污染物排放、风场定员、发电成本等各项技术经济指标尽可能达到先进水平。

节能设计中要说明风电场工程施工期的能耗种类、数量和能耗指标，并提出主要的节能降耗措施。施工期的节能降耗措施主要为：根据各单项工程的施工方案、施工强度和施工难度，以及设备本身能耗、维修和运行等因素，择优选用电动、液压、柴油等能耗低、生产效率高的机械设备；避免设备的重置，最大限度地发挥各种机械设备的功效，以满足工程进度要求，保证工程质量，降低工程造价。设计过程中，注重施工的连续性、资源需求的均衡性和合理性，通过反复论证和不断优化施工方案，使其进度计划更趋合理。

节能设计中还要说明风电场工程运行期的能耗种类、数量和能耗指标，并提出主要的节能降耗措施。运行期的节能降耗措施主要体现在照明、空调和取暖几方面，照明负荷使用节能灯具，空调选购能效比高的节能空调，取暖采用中央控制系统，专人值守。

节能设计中还要对节能降耗效益进行分析。根据风电场的计算发电量，与传统燃煤火电厂相比，说明可节约化石能源数量、风电场减排温室气体量和其他污染物总量。

风电场的节能降耗效果是很明显的。例如，我国北方某100MW风电场工程年发电量2.48亿kW·h，与燃煤火电厂（以发电标煤煤耗360g/(kW·h）计）相比，每年可节约标煤8.9万t，折合原煤12.5万t，每年可减少多种大气污染物的排放，其中减少二氧化硫排放量约3999.7t/a，氮氧化物（以NO_2计）1134.9t/a，一氧化碳约28.7t/a，碳氢化合物11.4t/a，二氧化碳21.2万t/a，并可减少大量烟尘的排放。

2. 招标方案

设计单位要在风电场可行性研究报告中为业主提供一份招标方案。在风电场工程项目核准后，建设单位将根据工程总计划要求进行工程招标工作。在工程建设期间，项目公司要遵守《中华人民共和国招标投标法》，对工程项目的勘察、设计、施工、监理以及重要设备、材料等的采购，进行招标，保护国家利益、社会公共利益和招标投标活动当事人的合法权益，提高经济效益，保证项目质量。

（1）招标范围。设计单位要在可行性研究报告招标方案中说明该工程勘察、设计、施工、监理以及主要设备、材料等的具体招标范围以及包括的内容。风电场需招标的项目一般包括：

1）风电机组采购；

2）塔架及法兰制作；

3）风电机组运输；

4）箱式变压器采购；

5）风电场内道路施工；

6）风电机组安装工程（包括风电机组吊装、电气安装等）；

7）风电机组及箱变基础施工；

8）工程监理；

9）风电场内电气工程（包括35kV线路施工、通信线路施工、箱变安装等）；

10）风电场通信线路及设备采购；

11）电力电缆采购。

（2）标段划分和招标顺序。招标方案中要根据风电场的装机规模和施工工期的安排，对勘察、设计、施工、监理以及主要设备、材料的采购等进行标段划分，并对每个标段中的标进行排序。

（3）招标组织形式。招标方案中要说明各标段初步采用的招标组织方式，委托招标或者自行招标；采用自行招标的，按照《工程建设项目自行招标试行办法》（国家发展计划委员会令第5号）规定报送书面材料。

（4）招标方式。招标方案中要根据各标段的技术特点，说明各标段的招标方式，公开招标或者邀请招标；对于采用邀请招标的，要说明邀请招标的理由。

根据《中华人民共和国招投标法》和招标工作的有关规定，风电场工程的工程建设、施工、监理、主要设备采购将委托有相应资质的招标代理公司进行招标工作，部分项目可自行组织招标。对数额较大或工程重要程度较高的项目将采用公开招标的方式，对数额较小项目采用邀请招标的方式或议标方式进行招标。

3. 风险分析

设计单位要在风电场可行性研究报告中做风险分析，其目的是通过识别风险因素和后果，评价项目的风险等级。

主要风险因素包括：

（1）技术风险：如风能资源数据质量是否满足要求，当地电网条件是否满足风电场运行的需要，风电机组是否适应当地气候条件（台风、极端风速、极端高温和低温等）。

（2）制度和管理风险：如组织机构和员工素质是否满足风电场运行要求，政府部门对风电场建设有无稳定的优惠政策。

（3）财务风险：每年现金流是否充裕，如现金流短缺，母公司能否提供资金弥补短缺并保证贷款偿还；是否签订长期售电合同。

（4）环境风险：项目建设在当地有无阻力，项目是否符合有关环保规定。

3.8 风电场项目后评估

3.8.1 概述

后评估是指对已经完成的项目或规划的目的、执行过程、效益、作用和影响等进行系统的、客观的分析；通过对项目活动时间的检查总结，确定项目的预期目标是否达到，项目中的主要效益指标是否得到实现；通过分析与评价，达到肯定成绩、总结经验、吸取教训、提出建议、改进工作、不断提高项目决策水平和投资效果的目的。后评估位于项目周期的末端，但同时它又可视为另一个新项目周期的开端，它起到了承前启后的作用。

后评估的范围很广，包括了从决策到生产运营以及使用的全过程评估。具体包括目标评估、决策评估、设计评估、建设实施评估、效益评估、发展前景评估、可持续性评估等各个方面。风电场后评估工作与风电场可行性研究相比，后评估更具有现实性、全面性、探索性、反馈性及合理性等特点。

通过建立完善的风电场后评估制度和科学的理论方法体系可以对风电场前期工作进行较全面、客观的检测和衡量，增强前期工作人员的责任感，促使他们努力做好风电场项目可行性研究工作，提高风电场项目预测的准确性，确保可行性研究的客观性和公正性。通过分析风电场的实际运行效果与可行性研究工作中的预期效果偏差产生的原因，可以总结风电场项目可行性研究和项目管理工作的成功经验及失败教训，并将其反馈到今后的风电场项目可行性研究和管理工作中去，不断提高风电场项目可行性研究和管理工作的水平；通过风电场后评估反馈的信息，合理确定投资规模和投资流向，提高整体投资效益；通过风电场后评估，还可以对风电场的运营管理进行诊断，促使企业有效提高设备的利用水平，提高风电场项目的经济效益和社会效益。

后评估方法主要包括前后对比法、有无对比法和逻辑框架分析方法。

3.8.2 案例

1. 研究对象

案例取自中国-丹麦风能发展项目中对中国风电场的后评估报告。此后评估项目以中国吉林、黑龙江和内蒙古三个省份中的A、B、C、D、E、F六个风电场为研究对象，分析了风电场建设和运行过程中可能存在的问题以及导致这些问题的原因。

2. 技术路线

项目中计划采用的主要技术路线为：

1）重新审查项目中所选取各风电场的可行性研究报告；

2）以调查表的形式收集风电场的运行数据；

3）实地考察风电场，检查运行的风电机组；

4）分析风电场运行和生产数据。

事实上，从风电场运营者手中获得风电场的运行数据非常困难，并且没有任何一份问卷能够真正做到面面俱到，这些都限制了风电场运行数据的获取及其准确度。风电场数据的收集最终是通过与风电场工作人员当面交流的形式以及CDM情况报告的月度生产数据等其他一些资源获取的。这意味着数据的分析准确度较低。

3. 结果

（1）对可行性研究报告编制的评价及建议。对可行性研究报告的审查，给出了一个表格，见表3-7。

表3-7 可行性研究报告审查情况

目录	符号（X：包含；（X）：部分包含）	A	B	C	D	E	F
执行摘要	主要项目数据概要						
	可行性及风险评估						
介绍	投资人和项目历史	X	X	X	X	X	X
法律和规划	适用的规章和规划		(X)				
	税（电力购买协议）						
	并网协议						
项目	项目区域（规划地图等）						
	项目位置（包括通路和运输线路）	(X)	(X)	(X)	(X)	(X)	(X)
	环境相关方面（EIA，益处等）建议		(X)	X	X	(X)	(X)
	风电机组，适用类型，成本和风险估计	(X)	X	(X)	(X)	X	(X)
	土建，性能，适用类型，成本和风险估计	(X)	(X)	(X)	(X)	(X)	(X)
	电气工程，性能，适用类型，成本和风险估计	(X)	(X)	(X)	(X)	(X)	X
	其他厂项目平衡（运行维护等）成本和风险估计						
	承包策略（分包/交钥匙，本地制造商等）		(X)			(X)	(X)
	风资源评估	X	X	X	X	X	X

（续）

目录	符号（X：包含；(X)：部分包含）	A	B	C	D	E	F
项目	布局和产能评估	X	X	(X)	(X)	X	(X)
	推荐配置和风险评估	(X)	(X)	(X)	(X)	X	(X)
执行	项目行动及时间安排	(X)	(X)	(X)	(X)	(X)	(X)
	监理，质量保证						
	保险						
	建议和风险评估			(X)			(X)
运行维护	运行维护行动，组织，花费	(X)			(X)	(X)	
	保险						
	建议和风险评估						
项目财政	适用的规章、税收、责任等						
	投资和经营预算	(X)	(X)	(X)	(X)	(X)	(X)
	项目预算	(X)	(X)	(X)	(X)	(X)	(X)
	敏感性分析				(X)		
	财务	(X)	(X)	(X)	(X)		(X)
	建议和风险评估	(X)		X	X		(X)
CDM	是否符合清洁发展机制（CDM）						
	CDM对项目财政的贡献评估						
	建议和风险评估						
融资能力	可研报告是否可被银行接受（是/否）	否	否	否	否	否	否

针对6个风电场的可研报告，得到的结论有：

1）在可行性研究中，一般只研究了一个或者少数几个方案，并没有提供若干个详细的可供选择及实施的方案；

2）可行性研究报告的一个重要特点是系统地评估一个项目的风险和不确定性，而这些可行性研究报告没有充分体现出这点；

3）这些报告是不会被国际银行认可和接受的，有待进一步改进；

4）对可研报告中的财务数据及年产量数据与现实的吻合性表示怀疑。

（2）可研报告与项目实际数据的对比

将可行性研究报告与实际项目的数据进行对比，发现多项参数存在较大差异，主要包括：

1）风电机组的类型。例如，某风电场在可研报告中计划用1500kW的机组，而在工程实施中却使用了900kW的机组，由于机组类型的变化导致了机组台数及风电场装机容量的变化。

2）风电机组的叶轮直径或轮毂高度。例如，某风电场在可研报告中计划用850kW机组，叶轮直径52m，轮毂高度55m，而实际安装的机组为850kW，叶轮直径58m，轮毂高度65m。

3）后续风电场建设对已有项目尾流的影响，或者由于城市发展对项目的影响等。这些都会对建成的项目产生影响，从而导致项目的实际出力与设计出力差异较大。

（3）设计发电量与实际发电量分析对比

在项目执行中只得到了吉林省两个风电场的实际生产数据。基于这两个风电场的数据，发现风电场设计中过高估计了风电场的发电量。经过分析，认为可能造成高估的环节有：

1）将测风塔一年的测风数据订正成长期的具有代表性数据；

2）根据风切变在垂直方向上的风速外推；

3）尾流模型不合适。

4. 建议

在此项目的调查研究基础上，对中国风力发电项目提出了以下建议：

一个风电场项目的成功有三个关键因素：一是项目的建设和执行；二是好的风能资源；三是为期20年或者更长时间的运行和维护。

中国风力发电是一个新兴的市场，缺乏：

1）有资质的运行维护公司；

2）一批经验丰富的技术人员和制造商；

3）多年的运行维护经验；

4）行业、大学及其他研发机构之间高效的合作；

5）教育，融资，研究和开发等的国家支持体系。

基于此，分别对政府、规划制定者、风电机组制造商、风电场业主、风电场运行维护公司等从不同的角度提出了今后发展中应该注意的问题及建议。

习　题

1. 风电场宏观选址的基本原则有哪些？

2. 风电机组选型的基本原则有哪些？

3. 风电场微观选址的基本原则有哪些？不同地形如何进行机组排列？

4. 某风电场有33台1.5MW的风电机组，升压变电站低压侧电压等级为35kV，高压侧110kV，单母线接线，请为升压变电站选择主变压器。（本题需参阅《电力工程电气设备手册》）。

5. 风电场集电线路有地埋电缆和架空线两种方案，请比较两种方案在经济性和技术性方面的利弊。

6. 某风电场有33台1.5MW的风电机组，升压变电站低压侧电压等级为35kV，风电机组采用如下两种分组方案：

（1）辐射形连接，风电机组共分为5组，前3组每组包含机组7台，后两组每组包含机组6台，如图3-20a所示；

（2）辐射形连接，风电机组共分为4组，前3组每组包含机组8台，最后一组9台风电机组，如图3-20b所示；

每组内风电机组横向间距500m，每组最后一台机组到风电场升压变电站的距离取1260m，场内集电线路全部使用架空线，为上述两种方案选择合适的架空线，并通过计算相应的有功损耗和投资成本，比较两种方案的经济性。

注：35kV钢芯铝绞线LGJ—150，电阻为0.21Ω/km，工程综合造价按35万元/km计算；假设风电机组输出功率为额定值时，箱式变压器损耗为1.864%；风电场年最大利用小时2500h，年最大负荷损耗时间950h，风电场寿命周期为20年，风电上网电价0.61元/kWh。

7. 叙述风电机组基础的分类及各自特点。

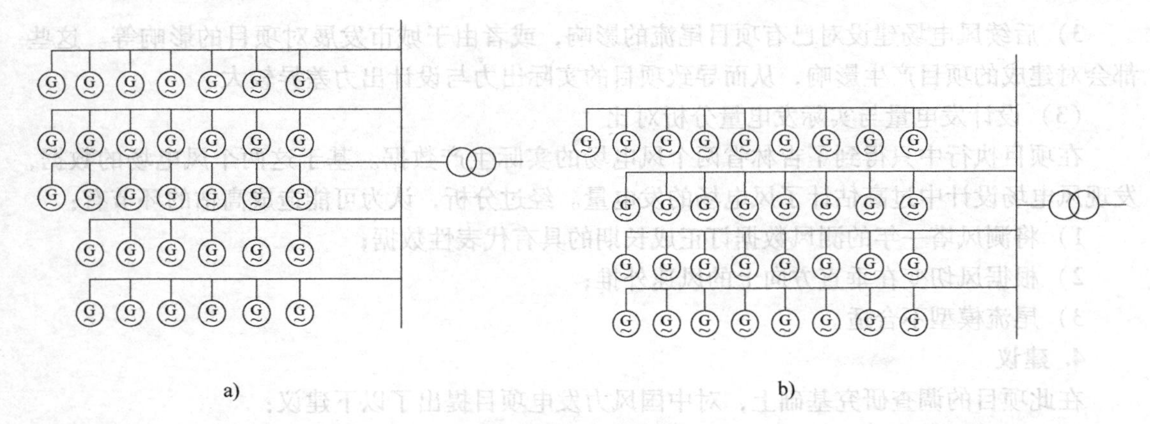

图 3-20　习题 6 图

8. 一台风电机组每年发电量 1 567 800kW · h，电价为每度电 5 美分，折现率 $i=5\%$，计算该机组 20 年生命周期中发电的现值。

9. 一台 600kW 的风电机组价格为 550 000 美元，其余的初始投资（安装、接入系统等）是机组费用的 30%，生命周期 20 年，年运行维护费用是机组费用的 3.5%。容量系数为 0.25，折现率为 5%，计算该台机组的度电成本。

10. 一个风电项目装机容量 2.4MW，初始投资 2 200 000 美元，容量系数 0.35，年运行维护费用是初始投资的 2%，折现率 5%。计算：

1）项目的财务净现值；

2）项目的收益费用比；

3）项目的动态投资回收期；

4）项目的财务内部收益率。项目周期 25 年，电价每度电 5 美分。

第4章 风电场建设

4.1 风电项目公司的建立

当风电项目的可行性研究得到批准后，或通过风电特许权投标获得风电场开发权，并经过政府对项目的核准后，应成立项目公司，负责风电项目的投资建设、运行维护和经营管理等工作。项目公司一般在当地注册成立，公司性质一般为有限责任公司。

4.1.1 项目公司设立

由于风电项目的前期工作环节较多，各地方政府的要求也不尽相同，为了便于项目顺利实施，通常先组建项目筹建处完成项目公司正式成立前的准备工作。在项目前期工作完成后，由风电项目开发商发起设立风电项目公司。项目公司应在风电工程启动之前成立。从风电项目前期工作到公司建立过程如图4-1所示。

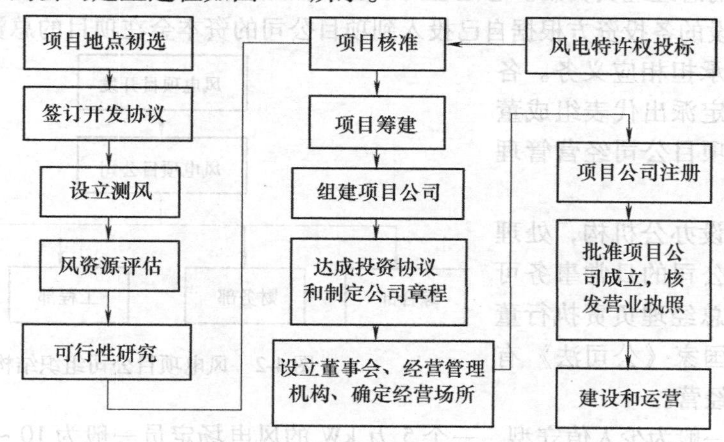

图4-1 风电项目公司建立

发起人（开发商）应向当地工商行政管理部门提出申请，进行项目公司的注册登记。发起人一般应按照公司法的规定，设立项目公司，或寻求若干合作伙伴，共同出资设立项目公司。各投资方必须事先商定和签署项目公司的股东协议，确定各方出资比例、注册地点、股东权利义务、董事会、公司经营等方面的内容。

4.1.2 股东协议和公司章程

合资开发风电项目的各方在进行合资谈判后，签署股东协议（或称“合资协议”、“合资合同”）。股东协议规定项目投资的用途、来源、总投资额、各出资方出资额和投资比例的大小。各方出资额可以是现金、技术、土地、设施等任何国家规定的形式，但必须是其他投资方认可的。

项目公司章程是注册项目公司的要件之一，规定项目公司中各出资方的权利、义务，确立项目公司决策层和管理层职责范围，以及公司重大事务的处理方法和原则。这些内容经各方充分协商，确定后在项目公司章程中明确规定。

一般地，有限责任公司章程应当载明下列事项：

1）公司名称和住所；

2）公司经营范围；

3）公司注册资本；

4）股东的姓名或者名称；

5）股东的出资方式、出资额和出资时间；

6）公司的机构及其产生办法、职权、议事规则；

7）公司法定代表人；

8）股东会会议认为需要规定的其他事项。

4.1.3 公司经营管理机构

根据公司法规定，项目公司要设立公司董事会和公司经营管理机构。风电项目公司可实行董事会领导下的总经理负责制。总经理的职责、任务和经营目标等由董事会确定。

参与投资建设的各投资方根据自己投入到项目公司的资本金在项目的总资本金中所占的比例享有权利并承担相应义务。各投资方按事先约定派出代表组成董事会。董事会是项目公司经营管理的最高决策机构。

项目公司需设办公机构，处理公司日常事务。公司的日常事务可由总经理负责。总经理负责执行董事会决议，并按国家《公司法》有关规定进行公司经营。

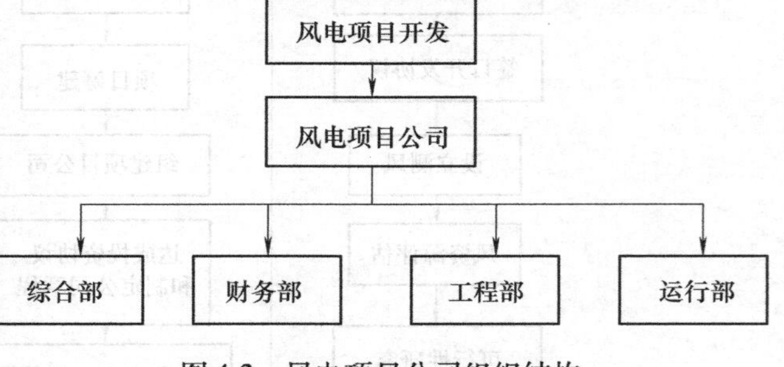

图 4-2 风电项目公司组织结构

我国风电场一般为少人值守型，一个 5 万 kW 的风电场定员一般为 10 ~ 20 人。通常风电项目公司需下设综合部、财务部、工程部和运行部等部门。如图 4-2 所示。

4.1.4 项目的资本金和公司注册资金

项目的资本金数额国家有严格规定。对于国内投资的电力项目，资本金数额不得小于项目总投资的 20%。另外，国家工商行政管理局对于中外合资经营企业资本金与投资总额比例有以下暂行规定：

（1）中外合资经营企业的投资总额在 300 万美元以下（含 300 万美元）的，其注册资本至少应占投资总额的 70%。

（2）中外合资经营企业的投资总额在 300 万美元以上至 1000 万美元（含 1000 万美元）的，其注册资本至少应占投资总额的 50%，其中投资总额在 420 万美元以下的，注册资本不得低于 210 万美元。

（3）中外合资经营企业的投资总额在1000万美元以上至3000万美元（含3000万美元）的，其注册资本至少应占投资总额的40%，其中投资总额在1250万美元以下的，注册资本不得低于500万美元。

（4）中外合资经营企业的投资总额在3000万美元以上的，其注册资本至少应占投资总额的三分之一，其中投资总额在3600万美元以下的，注册资本不得低于1200万美元。

另外，中外合资企业中的外方投资比例不得小于总资本金的25%。

对于任何一个风电场项目，项目资本金数额都必须满足上述要求。资本金的数额和投资各方的出资比例，要在申报项目建议书的附件、项目发起人意向书和协议书中原则规定。

项目的资本金可以作为项目公司的注册资本用于注册，注册完成后用于工程开支。

4.1.5 项目公司注册程序

注册项目公司必须有项目的批准文件。具备了通过评审的可行性研究报告、项目批准文件、投资协议、公司章程及其他必备条件后，就可按国家工商注册管理程序和要求，在项目所在地的工商行政管理局进行项目公司注册。注册公司一般需经过公司名称预先核准、公司设立登记、办理组织机构代码证、税务登记等主要程序。

公司设立登记的工作程序一般应包含三个步骤：

（1）受理、审查：公司登记机关受理公司登记申请后，由审核人员对申请人提交的登记文件进行审核，并提出具体审核意见。

（2）核准：公司登记机关的法定代表人或者授权的人员，根据审核意见，决定核准公司登记或驳回登记申请。

（3）发照：公司登记机关根据核准结果，核发营业执照或发出不予核准的通知书，并将有关公司登记材料整理归档。

另外，注册中外合资公司的，需先经过国家商务部门审批，并向外管局申请外汇额度和在银行开立外汇账户。项目公司注册后，还需办理土地使用、工程施工许可等一系列手续才能开工建设。

4.2 设备采购和施工单位确定

在项目公司成立后，应尽快开展工程项目的设备采购和工程项目设计、监理及施工单位确定工作。

为保证工程质量和工程进度、降低工程造价，根据《中华人民共和国招投标法》和《工程建设项目招标范围和规模标准规定》，对于全部或者部分使用国有资金投资或者国家融资的项目，符合以下条件的风电设备采购和工程项目施工，必须进行招标。

1）施工单项合同估算价在200万元人民币以上的；

2）重要设备、材料等货物的采购，单项合同估算价在100万元人民币以上的；

3）勘察、设计、监理等服务的采购，单项合同估算价在50万元人民币以上的；

4）单项合同估算价低于上述规定的标准，但项目总投资额在3000万元人民币以上的。

建设项目的勘察、设计，采用特定专利或者专有技术的，或者其建筑艺术造型有特殊要求的，经项目主管部门批准，可以不进行招标。不在国家规定的必须招标范围内的工程项目，也可以采取竞争性谈判等方式采购设备或确定工程施工单位。

设备招标的主要目标是选择质量好、性能优越但成本相对较低的设备，还必须适合风电场气候、风能资源和环境条件，满足电网条件，设备厂家能提供良好服务和质量保障。工程招标的主要目标是选择有实力、有相关工程业绩、施工效率高、工期及工程质量有保障的施工单位。

4.2.1 主设备招标

风电主设备主要包括叶轮、机舱（含主轴、齿轮箱、发电机、偏航系统等）以及控制系统和通信系统（含电缆）。风电主设备投资占总投资的70%以上，需要进行招标；若需进口，则按国际通行做法，采用国际招标方法。风电主设备招标文件一般应包含风电场气候条件、风电场风能资源、风电场地质条件、风电场当地电网条件、风电机组技术参数、风电场环境要求、设备供货范围和报价、服务内容、风电机组备品备件和专用工具、风电机组安装技术指导和监理、风电机组试运行和移交、人员培训以及风电设备运输和保险等具体说明和要求。

4.2.2 变电设备及其附属工程施工招标

塔架、机组变压器，附属工程施工，如场内集电线路、送出工程（升压变电站、线路等）、地基、主控楼等风电场附属设备，以及主设备（风电机组）安装、工程监理等也应进行招标。

4.2.3 风电机组吊安装工程招标

风电机组吊安装工程对施工设备和施工经验要求较高，一般需单独招标，并对投标人资质提出具体要求，一般为：电力工程安装二级及以上或机电安装工程施工总承包一级以上企业，特种作业（起重吊装）工程资质，并具备兆瓦级风电机组安装业绩。

在招标文件中，需说明工程名称、建设地点、承包范围等基本信息，并明确说明对投标人资质和工期的要求。

4.2.4 风电机组吊安装工程保险招标

引入工程保险可以降低投资人的风险，也有利于项目融资。从国际惯例来说，工程保险是国际工程交易中一个必不可少的条件。在风电场建设项目引入工程保险势在必行，尤其是风电机组吊安装工程，设备非常贵重、工程难度大，一旦出现意外损失巨大，所以一般均需对风电机组的吊安装工程进行保险。

工程保险险种，在我国工程保险市场主要分为以下几类：

1）意外伤害险：以从事危险作业的职工的生命健康为保险标的；

2）建筑工程一切险：以工程项目本身为保险标的；

3）安装工程一切险：以安装工程为主体的工程项目为保险标的；

4）第三者责任险（属附加险）。

目前，大多数建设单位在施工招标文件中已明确要求工程承包商购买意外伤害险；对于建设单位来说，主要投保建筑工程一切险、安装工程一切险和第三者责任险。

从保险公司角度，保费越高、赔付越少越好，而投保人自然期望以最小的投入获得最大的风险保障。通过工程保险招标，引入竞争机制，在保险公司和建设单位之间找到一个最佳切入点。

4.2.5　签订合同

主设备、附属设备以及工程施工的招标完成后，应与中标单位签订合同。除了必须符合《合同法》的基本原则外，合同中应完整体现招标文件的要求、投标结果及合同谈判的主要内容。

一般设备采购合同应包含的条款有：合同标的，供货范围，合同价格，付款方式，交货和运输，包装与标记，技术服务和联络，质量监造与检验，安装、调试、试运行和验收，保证与索赔，保险，税费，分包与外购，合同的变更、修改和终止，不可抗力，争议解决，合同的生效和有效期，以及其他约定和说明。

工程施工合同一般包含协议书、通用条款、专用条款及附件等主要部分。协议书主要包括工程概况、工程承包范围、合同工期、质量标准和合同价款等条款；通用条款主要包括词语定义及合同文件，双方一般权利和义务，施工组织设计和工期，质量与检验，安全施工，合同价款与支付，材料设备供应，工程变更，竣工验收与结算，违约、索赔和争议等条款；附件主要包括承包人承揽工程项目一览表、发包人供应材料设备一览表和工程质量保修书等。

4.3　风电机组运输

一般情况下，采购我国自己生产的风电机组，在采购合同中都明确由生产厂家代为组织运输，且直达风电场工地现场；若建设单位（业主）选择自己组织运输，例如采购国外生产的风电机组，在我国沿海指定港口接货时，则应预先确定运输方法，并做好相应的准备工作。

4.3.1　运输方式

根据风电机组出厂包装尺寸、单件包装毛重以及发货地、目的地和途中的具体情况，目前采用以下运输方法：

1）水路船运与公路运输联运；

2）水路船运与铁路、公路运输联运；

3）铁路与公路运输联运；

4）公路运输。

4.3.2　选择运输方法时需要考虑的因素

建设单位在选择运输方式时，需综合考虑以下四种因素的影响，并进行多方案的综合分析比较。

（1）运输的途中时间。建设单位在风电场建设总进度计划中，一般确定了时间表，期望包括运输在内的各个工程分项目能尽量按计划实施。在国内运输风电机组，采用公路运输时间较短，而且可以直达工地现场。

（2）运输费用。铁路运输费用一般低于公路汽车运输费用，运输距离越长，差距越明显；搬运的费用又较铁路运输费用低。

（3）风险。无论采用何种运输方法，保证货物安全，不发生意外损坏事故是最重要的要求。而各种运输方法都不同程度地存在各种潜在的风险，例如，由于发电意外交通事故造成的风险，由于运力紧张等造成的运输时间延迟的风险等。通常，铁路运输和船运，途中发生交通意外事故的风险机率比公路汽车运输低。

（4）货物装载超限。货物装载超过国家有关规定的长度、宽度和高度时，可能在运输途中遭遇困难，这种情况称为超限。风电机组的风轮叶片和塔架长度在十几米或更长，机舱包装一般在3m或更高，塔架下法兰直径超过3m，这些都属于超限范围。为了保证运输安全，承运单位必须采取一定的措施，例如，运送超长的风轮叶片，铁路部门要求一台（套）叶片占用三节火车车厢，以消除通过最小转弯半径铁路路段时可能发生的碰刮危险。

目前，国内运输风电机组，除必须采用船运（到海岛目的地）的外，采用公路运输方案的较多，除了综合各因素的影响外，公路汽车运输可省却其他运输方法中途吊卸作业的麻烦，是一个重要原因。采用公路汽车运输时，建设单位应对道路路况做全面了解，并会同承运单位对途中隧道桥涵的最高允许通过的装载高度、桥梁的最大允许载重逐一落实，当通过低等级路面时，对公路物最小转弯半径、最大横坡角度、凹坑和鞍式路面、过水路面等认真考察，发现有不宜直接通过的情况时，提前做好应对措施。如运输超长风轮叶片和塔架时，采取平板车加单轴拖车的装载法可消除后悬货物通过鞍式路面时与地面发生碰擦损伤的危险等。

4.3.3 运输过程注意事项

（1）注意制造商对风电机组运输的要求和提示。例如，厂方要求执行防止齿轮箱齿轮副因途中振动冲击可能带来损坏的预防措施；又扣对简易包装的风轮叶片的防止意外碰伤的提示等。

（2）提前办好超限运输的手续，并按交通运输管理部门的要求准备好在汽车上设置的超限标志。

（3）采用铁路运输时，尽量不使装载超限。

（4）选用公路汽车运输方案时，多采用平板拖车。应注意：

1）平板车不允许超载也不允许轻载，避免因装载轻产生颤动，损坏风电机组零部件；

2）要在低等级路面影响平板车通行的路段前，安排有经验的技术人员专车带领必要数量的劳动工，携带必要的工具、材料，随平板车同行，以处理小桥加固、鞍式路面垫高、隧道前拆卸超高的机舱盖和包装等应急事宜；

3）在简易公路转弯半径很小、弯道很急，平板车无法正常通过的地方，可考虑使用合适吨位的汽车式吊车，采用吊车辅助移位法，帮助平板车通过弯道；

4）运输塔架前，应对易变形的上段塔架上法兰进行内部防变形支撑处理，通常多采用筋板焊接方式，在塔架吊装完成后再去除点焊的支撑。

4.4 风电场工程施工

4.4.1 施工组织设计

风电场工程施工包括土建、场地、道路，风电机组基础、场内集电线路、升压变电站、设备场内外运输、机组吊装、调试和试运行等。施工组织设计是制订施工计划的技术文件，是指导施工的主要依据。

风力发电工程施工开始前，项目公司应委托有资质的单位进行风力发电工程项目施工组织设计。在对风电场工程施工各方面情况进行通盘考虑并做技术和经济比较之后，对整个施工过程的各项活动做出全面布置，书面编写出指导施工准备和具体组织施工的施工组织设计文件，使工程施工在一定时间和空间内得以有计划、有组织、有秩序地进行，以期在整个工程的施工中达到相对最优的效果，即做到工期短、质量优、成本低、效益好，这就是施工组织设计的根本任务。

施工组织设计的主要目的是从施工的全局出发，做好施工部署、选择施工方法和机具；合理安排施工程序和交叉作业，从而确定进度计划；合理确定各种物资资源和劳动资源的需用量，以便组织供应；合理布置施工现场的平面和空间；提出组织、技术、质量、安全、节约等措施；以及规划作业条件方面的施工准备工作等。

编制施工组织设计主要依据是设计文件，设备技术文件，中央或地方主管部门批准的文件，气象、地质、水文、交通条件、环境评价等调查资料，技术标准、技术规程、建筑法规及规章制度，以及工程用地的核定范围及征地面积等。

施工组织设计的内容包括施工总体说明、准备工程，风电机组基础、风电机组设备安装、集电系统、升压站、房屋建筑等单位工程及施工进度计划。编制施工组织设计时要严格执行基本建设程序和施工程序；应进行多方案的技术经济比较，选择最佳方案；应尽量利用永久性设施，减少临时设施；重点研究和优化关键路径，合理安排施工计划，落实季节性施工措施，确保工期；积极采用新技术、新材料、新工艺，推动技术进步；合理组织人力物力，降低工程成本；合理布置施工现场，节约土地，文明施工；应制定环境保护措施，减少对生态环境的影响。

施工组织设计是组织施工的指导性文件，施工组织设计的编制正确与否，是直接影响工程项目进度控制、质量控制、安全控制、投资控制等能否实现的关键，成功的施工组织设计可以确保科学施工、确保工程质量、缩短建设工期、提高投资效益。工程应实行施工组织设计编报与评审制度。

在工程施工前，施工承包商还应组织编制施工组织专业设计，并由施工承包商自己组织评审，经审批后实施。施工组织专业设计应将施工组织设计中有关内容具体化。对施工方案和措施应有详细的描述。施工承包商施工组织设计、专业施工组织设计、重大施工技术方案和特殊措施的变更必须经过监理单位的项目公司的审核。施工组织设计编制流程如图 4-3 所示。

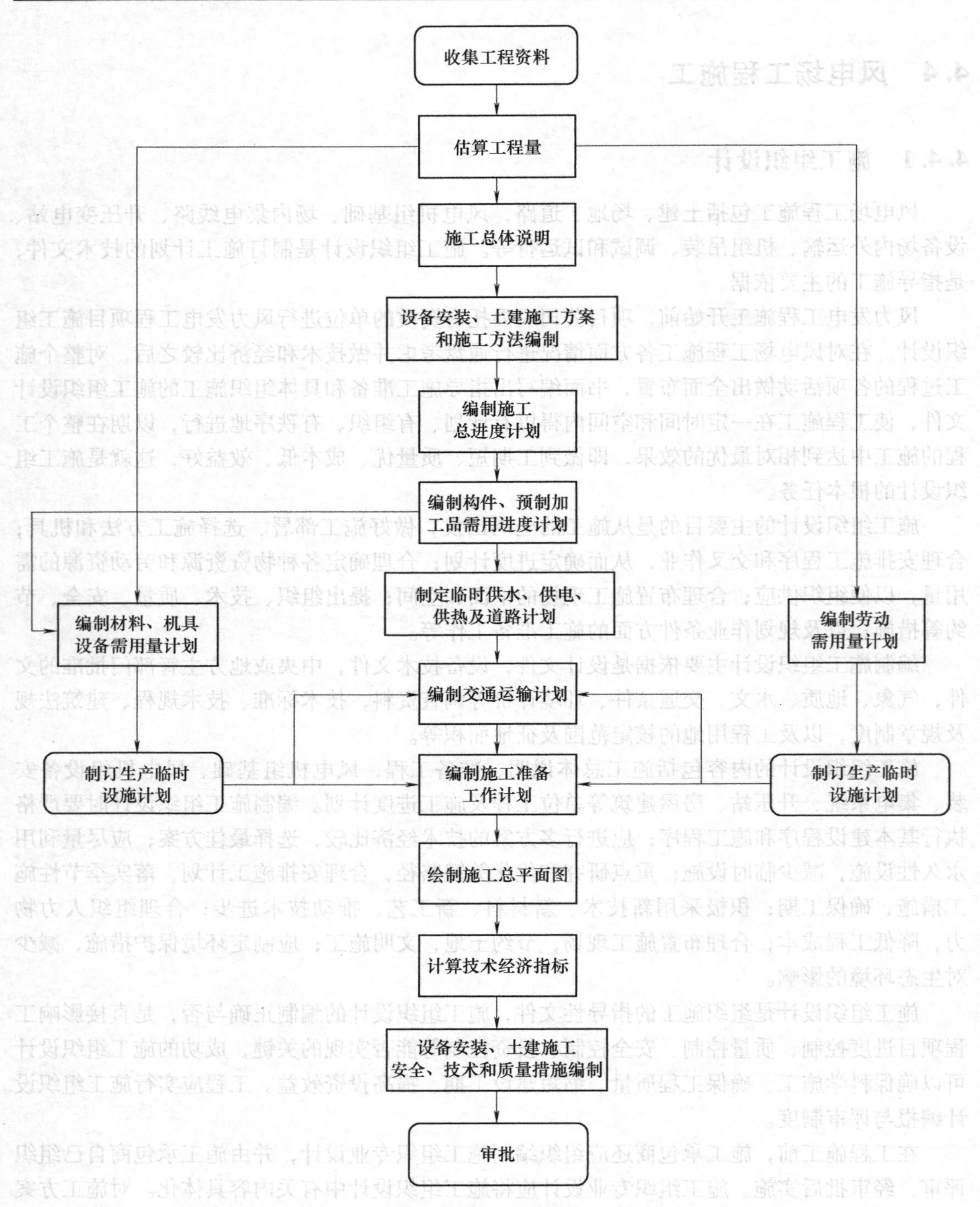

图 4-3　施工组织设计编制流程图

4.4.2　土建和基础施工

风电场工程的土建和基础施工，除升压站基础施工外，对不同的风机，有不同的施工建设内容和程序。一般包括基础项目建设、风机基础施工、机组变基础施工等部分。

基础项目建设内容包括“四通一平”，即场地平整、场内道路、施工用电、施工用水、通信线路通畅以及根据风电场工程施工特点需建立的材料堆场，是风电场施工建设的基础和保障。

风机基础施工主要内容包括：机位点地质钻探，挖坑、清理，接地极制作施工，垫层施工，基础环安装、调整，钢筋制作、敷设，混凝土浇灌、抹平，机位点地面平整、压实等。风机出口机组变基础施工内容包括：挖坑、清理，接地极或接地体制作、敷设，混凝土浇注、基础预埋件和检查等。此外还需进行升压站基础施工和生产生活建筑物施工。

土建工程需要收集的资料包括：

（1）与风电机组基础有关的水文、地质、地震、气象资料，厂区地下水位及土壤渗透系数；厂区地质柱状图及各层土的物理力学性能；不同频率的江湖水位、汛期及枯水期的起止时间及规律；雨季及年降雨日数；寒冷及严寒地区冬季施工期的气温及土壤冻结深度；有关防洪、防雷及其他对研究施工方案、确定施工有关的各种资料；与基础相关的配套工程（如交通、输变电等）。

（2）施工地区情况及现场情况，例如水陆交通运输条件及地方运输能力；基础所用材料的产地、产量、质量及其供应方式；当地施工企业和制造加工企业可能提供服务的能力；施工地区的地形、地物及征（租）地范围内的动迁项目和动迁量；施工水源、电源、通信可能的供取方式、供给量及其质量状况；地方生活物资的供应状况等。

（3）类似工程的施工方案及工程总结资料。

风电场工程建设中涉及的土地性质可以分为工程永久用地和施工临时用地两种。除升压站以外，风电机组基础和机组变基础需要永久征地，风电场进场道路和主干道一般也需要永久征地；施工检修道路可以根据项目具体情况采取永久征地、临时征地或二者结合的方式。

风机基础、机组变基础、场内集电线路（通信线路）项目可以并行施工，以缩短施工建设工期、保证项目施工进度。

确定风电机组基础施工过程的施工方法是编制施工方案的核心，直接影响施工方案的先进性与可行性。根据设计图样的要求和施工单位的实际情况选择施工方法，将拟定工程划分为几个施工阶段，确定各个阶段的流水分段。

有了施工图样、工程量、主导工序的施工方法及分段流水方式后，再根据工期的要求考虑主要的施工机具、劳动力配备、预制构件加工方案，以及土建、设备安装的协作配合方案等，制定出各个主要施工阶段的控制日期，形成一个完整的施工方案。

4.4.3　电气施工

风电场的电气施工（除升压站外）主要包括机组变安装、场内集电线路及通信线路施工、中央监控装置安装等。

机组变安装包括箱变进场检验，机组变的安装，机组变的电缆接线（进出线），安装完工检查、现场清理，以及交接试验等。

场内集电线路及通信线路的施工可分为电缆线路施工和架空线路施工两类。电缆线路施工包括：电缆线路的勘测设计；电缆沟开挖、底面清理垫砂；动力电缆进场检验；电缆敷设、埋砂盖砖；电缆沟回填压实；电缆沟地面标识；通过道路、水渠等特殊区域的技术防护；以及检查、试验等。架空线路施工包括：线路勘测设计；施工复测、分坑、基坑开挖；

材料进场及检验——电杆、底盘、拉盘、金具、导线、绝缘子等；基础工程——底盘、拉盘的安装；杆塔工程——电杆组立；架线工程——导线架设、附件安装；接地工程——变压器的接地、线路接地（依据设计），水平接地、垂直接地；线路防护工程——警告牌、警示牌、防水围堰等。

中央监控装置的安装包括：中央监控主机及通信模块、附属设备的安装；通信电缆的接线；中央监控装置的调试等。

4.5 风电场工程施工组织管理

项目公司全面负责项目工程建设的实施和管理，项目公司职责包括：负责签订主设备采购及其安装、附属设备制造和施工、工程监理、设计等合同，以及合同的执行；负责办理风电场施工用地、用电、用水等事宜；负责办理与风电场工程有关的建设许可、批准事项等手续；负责风电场工程中安全文明施工、劳动健康及环保工作；负责组织风电场整个工程竣工验收以及分步（部）工程等专项验收；负责督促厂家及时进行设备消缺，尽早实现工程竣工；负责组织风电场设备整套启动和240h试运行；负责风电场生产准备工作；负责与电网企业签订上网协议和购售电合同，以及与电网调度机构协调工作；负责控制风电工程造价，使工程造价保持在概算范围内；负责制定用款计划，合理控制对工程承包单位的工程款支付；负责风电场工程设计联络会；负责现场接货、开箱检验、试验、摆放或储存以及妥善保管等；负责监督设备供货商是否达到购货合同所要求的交货进度、设备质量；督促监理单位对设计方、设备供应商、施工承包商服务范围内的所有采购、施工方式、方法、技术、顺序和程序进行监督管理；负责工程质量管理，按照国家及行业颁布的施工和调试技术规范、标准、验收规程以及机组移交生产达标的要求进行；负责风电基建工程进度计划及年度计划的实现；负责风电机组性能考核试验的验收。

经招标选择的监理单位代表项目公司并在项目公司的管理下，履行监理合同项中工程建设的进度、质量、安全、造价监督管理的职责、对设计单位、建设安装调试承包商的设计施工质量进行监督检查，定期向项目公司汇报。负责定期召开监理例会及工程协调会。

4.6 风电场工程管理

4.6.1 风电场工程质量管理

4.6.1.1 质量控制概述

风电场工程质量的优劣，对风电场能否安全、可靠、经济、适用地在寿命周期内正常运行，发挥设计功能，实现预期的社会效益和经济效益等起着决定性作用。质量管理就是指为保证风电场的建设满足规定的质量要求而进行的管理活动，包括管理组织的建立与职责分工，以及为实现工程质量控制所采取的作业技术和活动等。风电场工程质量管理的核心内容是工程质量的控制，实际上就是对风电场在可行性研究、勘测设计、施工准备、建设实施、后期运行等各环节、各因素的全过程、全方位的质量监督控制。

风电场施工阶段的质量控制是整个工程项目全过程质量控制的关键环节。工程质量很大程度上决定于施工阶段的质量控制。其中心任务是通过建立健全有效的质量监督工作体系来确保工程质量达到合同规定的标准和等级要求。

4.6.1.2　质量管理的组织与职责

目前，我国从事工程建设质量控制工作的人员主要有两类：一是政府所属质量监督站内的质量监督人员，二是监理单位的监理工程师以及设计、施工企业的质检人员等。具体到风电场的工程质量管理和控制，参与的单位和组织主要有风电项目公司（即业主单位）、设计单位、承包商、监理公司和政府有关电力项目建设的监督机构（一般是当地电力部门的质检中心）。

1. 项目公司质量组织控制职责

项目公司对工程建设质量全面负责，对工程质量实施全过程、全方位的管理。项目公司应按照优化设计、工程招标、工程监理、控制造价、达标投产等基本建设程序原则，对设计、制造、施工、调试等工程质量主要阶段进行控制。在项目公司基建工作中建立质量责任、评审、检验制度，通过对各施工单位工程全过程、全方位的程序化质量控制，保证建设过程中不发生重大质量事故。

项目公司应履行以下职责：

1）按照基本建设程序组织工程建设。

2）明确工程建设质量目标，根据工程建设的实际要求，建立、健全工程质量管理体系，确保其有效运转。在建设过程的各个阶段中，制定切实可行的质量管理措施并督促各参建单位具体实施。

3）依法通过招标选择有相应资质等级和质量保证能力的勘察、设计、施工、监理、以及与工程建设有关的重要设备、材料的承包商，并对其业绩进行审查。

4）在招标文件及合同文件中，明确质量标准以及合同双方的质量责任，建立相应的质量保证金制度。

5）监督勘察、设计、施工、监理等单位组织落实在合同中承诺投入本工程的技术力量、机械设备和其他资源。

6）负责做好现场质量管理工作，定期组织开展工程质量检查、考核评定和奖惩。

7）按照有关规定组织或参加工程质量事故的调查、分析和处理，积极支持和配合工程质量监督和质量巡视工作。

8）组织有关人员或委托专门机构负责设备监造、出厂验收和设备运输监督。

9）组织好资金供应，保证合同规定的合同款到位。

10）每个合同项目和整体工程完成后，应按规定及时进行验收，未经验收合格不得投入使用。

11）严格按照国家有关档案管理的规定，建立健全工程质量管理档案，并在工程竣工后及时向政府有关部门移交建设项目档案。

2. 承包商质量控制职责

风电工程一般有设计、设备制造、施工、监理等多个承包商参与工程建设。各承包商在项目公司组织指导下，按照整个工程建设质量程序要求，对各个阶段工程质量实行统一管理，保证工程质量体系的正常运行，确保工程质量和工期。

承包商即工程施工单位对工程质量负直接责任，必须按照标准化、规范化的要求健全自己的质量保证体系、质量监督体系和质量管理制度，并对工程质量目标进行分解和细化。承包商应制定施工的质量目标，对承担的工程质量进行监督和审查，确保质量管理体系有效、可靠运行。通过内审对发现的各种质量不符合项，提出纠正和预防措施，有效地改进质量管理活动和方法。

3. 监理单位质量控制职责

监理单位按照合同、审定的监理规划、项目公司要求，并依照国家法律、法规及有关技术标准、设计文件，对工程质量实施监理，负责工程项目的质量监督和控制。监理人员资质必须符合工程质量监理要求。

监理承包商应履行以下职责：

1）建立健全的监理质量管理体系和质量管理制度。

2）按合同选派具备相应资格的总监理工程师和监理工程师进驻施工现场。

3）协助项目公司进行承包商的资质、业绩审查。

4）组织编制施工组织总设计，审批施工单位的施工组织设计、施工技术措施或作业指导书，并督促施工单位严格执行。

5）组织设计交底和图样会审，签发经业主批准的设计变更和变更设计。

6）坚持事前检查和全过程控制，对施工重点部位及关键工序进行旁站监理，当发现有质量问题时，有权命令停工或返工。

7）组织和参与质量检查和验收工作。

8）负责监督和控制工程质量，定期召开质量分析会，编写质量报告。

9）组织对一般质量事故的调查处理工作。

10）建立完善的监理工作档案。

4. 设计单位质量控制职责

勘察设计单位按照工程建设强制性标准进行勘察、设计，并对其勘察、设计的质量负责。注册建筑师、注册结构工程师等注册人员应当在设计文件上签字，对设计文件负责。

设计单位质量控制措施包括但不限于以下方面：

1）勘察设计单位必须拥有国家权威部门颁发的勘察设计资质等级证书，严禁无证设计或超越资质等级及业务范围进行设计。

2）工程勘察设计合同必须明确规定质量目标和质量要求。

3）勘测设计必须认真按照国家和行业颁布的现行有效的标准、规程、规范、规定进行。

4）设计单位应建立健全质量管理体系并使之有效运行，所有勘察设计文件，包括勘察设计大纲、勘察试验任务书、招标技术规范书、设计计算书、设计报告及说明书、科研试验报告、图样、设计变更通知等，都必须按规定认真校审和核签。

5）设计采用新技术、新材料、新工艺、新结构时，首先应进行技术经济论证，并以保证质量为前提条件。对重大技术问题，进行多方案比较论证，选择技术经济综合比较最优的方案。

6）负责设计审查的单位和负责施工图会审的监理单位，应对涉及质量的重大问题作出明确审查意见，并对审查意见负责。

7）设计单位应按合同和供图计划，保证供图的进度和质量，并及时进行设计交底，收集施工信息，对存在的问题及时向项目公司反映意见并提供技术支持。

8）设计单位派驻现场设计代表机构，应做到专业配套，人员相对稳定。

5. 质量监督机构

项目公司在领取施工许可证或者开工报告前，按照国家有关规定办理工程质量监督手续，设置“质量监督分站”或“质量监督联络站”，实行全方位、全过程、多元化的质量管理。质量监督站对工程各承包商的质保体系、质量监督体系的建立和实施进行监督、检查，负责工程质量的日常管理和监督，配合政府或行业质量监督机构对工程建设阶段及重大项目的质量监督检查，各承包商应服从质量监督机构的质量检查和管理。

质量监督机构负责工程关键质量控制点的阶段性质量监督检查，贯彻执行国家、地方和电力建设工程有关工程建设质量管理和质量监督的方针、政策、法律、法规、规程、强制性标准；仲裁有关质量争端，参与重大质量事故分析处理，参加工程项目的竣工验收。

上述各单位的质量控制工作由监理工程师承担，监理工程师对质量控制承担监理责任。在设计、施工中出现质量问题，应由承包人承担主要责任，对于承包单位没有按图样、规范办事，造成经济损失的，承包人应承担自身原因造成的全部经济损失；由于设计图样原因造成工程质量问题的，设计单位承担主要责任。

工程质量的好坏，主要取决于承包人的施工水平和管理水平，监理工程师的质量控制工作也必须通过对承包人实际工作的监督管理才能发挥作用。因此监理工程师应该把承包人的质量管理工作纳入自己的控制系统之中，监理工程师要熟悉全面质量管理的各个环节，要督促承包人做好全面质量管理工作，并与承包人的质量保证体系密切配合，确保质量控制目标实现。

4.6.1.3　质量控制方法与内容

质量控制的方法有两个：一是审核有关工程资料，二是现场监督检查。

风电场工程建设施工过程中需审核的工程资料包括：

1）施工过程中，需对进场的施工材料、半成品和构配件审核相关质量文件（出厂合格证、质量保证书、试验报告、准用证、备案证明资料等）。

2）审核施工单位提交的有关工序生产的质量证明文件（检验记录和试验报告）。

3）隐蔽工程的自检、报验记录。

4）施工自检记录以及阶段验收记录。

5）审批有关设计变更、检修设计图样等工作。

6）审核应用新技术、新工艺、新材料、新结构等技术鉴定书，审批其应用申请报告，确保新技术质量。

7）审批工程质量缺陷或质量事故的处理报告，确保处理工程质量缺陷或质量事故的质量。

现场检查监督包括：

1）工序施工中的跟踪监督、检查与控制，主要检查施工过程中人员、机械设备、材料、施工方法和工艺、施工环境条件、工程质量等是否符合规范要求。

2）对工程质量有重大影响的工序，应在现场进行施工过程的旁站监理。

3）隐蔽工程施工检查，在施工单位自检的基础上，监理工程师进行工序质量检查验收，确认其质量合格后，才允许覆盖。

4）遇有质量问题暂时无法解决时，应下达停工令，整改完毕，达到质量标准后，根据施工单位的复工申请，监理工程师应现场验收后批复开工。

5）进行检验批项、分项、子分部、分部工程验收以及工程阶段验收。

6）对于施工难度大的工程结构或容易产生质量问题的部位，监理工程师应现场监督，跟踪检查。

风电场建设质量控制的主要内容包括设备制造、工程设计、施工过程、质量检验等。

4.6.2 风电场工程施工进度管理

4.6.2.1 工程进度管理概述

施工工程进度管理是指对风电场工程项目的各建设阶段的工作顺序及其持续时间进行规划、实施、检查，协调及信息反馈等一系列活动的总称。其最终目的是确保实现工程交付使用时间目标，基本内容是编制进度计划并采取措施控制其执行。

施工进度计划控制的一个循环过程包括计划、实施、检查、调整四个小过程。计划是指根据施工的具体情况，合理编制符合工期要求的最优计划；实施是指进度计划的落实与执行；检查是指在进度计划的落实与执行过程中，跟踪检查实际进度，并与进度计划对比分析；调整是指根据检查对比的结果，分析实际进度与计划进度之间的偏差对工期的影响，采取切合实际的调整措施，使计划进度符合新的实际情况，在新的起点上进行下一轮的控制循环，如此循环进行下去，直到完成施工任务。

施工进度管理的主要任务是编制施工总进度计划并控制其执行，按期完成整个施工任务；编制单位工程施工进度计划并控制其执行，按期完成单位工程的施工任务；编制分部分项工程施工进度计划，并控制其执行，按期完成分部分项工程的施工任务；编制季度、月、周作业计划，并控制其执行，完成规定的目标等。施工进度管理的工作内容是根据总进度计划的要求，分工序、分工作段确认图样、设备、材料、资源等是否满足施工要求，不断优化、调整计划，以确保关键路径按期实现。

建设工程项目不同的参与方都有各自的进度控制的任务。业主方的任务是控制整个项目的开展和实施的进度，主导设计准备阶段的工程进度、设计工作进度、施工进度、物资采购工作进度的制定，以及项目动工前处于准备阶段时的有关工作。设计方的任务主要是依据设计任务委托合同中对设计工作进度的有关要求来控制设计工作的进度，其主要在设计阶段参与。施工方的任务是依据施工任务委托合同中对施工进度的要求控制施工进度，其主要在施工阶段参与。供货方的任务是依据供货合同对供货的要求来控制供货进度，其涉及的时段主要在物资采购阶段。

4.6.2.2 施工进度计划的制订

施工进度计划是协调全部施工活动的纲领，是对施工管理、施工技术、人力、物力、时间和空间等各种主客观因素进行分析、计算、比较，予以有机地综合归纳后的成果。

风电场工程施工进度计划通常包含以下内容：

1）进度计划的编制说明；

2）施工总进度表；

3）施工工程的开工日期、完工日期及工期一览表；

4）资源需要量及供应平衡表；

5）单位工程施工进度计划的风险分析及控制措施。

1. 编制原则及要求

制订施工进度计划时，首先根据施工总进度计划确定施工进度计划制订的总目标，然后对施工进度控制总目标进行从总体到细部、从高层次到基础层次的层层分解，一直分解到在施工现场可以直接调度控制的分部分项工程或作业过程的施工为止。在分解中，每一层次的进度控制目标既限定下一层次的进度控制目标，又是上一层次进度目标实现的保证，从而建立一个自上而下层层约束、由下而上级级保证、上下一致的多层次的进度控制目标体系。在施工活动中，正是通过对最基础的分部分项工程的施工进度控制来保证各单项工程或阶段工程进度目标的完成，实现施工进度控制总目标。为了提高进度计划的预见性和进度控制的主动性，在确定施工进度控制的目标时，还必须全面细致地分析与工程建设进度有关的各种有利因素和不利因素。

风电场施工综合进度的关键节点有五个：

1）风电机组基础施工；

2）风电机组设备制造和加工，以及运输到场；

3）升压变电站建设；

4）场内汇流线路及箱式变压器施工；

5）设备安装和调试，包括升压站设备和风电机组。

2. 影响施工进度的因素分析

虽然风电场工程建设工期一般比较短，5万kW容量风场建设期通常为1～2年，但风电场工程建设的施工条件一般都比较恶劣，影响进度的因素比较多，而且通常会给工期带来比较大的延误。在编制计划和执行控制施工进度时必须充分认识和估计这些因素，表4-1是风电场建设过程中可能存在的主要影响因素及对策。

表4-1 风电场建设过程中可能存在的主要影响因素及对策

种类	影响因素	相应对策
项目公司内部因素	1）施工组织不合理，人力、机械设备调配不当，解决问题不及时； 2）施工技术措施不当或发生事故； 3）质量不合格引起返工； 4）与相关单位协调不善等； 5）项目公司管理水平低。	项目公司管理层对施工进度起决定作用，应该： 1）提高项目经理部的组织管理水平、技术水平； 2）提高施工作业层的素质； 3）重视内外关系的协调。
相关单位因素	1）设计图样供应不及时或有误； 2）业主要求设计变更； 3）实际工程量增减变化； 4）材料供应、运输等不及时或质量、数量、规格不符合要求； 5）水电通信等部门、分包单位没有认真履行合同或违约； 6）资金没有按时拨付等。	相关单位的密切配合与支持，是保证施工进度的必要条件，项目公司管理层应做好： 1）与有关单位以合同形式明确双方协作配合要求，严格履行合同，寻求法律保护，减少或避免损失； 2）编制进度计划时，要充分考虑向主管部门和职能部门进行申报、审批所需的时间，留有余地。

（续）

种类	影 响 因 素	相 应 对 策
不可预见因素	1）施工现场水文地质状况比设计合同文件预计的要复杂得多； 2）严重自然灾害； 3）战争、政变等政治因素	1）该类因素一旦发生就会造成较大影响，应做好调查分析和预测； 2）通过参加保险，规避或减少风险

4.6.2.3 工程进度的控制

项目公司管理层通过施工部署、组织协调、生产调度和指挥、改善施工程序和方法等，应用技术、经济和管理手段实现有效的进度控制。

项目公司首先要建立进度实施、控制的组织系统和严密的工作制度，然后依据施工进度控制目标体系，对施工的全过程进行系统控制。正常情况下进度实施系统发挥监测、分析职能并循环运行；一旦发现实际进度与计划进度有偏差，系统则发挥调控职能，分析偏差产生的原因及对后续施工的影响，必要时对原计划进度做出调整或提出纠偏方案。当新的偏差出现后，再重复上述过程，直到施工全部完成。施工全部完成后，进行进度控制总结并编写进度控制报告。

1. 进度控制的方法

施工进度控制的方法是规划、控制和协调。规划是指确定施工总进度控制目标和分进度控制目标，并编制其进度计划。控制是指在施工实施的全过程中，进行施工进度与施工计划进度的比较，出现偏差及时采取措施调整。协调是指协调与施工进度有关的单位、部门和工作队组之间的进度关系。

2. 施工进度控制原理

施工进度控制是以现代科学管理原理为理论基础，有系统控制原理、动态控制原理、信息反馈原理、弹性原理和封闭循环原理等。

系统控制原理认为项目施工进度控制本身是一个系统工程，它包括项目施工进度计划系统、施工进度实施系统以及施工进度控制的组织系统等内容。施工计划系统一般包括施工总进度计划、单位工程进度计划、分部分项工程进度计划及季、月、旬等作业计划，这些计划的编制对象由大到小，内容由粗到细逐层分解，保证计划控制目标的落实。施工组织系统由项目经理、施工队长、班组长及其所属全体成员组成，项目实施的全过程就是各专业队伍遵照计划规定的目标去努力完成一个个任务。为了保证施工进度实施，还有一个项目进度检查的控制系统，这就是施工进度控制的组织系统，自公司经理、项目经理，一直到作业班组都设有专门职能部门或人员负责检查汇报，统计整理实际施工进度的资料，并与计划进度比较和调整进度。项目经理必须按照系统控制原理，强化其控制全过程。

动态控制原理认为施工进度控制随着施工活动向前推进，根据各方面的变化情况，进行适时的动态控制，以保证计划符合变化的情况。这种动态控制按照计划、实施、检查、调整这四个不断循环的过程进行控制。在项目实施过程中，分别以整个施工、单位工程、分部工程或分项工程为对象，建立不同层次的循环控制系统，并使其循环下去。每循环一次，项目管理水平就会提高一步。

信息反馈原理认为施工进度控制的过程实质上是对施工活动和进度的信息不断搜集、加工、汇总、反馈的过程。施工信息管理中心对搜集的施工进度和相关影响因素加工分析，作出决策并下发指令，指导施工或对原计划作出新的调整部署；基层作业组织根据计划和指令安排施工活动，并将实际进度和遇到的问题随时上报。每天都有大量的内外部信息、纵/横向信息流进流出，因而必须建立一个健全施工进度控制的信息网络，使信息准确、及时、畅通，反馈灵敏、有力，能准确运用信息对施工活动有效控制。

3. 施工进度控制的措施

施工进度控制采取的主要措施有组织措施、技术措施、合同措施和经济措施。

组织措施指落实各层次的进度控制人员、具体任务和工作责任，建立进度控制的组织系统，按照施工的结构、进展的阶段或合同结构等进行项目分解，确定其目标进度，建立控制目标体系，确定进度控制工作制度，如检查时间、方法、协调会议时间、参加人等，对影响进度的因素分析和预测。

技术措施指采取加快施工进度的技术方法，如尽可能采用先进施工技术、方法和新材料新工艺、新技术，保证进度目标实现，以及落实施工方案，在发生问题时，能适时调整工作之间的逻辑关系，加快施工进度。

合同措施指施工合同的工期与有关进度计划目标相协调，以合同形式保证工期进度的实现，如保持总进度目标与合同总工期相一致，分包合同的工期与总包合同的工期相一致，供货、供电、运输、构件加工等合同规定的提供服务时间与有关的进度控制目标一致等。

经济措施是指实现进度计划的资金保证措施，如落实实现进度目标的保证资金，签订并实施关于工期和进度的经济承包责任制，建立并实施关于工期和进度的奖惩制度等。

4.6.3 风电场工程造价管理

工程造价管理的基本内容是合理地确定和有效地控制工程造价。工程项目造价管理有两种含义，一是指建设工程投资费用管理，二是指建设工程价格管理。

建设工程投资费用管理属于投资管理范畴，是为了实现投资的预期目标，在拟定的规划、设计方案的条件下，预测、确定和监控工程造价及其变动的系统活动。工程建设价格管理属于价格管理范畴。在社会主义市场经济条件下，价格管理分两个层次。在微观层次上，是指生产企业在掌握市场价格信息的基础上，为实现管理目标而进行的成本控制、计价、定价的竞价的系统活动。在宏观层次上，是指政府根据社会经济发展的要求，利用法律、经济和行政手段对价格进行管理和调控，以及通过市场管理规范、市场主体价格行为的系统活动。

4.6.3.1 工程造价的合理确定

工程造价的合理确定，就是在建设程序的各个阶段，合理地确定投资估算、概算造价、预算造价、承包合同价、结算价、竣工决算价。

在项目建议书阶段，编制的初步投资估算，经批准后作为拟建项目发展前期工作的控制造价。

在项目可行性研究阶段，编制的投资估算，经批准，作为该项目的控制造价。

在初步设计阶段，编制的初步设计总概算，经批准后，作为建设项目工程造价的最高限额。根据《风电场工程技术标准》，在可行性研究报告中编制设计概算，可以把可行性研究和初步设计两个阶段合二为一，如果项目所在地的电网公司要求编制初步设计报告，就应按电网公司要求编制初步设计报告，主要编制内容是针对风电场变电站及联网送出工程的设计，经以电网公司为主的相关部门批准，作为电气设备招投标的依据。

在施工图设计阶段，按规定编制施工图预算，用以核实施工图阶段预算造价是否超过批准的初步设计概算。对以施工图预算为基础实施招标的工程，承包合同价也是以经济合同形式确定的建筑、安装工程造价。

在工程实施阶段要按照承包方式实际完成的工程量，以合同价为基础，同时考虑因物价变动所引起的造价变更，以及设计中难以预计、在实施阶段实际发生的工程和费用，合理确定结算价。

在竣工验收阶段，全面汇集在工程建设过程中实际花费的全部费用，编制竣工结算，如实体现建设工程的实际造价。

4.6.3.2　工程造价的有效控制

工程造价的有效控制，就是在优化建设方案、设计方案的基础上，在建设程序的各个阶段，采用一定的方法和措施将工程造价的发生控制在合理的范围和核定的造价限额以内。具体说，要用投资估算价控制设计方案的选择和初步设计概算造价；用概算造价控制技术设计和修正概算造价，用概算造价或修正概算造价控制施工图设计和预算造价。以求合理地使用人力、物力和财力，取得较好的投资效益。有效地控制工程造价应体现以下三项原则：

（1）以设计阶段为重点的建设全过程造价控制。工程造价控制贯穿于项目建设全过程，应特别注重工程设计阶段的造价控制。工程造价控制的关键在于前期决策和设计阶段，而在项目投资决策完成后，控制工程造价的关键就在于设计。长期以来，普遍忽视工程建设项目前期工作阶段的造价控制，而往往把控制工程造价的主要精力放在施工阶段——审核施工图预算、结算建安工程价款。这样做虽然有一定效果，但毕竟是"亡羊补牢"事倍功半。要有效地控制建设工程造价，应将控制重点转移到建设前期阶段。

（2）实施主动控制工程造价控制不仅要反映投资决策，反映设计、发包和施工，更要能动地影响投资决策，影响设计、发包和施工，主动地控制工程造价。

（3）技术与经济相结合，这是控制工程造价最有效的手段。要有效地控制工程造价，应从组织、技术、经济等多方面采取措施。从组织上，明确项目组织结构，明确造价控制者及其任务，明确管理职能分工；从技术上，重视设计多方案选择，严格审查监督初步设计、技术设计、施工图设计、施工组织设计，深入技术领域研究投资的可能性；从经济上，动态地比较造价的计划值和实际值，严格审核各项费用支出，采取对节约投资的有力奖励措施等。

4.6.3.3　风电工程造价控制管理

风电工程造价控制管理贯穿于项目建设全过程，就风电项目公司而言，通过对施工图设计及设计变更、合同、结算、工程费用等方面的有效控制，达到工程造价控制的目的。

1. 施工图设计

施工图设计指通过图纸，把设计者的意图和全部设计结果表达出来，作为施工的依据。它是设计和施工的桥梁，包括建设项目各分部工程的详图和零部件、结构件明细表，以及验收标准、方法等。施工图设计的深度应能满足设备、材料的选择与确定、非标准设备的设计与加工制作、施工图预算的编制、建筑工程和安装工程的要求。

2. 合同管理

合同管理作为工程项目全过程造价管理的核心之一，也是施工阶段控制造价的重要方法。

施工阶段签署的合同是当事双方为完成建设工程，对工程建设过程将要发生的权利、义务、责任协商一致而签订的协议。合同双方在订立合同前必须充分考虑工程工期、质量要求、资金安排、施工环境、气候等问题，对合同中风险分配是否均衡、价款责任是否明确合理、约定条件一旦成立而产生的相应隐含造价等方面，合同双方都要进行仔细审核、反复论证、充分协商。合同双方作出的承诺一经书面确认就“一字千金”，所以要力求做到合同内容完整、准确，不产生歧义，所作出的承诺都有明确对应的前提条件。一份风险均衡、价款责任明确合理的合同，是合同双方能顺利履行的保证。

3. 设计变更与新增工程

在可行性研究、初步设计阶段，由于外部条件的制约和人们主观认识的局限，往往会造成施工图设计阶段，甚至施工过程中的局部修改和变更。这是使设计、建设更趋于完善的正常现象，但是会引起已经确认的概算价值的变化。这种变化在一定范围内是允许的，但必须经过核实和调整。如果施工图设计变化涉及建设规模、产品方案、工艺流程或设计方案的重大变更，使原可研报告、初步设计失去指导施工图设计的意义时，必须重新编制或修改可研报告、初步设计文件，并重新报原审查单位审批。对于非发生不可的设计变更，应尽量提前，以减少变更对工程造价的损失。对影响工程造价的重大变更，更要采取先算账后变更的方法解决，以使工程造价得到有效控制。

（1）严格工程设计变更管理，将工程预算控制在概算内。

项目公司应根据国家有关规定，制定“设计变更管理办法”，规定设计变更的逐级审核批准权限。发生一般工程变更，由工程部门会同监理工程师确认并签发变更指令；由设计院提出的，按有关规定办理。对超过合同约定的风险包干系数的设计变更和变更设计，需工程部门、监理单位确认。由设计院、监理公司技经人员对费用进行审核，计划部门审定，报批后方可执行。一般承包人在工程变更确认发生后14天内，向工程部门提出工程变更报告；工程部门审定承包人变更报告中的工程量后，提供给计划部门作为审核承包人编制的施工图预算的依据。计划部门审核由工程变更引起的费用增减，以此作为调整合同价款的依据；确认增加的工程变更价款作为追加合同价款，与工程款同期支付。

一般规定单项工程变更引起费用增加50万元以上的，经计划部门审核后，须报工程造价管理领导小组批准，方可作为合同价款变更的依据。每次变更后的费用，技经人员应及时整理，并与相应的控制概算对照，分析原因，避免在今后的工程当中再次发生。

对系统或原设计方案变更的重大工程变更，须由工程部门和监理工程师、设计院提出具体变更方案及报告，由计划部门负责对引起费用变化的变更预算编制及变更经济分析，经工程造价管理领导小组审核确认，项目公司总经理审定，并按有关规定上报审批后，方可作为工程价款变更的依据。

（2）设计变更的总金额不得超过基本预备费的1/3。

（3）严格现场签证管理，按图施工。工程签证是合同双方在履行施工承包合同过程中，按照合同约定或经协商一致，对施工过程中发生的各种费用、工期顺延、经济索赔等所达成的意思表示一致的补充协议，是项目最终结算时增减工程造价的凭据，也是建设工程全过程造价管理的主要组成部分。

据统计，国际工程承包合同结算中，通过签证所增加的造价占整个工程造价的5%左右。重视施工中的阶段控制，加强施工过程中的签证管理，严格控制各种预算外费用是提高建设单位投资效益的一条重要途径。

4. 工程费用管理

1）对可研概算、初步设计概算进行动态管理，做好施工标段概算及其中标价的比较。

2）控制材料用量，合理确定材料价格。

3）加强资金管理，优化资金结构，降低资金成本。

4）加强工期管理，做好计划工期的执行力度，控制成本变动。

5. 结算管理

结算管理是根据合同及国家有关规定，组织对结算办法、结算制度的贯彻执行和正确及时办理工程结算，对施工单位的资金支付活动进行反映、监督、控制和促进，保障结算资金的安全运作。

（1）加强结算管理，对各承包商按年或标段实行预结算制度。

项目公司在工程结算阶段，要加强结算管理，应认真及时进行竣工结算，并对其进行审核，对当年未完工程可以对各承包商按年或标段实行预结算，这是施工阶段进行投资控制的最重要环节。工程审核的具体内容包括：竣工结算是否符合合同条款、招投标文件，结算是否按定额和工程计量规则、造价主管部门的调价规定等进行编制。要根据合同、图样、定额及工程预算书等，对工程变更、工程量增减、材料替换、甲方供应材料设备逐项审核，不重不漏。有疑问时，查看当时的监理日记，并进行现场校核。如施工中钢筋搭接经设计修改为电渣压力焊，结算书中计算电渣压力焊金额时，未减去搭接长度钢筋重量和减少搭接区加密箍筋重量，应予重新核算。造价管理人员应及时掌握施工方法和材料价格对造价的影响，不偏不倚，正确审核竣工结算，使竣工结算真实反映工程造价。

合同范围以内的工程结算，由承包人提出申请，经工程部门、监理公司和计划部门等部门进行工程验收后，由计划部门审核，报项目公司总经理审批。财务部门根据审批金额支付工程结算款。超过合同约定的设计变更和变更设计的结算，由承包人按规定的格式编制工程结算表，经工程部门、监理公司对工程量签证后，送计划部门审核，报项目公司总经理审批。财务部门根据审批后的金额支付工程结算款。此项费用可根据合同约定与工程进度款同期支付，也可以在工程结算时支付。合同范围以外的工程结算，由承包人按规定的格式编制工程结算书，并附施工任务委托单，经工程部门、监理公司对工程量确认后，由计划部门审核，项目公司总经理审批。财务部门根据审批后的金额支付工程结算款。未经计划部门下达施工任务委托单的工程，计划部门可拒绝进行工程结算。

（2）对工程预算外的费用严格控制。

施工过程中，建设单位应指派工程造价管理专业人员常驻施工现场，加强现场施工管理，督促施工方按图施工，严把变更关，严格控制变更洽商、材料代用、现场签证、额外用工及各种预算外费用，涉及到费用增减的设计变更，必须经设计单位、建设单位现场代表、监理工程师共同签字。实行“分级控制、限额签证”的制度。要督促施工方做好各种记录，特别是隐蔽工程记录和签证工作，减少结算时的扯皮现象。许多工程就是由于现场签证不严肃，给工程结算带来非常大的麻烦，导致相当大的经济损失，因此对工程预算外的费用严格控制，是施工阶段控制工程造价的关键。

(3) 要求监理单位对施工承包商实际完成的合格工程量、设计变更、现场签证等进行准确计量审核。

工程建设监理的中心工作是对工程项目实施投资、质量、进度三方面的控制，使工程项目在保证质量和满足进度要求的前提下，实际投资不超过计划的投资。要求派驻现场的监理工程师审核施工承包商实际完成的合格工程量，是否满足施工图设计技术要求，以确保工程的质量。要求派驻现场的监理工程师审核设计变更、现场签证等是否真实、合理，依据工程变更内容审核工程量，按照承包合同的条款确定变更价格，做到客观、公正、合理，准确进行计量审核。

4.6.4 风电场施工工程技术管理

1. 施工图样管理

1）项目公司按照国家有关规定将施工图设计文件报相关部门审批。项目工程质量管理部门负责施工图样审核确认工作。

2）监理单位应组织图样综合会审、设计交底，有关单位参加。

3）设计技术交底与图样会审工作按相关的管理程序进行。

4）对会审中已决定必须进行设计修改的，由设计单位按设计变更管理程序提出修改设计，经项目公司、监理单位核签之后再交付施工。

5）各施工承包商应按照有关规定组织对施工图样三级会检，即专业会检、系统会检和综合会检。

2. 施工技术交底管理

施工技术交底的目的是使管理人员了解项目工程的概况、技术方针、质量目标、计划安排和采取的各种重大措施；使施工人员了解其施工项目的工程概况、内容和特点、施工目的，明确施工过程、施工办法、质量标准、安全措施、环保措施、节约措施和工期要求等，做到心中有数。

技术交底是施工工序的首要环节，未经交底不得施工。技术交底必须有交底记录。交底人和被交底人要履行全员签字手续。

各施工承包商应按照国家及行业的有关要求进行工程总体交底、项目部级技术交底、专业交底和分专业交底。监理单位和项目公司按照相关规定参加各级交底。

3. 设计变更管理

设计变更指设计部门对原施工图样和设计文件中所表达的设计标准状态的改变和修改。根据以上定义，设计变更仅包含由于设计工作本身的漏项、错误或其他原因而修改、补充原设计的技术资料。设计变更和现场签证两者的性质截然不同，凡属设计变更的范畴，必须按设计变更处理，而不能以现场签证处理。设计变更是工程变更的一部分内容，因而它也关系到进度、质量和投资控制。加强设计变更的管理，对规范各参与单位的行为、确保工程质量和工期、控制工程造价都具有十分重要的意义。

设计变更应尽量提前，变更发生得越早则损失越小，反之就越大。如在设计阶段变更，则只需修改图样，其他费用尚未发生，损失有限；如果在采购阶段变更，不仅需要修改图样，而且设备、材料还须重新采购；若在施工阶段变更，除上述费用外，已施工的工程还须拆除，势必造成重大变更损失。所以尽可能把设计变更控制在设计阶段初期，特别是对工程造价影响较大的设计变更，要先算账后变更。严禁通过设计变更扩大建设规模、增加建设内容、提高建设标准。

设计变更费用一般应控制在建安工程总造价的5%以内，由设计变更产生的新增投资额不得超过基本预备费的1/3。

(1) 应按项目公司要求，制定设计变更管理制度。

(2) 设计变更的确认、批准。设计变更无论是由哪方提出，均应由监理部门会同建设单位、设计单位、施工单位协商，经过确认后由设计部门发出相应图样或说明，并由监理工程师办理签发手续，下发到有关部门付诸实施。在审查时应注意以下几点：

1) 确属原设计不能保证工程质量要求，设计遗漏和确有错误以及与现场不符无法施工，非改不可的，应变更。

2) 一般情况下，即使变更要求可能在技术经济上是合理的，也应全面考虑，将变更以后所产生的效益（质量、工期、造价）与现场变更引起施工单位的索赔等所产生的损失，加以比较、权衡后再做出决定。

3) 工程造价增减幅度是否控制在总概算的范围之内，若确需变更但有可能超概算时，更要慎重。

4) 设计变更应简要说明变更产生的背景，包括变更产生的提出单位、主要参与人员、时间等。

5) 设计变更必须说明变更原因，如工艺改变、工艺要求、设备选型不当，设计者考虑需提高或降低标准、设计漏项、设计失误或其他原因。

6) 建设单位对设计图样的合理修改意见，应在施工之前提出。在施工试车或验收过程中，只要不影响生产，一般不再接受变更要求。

7) 施工中发生的材料代用，办理材料代用单。要坚决杜绝内容不明确的，没有详图或具体使用部位，而只是增加材料用量的变更。

4. 工程技术档案管理

工程技术档案管理的目的是规范工程资料的编写、收集、整理、组卷、传递、借阅管理，确保满足工程施工和移交、归档要求。

工程技术档案的管理按照国家、行业或项目公司规定执行。应明确工程技术资料管理范围，以便规范各级管理人员收集、立卷、编目、鉴定、归档行为。资料管理范围包括：图样会审；工程地质勘察报告、工程测量定位记录及复核单；开工报告与审批资料；单位、分部、分项工程划分文件；施工组织设计；施工技术方案及特殊工序施工技术措施；技术交底书；施工总平面图；设计变更与材料代用单；施工技术问题与质量事故处置记录；现场协调会议纪要；设备、原材料、半成品合格证及各种检验、测试记录；隐蔽工程记录；工序交接记录；施工日志；工程技术核对；预试车记录；中间交接记录；竣工报告与工程验收书；竣工图；工程回访单；工程设计、预算、施工预算、工程决算；“四新”应用鉴定资料及审定的各级工法；有关工程的照片、录像带、录音带、软盘等各种媒体资料；工程所获荣誉资料（奖杯、奖牌、证书或文件及其他载体）；施工技术小结及工程总结；其他需要收集整理的资料。

4.6.5　风电场工程施工总平面管理

施工总平面管理指按照施工总平面布置图对作业区、生活区和材料加工区及库房合理布置，安排好施工道路、施工出入口，安排好生活、办公场所、材料堆场、成品、半成品仓库等用地，使施工现场井然有序，生产和生活等各种通道便捷顺畅。

1. 施工总平面管理职责

1）项目公司工程管理部是风电工程现场施工总平面管理主管部门。

2）项目公司对施工现场的施工道路、施工用水、施工用电主干网进行统一规划、统一管理。

2. 施工总平面管理的要求

1）施工承包商进入施工现场前，应根据合同所规定承建的工程范围，按照工程施工组织总设计的要求，根据施工总平面布置所划定的用地范围，结合工程实际情况和所承担工程项目的要求编制施工组织设计，绘制施工总平面布置图，应节约用地，不占或少占农田，在符合防火、卫生和安全距离并满足使用功能的条件下，尽量减小各建筑物、加工厂、材料设备堆放场之间的距离。施工总平面布置经监理单位和项目部审核后实施。

2）各施工承包商均应按总平面规划进行布置，服从项目公司及监理单位的协调与调配，遵守施工组织总设计中施工总平面管理的规定。

3）应依照风电场附近地势，按集中与分散相结合的原则布置施工用仓库和综合加工厂，并有效地组织现场的平面交叉作业。场区内主要布置有基础钢筋加工场、材料设备仓库、车辆停放场地，集中搅拌站和施工人员办公生活房屋等。施工平面管理工作应设有专业人负责分片分项包干管理，未经工地负责人同意，不得改变。

4）施工总平面应实行模块化管理，各分隔区域均应挂牌，严格区分施工区域、加工区域、组合区域、仓储区域、办公区域，以保证各专业区域的相对独立，方便管理。

3. 现场供应管理

1）项目公司负责现场总体的施工用水母管、施工用电主线路、开关柜和变电站的管理、运行和维护，各施工承包商施工场区所需管线及相关设备的管理。

2）各施工承包商使用上述主干线时，应先提出申请，并与项目公司办理有关协议和手续，按承包合同的规定向项目公司交纳费用，延伸到其各工作面的工作均由施工承包商自行负责。

3）各施工承包商设置户外总配电箱时，应满足防雨要求。

4）项目公司负责解决进场道路及电源、水源等施工能力的外部接入，同时负责场内施工总平面布置的策划、组织实施和管理。

4. 施工道路管理

1）各施工承包商在自己的施工场地内应合理地设置与主干线相连接的施工道路。

2）各施工承包商除对道路已建成的地下沟管做好保护外，还应根据其最大轮压和轮距进行路基压力验算。软土或回填土的路基应进行压实和加固处理。

3）施工现场需要对大型吊装机械移运时，应事先对跨越的地下管线进行加固处理和上部架空线抬高并且能够通行后方可进行。

4）重大、主要设备进厂应由责任单位提前通报，按指定路线进厂。

5）各类履带式机械、重型压路机械及超重件运输机械进厂路线，施工承包商应按批准的指定路线通行。

6）施工承包商各自标段范围内的施工道路的清洁和维护工作，由施工承包商自己负责。

5. 土石方管理

施工承包商在场区内取土和弃土，由项目公司负责调配，项目公司工程质量管理部对弃土堆放做出统一安排，堆放在指定的堆场内。

6. 施工废弃物管理

1）项目公司工程质量管理部会同监理单位划定临时弃土、施工废弃物和生活垃圾临时堆放场地。

2）施工过程中的弃土与建筑废弃物及垃圾应当分开堆放，建筑废弃物及垃圾不得用于回填。

3）生活垃圾由区域责任施工承包商负责及时清运出场。

4）有毒、有害废弃物等必须定点存放并按有关规定处理。

7. 现场消防管理

1）施工承包商在其施工区的重点消防部位设置专用消防灭火器材及装置，定期指派专人检查、更新、维护。

2）施工承包商应根据各自施工特点制订出在酷暑、大风、暴雨等恶劣气象条件下及使用易燃、易爆工作介质施工时的消防安全措施。

3）除规定的禁火区域外，控制室、电器开关室及重要、精密设备施工区域禁止吸烟并设置禁烟标志。

8. 现场保卫管理

1）施工单位的保卫部门负责施工现场的保卫工作，项目公司负责协助、配合和监督；

2）施工承包商根据当地公安部门的要求办理有关临时居住手续并执行有关当地的治安、保卫的有关规定；

3）各施工承包商有责任管理约束好本单位所属全部施工人员及其家属，遵守国家、地区及本工程有关治安保卫的各项规定、制度，杜绝刑事犯罪事件发生。

4.6.6 风电工程建设安健环管理

1. 安全、健康和环境管理基本概念

安全、健康和环境管理通常简称“安健环管理”，是国际劳工和安全组织推荐的先进管理理念。安健环管理体系是三位一体管理体系，要求实现安全、健康和环境一体化管理。安全指消除一切不安全因素，使生产活动在保证劳动者身体健康、企业财产不受损失、人民生命安全得到保障的前提下顺利进行。健康指人身体上没有疾病，在心理上（精神上）保持一种完好的状态。环境指与人类密切相关的、影响人类生活和生产活动的各种自然力量或作用的总和，它不仅包括各种自然因素的组合，还包括人类与自然因素相互形成的生态关系的组合。

在各种安健环管理体系中，南非 NOSA（国家职业安全协会）和 HSE（健康、安全、环保）管理体系是国际劳工组织推荐的两种安全管理体系范本，也是在全球广泛实践、行之有效的建立安全生产长效机制的重要方法。

（1）NOSA管理体系。南非国家职业安全协会（National Occupational Safety Association，NOSA）机构通过广泛调查、收集大量工业安全事故数据进行分析研究，并经过长时间的实践，形成了NOSA“安全五星”管理系统。

NOSA安全五星管理系统是以风险管理为基础，按照法律法规的要求，遵从结构化的原则，通过规定部门、人员的相关职责，采取风险预控的方法建立起来的一个科学有效的企业综合安全、健康和环保管理体系。它主要侧重于未遂事件的发生，强调人性化管理和持续改进的理念，最大限度地保障人身安全，规避人为原因导致的风险。其目标是实现安全、健康和环保的综合风险管理。其核心理念是：所有意外事故均可避免，所有危险均可控制，每项工作都要考虑安全、健康和环保问题，通过评估查找隐患，制定防范措施及预案，落实整改直至消除，实现闭环管理和持续改善，把风险切实、有效、可行地降低至可接受的程度。

NOSA安全五星系统包括5个主要领域：①房屋管理；②机械、电气和个人安全防护；③火灾预防；④事故调查和记录；⑤组织管理。这五个领域又包含70多个要素，所有要素注重对员工的关心和对环保的关爱，强调员工的安全、健康和环保意识，调动全体员工主动参与的积极性，从而推动安全生产工作实现五个转变，即“从人治向法制转变”，“从被动防范向源头管理转变”，“从集中开展安全生产整治向规范化、经常化、制度化转变”，“从事后查处向强化基础管理转变”，“从以控制伤亡为主向全面做好职业安全健康工作转变”。

目前，该系统广泛应用于电力、机械制造、矿山、捕鱼业等行业，在国际上得到广泛的公认。自从1987年NOSA开始对其他国家提供服务，已有如美国、加拿大、巴西、澳大利亚、印度等多个国家和地区采用NOSA安全五星管理系统。我国也成为采用NOSA安全五星管理系统的国家之一，主要应用在电力和煤炭行业。

（2）HSE管理体系

HSE（Health，Safety，Environment）是健康、安全、环境一体化管理。HSE管理体系是指实施安全、环境与健康管理的组织机构、职责、做法、程序、过程和资源等而构成的整体。它由许多要素构成，这些要素通过先进、科学的运行模式有机地融合在一起，相互关联相互作用，形成一套结构化动态管理系统。从其功能上讲，它是一种事前进行风险分析，确定其自身活动可能发生的危害和后果，从而采取有效的防范手段和控制措施防止其发生，以便减少可能引起的人员伤害、财产损失和环境污染的有效管理模式。它突出强调了事前预防和持续改进，具有高度自我约束、自我完善、自我激励机制，因此是一种现代化的管理模式，是现代企业制度之一。

HSE管理体系是三位一体管理体系。由于安全、环境与健康的管理在实际工作过程中有着密不可分的联系，因此把健康（Health）、安全（Safety）和环境（Environment）形成一个整体的管理体系，是现代工业企业的必然。

HSE管理体系主张一切事故都可以预防的思想；全员参与的观点；层层负责制的管理模式；程序化、规范化的科学管理方法；事前识别控制险情的原理。20世纪90年代至今，HSE从管理上解决了安全、健康、环境三者的管理关系问题。使管理工作从事后走向事前，事故几率从管理的角度大大降低，HSE管理成为了许多优秀企业文化的一个组成部分。目前，我国主要在石化企业应用HSE管理体系。

2. 风电工程建设安健环管理原则

风电场建设中应始终坚持“安全第一、预防为主”的原则，严格遵守国家、行业有关安全、健康和环境方面的法律、法规、规程和规范，参照NOSA或HSE管理体系，建立健全工程建设安全、健康和环境管理体系以及各项制度，实现风电工程建设规范化、标准化管理。

风电场建设安健环管理要落实好以下原则：

1）基建与安全目标统一原则。

2）三同时原则：新建、改建、扩建项目，其安全、健康、环保设施与措施与生产设施同时设计、同时施工、同时投产。

3）五同时原则：项目领导在计划、布置、检查、总结和评比生产的同时，计划、布置、检查、总结和评比安全、健康和环保。

4）三同步原则：项目公司在考虑经济发展、进行机制改革、技术改造时、安全、健康、环保等方面同时规划、同时实施、同时投产。

5）三不放过原则：发生事故后，要做到事故原因未查清不放过；当事人未受到教育不放过；整改措施未落实不放过。

3. 风电工程建设安健环管理目标

根据国家、建设部、电力行业有关安全生产、文明施工的各项管理规定，结合风电场建设项目特点，以“一切事故均可以预防、一切意外均可以避免”的安健环管理理念，采取有力措施，切实规范安健环管理，至少达到以下目标：

1）不发生人身死亡事故及群伤事故。

2）不发生重大机械设备事故。

3）不发生重大火灾事故。

4）不发生负主要责任的重大交通事故。

5）不发生重大垮塌事故。

6）不发生群体卫生健康事故。

7）不发生重大环境污染事故及严重扰民事件。

4. 建立风电工程建设安健环管理系统

风电工程应组建安健环监督委员会，由项目公司、监理单位、施工单位、设计单位主要负责人组成。工程现场应配备专职安健环管理人员。监理部在现场行使安健环监督管理职责，负责日常的安健环管理。所有参建单位均应配备各自的安全员，负责处理安全、健康、环保方面的所有事宜，并明确其职责。

（1）参照国家、行业和企业有关标准要求，在项目实施全过程中对所有涉及的安全、健康和环保因素进行识别。在此基础上，辨识出重要的安健环因素，以进一步加强对其实施的控制和管理。

（2）以预防为主，全员参与（参与项目建设人员）全过程（涉及安全、健康、环保的全部建设流程）安健环管理，杜绝因安全、健康和环保问题而造成的不利影响。

（3）建立安健环管理系统，不仅仅是针对施工意义上的安全、健康和环保，而且要扩展到全部参与人员、全部建设过程。

（4）对于工程管理一方来说，除了本身的安健环因素需要进行管理、控制外，还有一项极为重要的工作，既是对施工方的安全、健康和环保管理工作进行检查、督促，从而保证整个安健环管理体系更好运行。对应这一点，项目管理部要建立起定期检查和不定期抽查制度，并针对检查结果采取相应的奖惩措施。

（5）针对工程施工单位，从招标开始，即明确所有投标单位必须编制安健环施工组织设计方案，并将此作为评标的重要因素，而在施工工程中，项目管理部则与监理一起检查、督促其落实。

（6）针对工程管理，在项目实施过程中建立各项专项制度，例如：消防制度、安全用电制度、垃圾分类制度、施工检查安全管理制度等。

（7）项目管理和各施工单位应建立完整规范的安全管理台账，包括安全例会记录、安全学习记录、安全检查记录、安全隐患整改通知、安全奖惩记录、安全教育培训记录、安全文件发放登记、安全管理人员建档、安全设施台账、施工安全应急预案及其演练记录等。

5. 风电工程建设安健环风险因素的识别和评价

安健环管理的主要思路就是风险管理，风险管理是一种科学、系统的管理方法，以对风险的识别衡量和科学分析为基础，提供全面、合理地处置风险的可能性。风险管理是安健环管理的灵魂，是实现超前控制、闭环管理的重要途径。

风险管理综合利用各种风险控制措施，既注重防止风险的发生，使风险后果最小，又注重损失发生后的及时应对，防止事态扩大。风险管理克服了传统安全管理中以单一手段处置风险的局限性，所以在安全生产管理中应用风险管理具有相当实用的价值。

在项目建设过程中，主要的安健环因素集中在工程施工中，其中最重要的涉及单位是各个承包商。所以，在施工招标文件中，就要求各单位认真分析工程建设工程中的主要安健环风险因素，制定专门的安健环管理施工组织设计方案，并作为评审中标人时要考虑的重要因素。

对于项目管理部而言，自身必须熟悉和掌握在施工中的安健环因素，以及相应的法律法规、标准规范、有效措施等，从而保证对施工方的有效检查和督促。

4.7 生产准备

生产准备是为了保证新建（或扩建）风电场按时投产并高效运转而开展的一系列生产制度、人员、设备和技术等方面的准备工作。生产准备期一般是指从工程启动开始，到该工程最后一台发电机组完成试运行，转入生产为止。为确保基建向生产的平稳过渡以及项目投产后安全、稳定、经济、高效运行，生产准备应纳入到基建期工作中，并且根据工程进度，与其他生产进程同步展开。待风电场工程结束时，应按照生产准备大纲及时进行生产准备检查。

4.7.1 生产准备的目标

生产准备的总目标可概括为“两个确保，四个优良”。两个确保一是要确保风电场按工期要求从基建到生产平稳过渡，顺利达产；二是要确保投产设备能长期安全、稳定、高效、经济运行。四个优良是指要实现风电场人员、制度、设备、环境优良。生产准备工作必须依托人员、制度、设备、环境四项基本生产要素开展全方位的精细化管理工作，精心打造高素质的生产管理队伍，不断完善科学、严谨、实用、完备的生产管理制度体系，接手并维护好安全、可靠、高效的设备，努力建设安全、和谐、美好的生产工作环境。

升压站带电试运行是生产准备工作中最关键的工作节点。风电场升压站的投入运行，意味着风电场即将由基建逐步进入生产阶段。因此，围绕升压站的建设进度，生产准备应该完成以下节点目标：

1）在升压站开始调试之前，成立生产部。

2）在升压站试运行之前，全面完成生产部各岗位人员编制设定和各岗位规范、岗位工作标准的制定。

3）在升压站试运行之前，全面完成生产人员的培训工作，使所有生产人员技术水平达到岗位规范要求，经考查合格，持证上岗。

4）在升压站试运行之前，全面完成生产流程必备的规程（初稿）、系统图（初稿）、各种标准和制度（工作标准、管理标准、技术标准）、生产台账、生产报表的编制工作，履行审批程序，并小量印刷，用于指导、规范调试及生产。

5）在升压站试运行之前，全面完成生产流程必备的备品备件、生产工器具、试验工器具的准备工作。

6）在升压站试运行之前，全面完成升压站设备外委维护工作的招标和合同签订，要求设备维护单位参加升压站和机组的验收与试运行工作。

4.7.2 生产准备的主要内容

生产准备工作的主要内容包括组建生产组织机构、招聘生产准备人员、建立生产管理制度、建立技术规范标准、准备生产物资、并网试运行准备、安健环管理等工作。

1. 组织准备

（1）组建生产准备工作委员会。为了协调处理生产准备工作中的各种问题，在项目开工后应立即成立生产准备工作领导机构——生产准备工作委员会。

（2）编写生产准备大纲、工作计划和实施细则。生产准备工作委员会成立后的首要任务是编写生产准备《工作计划》和《实施细则》，尽早明确工作目标，全面统筹、科学细致地安排整个生产准备期的工作，保证生产准备工作有条不紊、有据可依，提高生产准备工作质量。

（3）形成生产准备日常工作制度。为保证有效执行《工作计划》和《实施细则》，需要形成以下日常工作制度。为了保证《工作计划》和《实施细则》能得到有效执行，需要形成一些日常工作制度。例如，生产准备工作汇报制度，在厂用电带电前一般每半个月召开一次生产准备工作例会，厂用电带电后每周召开一次生产准备工作例会，会议由生产准备工作委员会主任主持，全面协调生产准备工作中的问题，并作好详细的记录，确保生产准备工作按计划顺利完成。

（4）调试前成立生产部。生产准备的前期，最好设生产准备专责具体负责生产准备工作，随着工程的进展逐步成立生产部，并明确部门职责和定岗定员。要真正做到生产准备中的任何事情都有明确的人员来管理，防止有事无人或一事多人的现象。

生产部应该在升压站开始调试前成立。由于生产部将负责风电场投产后的生产管理，包括技术管理、技术监督、安全、健康、环保、教育培训、合同管理、生产统计等，部门人员的技术和经验要求均较高，建议从项目人员中经过逐步培训、选拔后再进行配置。并且应尽早开展技术培训和技术管理工作，确保机组投产后能稳定运行。

（5）制定科学实用的生产管理制度体系

为了保证生产准备以及投产后生产组织体系高效有序运转，需要尽早制定一套科学实用的生产管理制度体系。生产管理制度体系一般包括综合管理、安健环管理、生产管理、技术管理、经营管理等内容。制度体系可以充分借鉴行业内成熟、先进的管理理念，同时注意制度的实用性和可执行性。

2. 人员准备

生产准备工作是否成功关键在于生产队伍的组建，组建生产队伍需要进行人员招聘、培训和定岗定级等工作。

生产人员招聘计划应该在生产准备工作计划中予以明确。招聘工作可根据需要分批次进行，但首批骨干人员应该在生产准备启动之初到位，尽量能够参与工程建设全过程，所有生产人员应该在升压站调试前全部到位，并经培训、考试合格，具备生产人员上岗资格。

人员培训是生产准备队伍组建工作中最重要的环节。在生产准备实施细则中应该对培训计划和培训大纲做出详细的安排。风电场生产人员培训的内容很多，主要包括入场教育、升压站见习、变电设备厂家培训、风机厂家培训、变电设备安装调试现场培训、风机吊装现场培训、风机调试现场培训、风机运行维护现场培训和生产管理制度培训、现场规程培训等。

升压站试运前，应成立生产部，完成岗位标准、规范、职责编写工作，完成生产人员定岗定级工作。生产人员定岗定级工作应该注意人员与岗位的匹配性，结合人员工作经验、培训质量、考试考评结果等综合评比确定。定岗定级时应该明确生产部负责人、各专业专责人（电气一次、电气二次、风机动力系统、风机控制系统等）、值班长、五大员（技术员、安全员、资料员、物资管理员、综合管理员）等。

3. 技术准备

技术准备的主要任务是使生产人员和技术管理人员掌握生产技术，主要应在电力系统运行、风电场生产、设备维护使用、安健环等方面下功夫，达到正确指导、处理各种技术问题的能力。从生产准备开始，建立以生产负责人为主的技术管理系统。

技术准备的工作内容有技术骨干培养，收集生产、安全技术资料，编制现场生产规程，编制系统图册，准备各种生产记录表格、台账、报表等。

（1）培养技术骨干。生产准备过程中应尽早配备技术骨干、建立技术责任制。新建风电场要及早明确安健环、电气、机械、自动化控制等方面的专业技术骨干，建立技术人员的岗位责任制。人员要保持相对稳定，不轻易改变技术负责人和技术责任范围。凡本专业的工作，从组织学习、编制规程、制定试运行方案到试运行的全过程均应参加。

（2）收集生产、安全技术资料。风电场生产、安全技术资料管理工作应该和生产准备工作同步进行，尽早明确专人负责技术资料管理工作，收集和整理风电场风资源等气象数据、可研报告、审批文件、设计文件、设备说明书、设备参数、调试试验数据、验收报告、竣工资料、生产记录文件、各种台账和报表等风电场建设期的所有技术资料，并分门别类妥善保管，建立完善的保管和借阅制度，保证技术资料的完整性和正确性。

（3）编制现场规程。风电场现场规程是根据设备制造厂家的图样、说明书，国家或行业的法律、法规等，由公司组织成立的专业技术小组共同制定完成的文件，能够指导员工现场的操作。现场规程草稿编写工作应在设备试运行前完成，并在使用过程中不断校正、完善，一般规定现场规程一年修编一次。现场规程一般分为升压站运行规程、风机运行规程、检修维护标准（技术标准、给油脂标准、作业标准）。

（4）绘制系统图册。系统图册必须按照现场施工图和实际安装系统进行多次核实而绘制，系统图要有统一的图例，既要简单，又要实用，有极强的权威性，并在厂用电带电前完成编制。系统图册一般有电气一次部分系统图册、电气二次部分系统图册、通信系统图册以及其他图册。

4. 物质准备

风电场安装调试、试运行以至正常生产，都必须有一定的物资储备。由于风电场耗用的物资数量较大、品种规格多、采购周期长，所以需要提前做好准备。物资准备主要包括生产消耗性物资准备和常规备品备件的准备。生产消耗性物资要提前提出消耗计划，在经过几个月的实践后，掌握其消耗规律，制定出各类物资的消耗定额，制订科学的采购计划。备品备件材料包括消耗性备品备件、事故性备品备件、仪器、仪表、量具、工具等，可以参考厂家建议和有经验同类型风电场运行数据制定科学合理的备用数量。

5. 并网试运行准备

风电场并网试运行准备主要包括验收前的准备、升压站和接入系统竣工验收、升压站并网试运行、风机并网试运行四个阶段。

（1）验收前的准备。在升压站和电网接入系统工程竣工验收之前，除了完成升压站和送电线路主体工程以外，风电场还必须完成以下准备工作：

1）生产人员通过电网调度系统考试，取得电厂运行人员上岗资格证；

2）和电监会联系办理《发电许可证》；

3）和电网企业签订《并网电厂购售电合同》；

4）和电网调度主管机构签订《并网调度协议》；

5）风电场待投产工程通过相应电力主管质量监督部门的质量监督验收；

6）风电场和电网调度联系的通信系统安装调试完好；

7）风电场远动、自动化、关口计量远传数据正确接入电网相应数据系统；

8）风电场计量关口表计、电流、电压互感器等经过电网指定机构测试合格；

9）风电场继电保护和自动化装置定值计算完成，装置经过电网部门检验合格。

（2）升压站和接入系统竣工验收。在升压站和接入系统建设工程完工前，应该按规定提前向电网企业提出竣工验收申请和投产申请报告，由电网企业组织启动验收工作。启动验收工作要成立专门的启动验收委员会。

（3）升压站并网试运行。按照启动验收委员会的要求，生产人员制订升压站试运方案。试运方案经试运启动验收委员会批准后，由生产单位向调度部门报出申请，准备接受有关部门组织的并网验收检查。在调试单位的技术指导下，按照调试合同和企业规章的要求，按照调度指令进入升压站并网试运行阶段，升压站试运行 24h 后，进入正式生产阶段。

（4）风机并网试运行。升压站进入正式生产阶段后，可以立即开展风机带电调试和并网试运行工作。风机调试前应该制定详细的调试大纲，由生产人员和风机厂家技术人员一起完成调试和试运行工作。每台风机调试和试运行完成后，编写完整的调试报告，详细记录风机调试和试运行技术数据。每台风机并网试运行后，正式进入生产期。

6. 交接工作

每台机组经过240h试运行后，由施工单位、调试单位、设计单位、监理单位、风电场等共同对各项设备、系统等进行全面检查，依据检查情况决定机组是否停机消缺，若不停机消缺，机组在机组运行中移交生产，若决定停机消缺，应等待缺陷消除后，机组再次起动，经240h运行后，通过检查鉴定，机组运行参数合格，机组在运行中移交生产，进入商业运行。移交生产中要同时完成技术资料、备品备件、专用工具和试验仪器的交接工作。

4.7.3 生产准备验收

新建扩建风电场的生产准备验收工作由项目公司负责，并组织成立验收组，由验收组对所属新建扩建风电场的“建立生产组织，员工定岗及岗位培训，工作标准和岗位职责制订、规程制度编制，安健环管理，技术准备，物资管理”等生产准备工作进行验收，提出验收报告。

4.8 风电工程建设项目验收

风电工程建设项目验收分为单项工程（起动、试运）验收、整套启动及移交生产验收。一般由项目公司按有关规定组织验收，成立起动验收委员会和移交生产验收委员会，下设各类专业组，分别负责每项验收工作。参加人员来自土建承包商、安装承包商、调试承包商、设备制造商、监理公司、设计咨询公司以及聘请的行业专家。

4.8.1 单项工程验收

单项工程验收指风电机组和升压变电站的分项工程、分部工程、单位工程、隐蔽工程等验收。单位工程指风电机组、升压变电站、汇流线路、主控楼等建筑、交通道路等。

1. 验收程序和组织

施工中隐蔽工程，如直埋电缆、光缆、基础回填等项目，在隐蔽前由施工承包商通知项目公司或监理公司进行验收，并形成验收文件；

土建、安装、调试等分部分项工程完工后，施工承包商通知项目公司或监理公司进行验收，重点项目请设计单位参加验收；

土建、安装、调试等单位工程完工后，施工承包商自行组织检查、评定、符合验收标准后向项目公司提交验收申请。项目公司收到验收申请后，组织施工、勘察、设计、监理、质检等方面人员进行工程验收，形成验收报告。在验收合格后，各方在验收报告上签字。同类单位工程完工验收可按完工日期先后分别进行，也可按部分和全部同类单位工程一道组织验收。

检查各分部工程验收记录、报告及有关施工中的关键工序和隐蔽工程检查、签证记录等资料。

2. 验收要求

1）验收工作应在自行检查评定的基础上进行。

2）建设项目的施工应符合工程勘察设计、设计文件的要求。

3）单位工程验收应符合相关验收规范、标准。

4）涉及结构安全的材料及施工内容应进行见证取样并留取检测资料，必要时由项目公司进行抽样复测。

5）工程外观质量应由验收人员通过现场检查后共同确认。

3. 验收的方法及整改措施

1）验收方法主要为抽检。

2）对已安装了的电气设备根据厂家的技术资料、技术参数和已发布的设计和验收规程进行验收、消缺。

3）施工质量保证资料为施工全过程的技术质量管理资料。

4）经返工或更换设备的工程，应重新检查验收。

5）经有资质的检测单位检测鉴定，能达到设计要求的工程，应予以验收。

6）经返修或加固处理的工程，能满足使用要求按技术处理方案和相关协商文件进行验收。

7）经返修或加固处理后不能满足使用要求将严禁验收。

4.8.2 单位工程验收

1. 风电机组验收

（1）风电机组安装工程验收。风电机组安装工程验收包括风电机基础、风电机安装、风电机监控系统、塔架、电缆、箱式变电站、防雷接地网等分部工程验收。

检查风电机组、箱式变电站的规格型号、技术性能指标及技术说明书、试验记录、合格证件、安装图纸、备品备件和专用工器具及清单等。

（2）单台机组起动调试试运行验收。本项验收之前，应具备的条件：

1）在进行单台机组起动调试试运行验收前，风电机组安装工程及其配套工程均应通过完工验收。

2）升压变电站和场内电力汇流线路通过主变已与电网接通，风电机组经调试后已正常并网发电。

3）风电机组安全与功能性试验已经完成，包括：机舱及塔架振动停机试验；偏航制动及稳定性试验；转速变化的平稳性；起动、并网稳定性；正常停机、紧急停机，包含风轮气动制动和机械制动；超速保护试验；飞车试验（视风电机组型号而定）；集中监控系统功能试验。

4）风电机组的各种控制参数已按规定要求设置完毕。

5）通过试运行，即风电机组经调试后，安全无故障地连续并网运行已达到合同中规定的运行时间，一般不得少于240h。

（3）验收检查内容。

1）风电机组的调试记录。

2）按照合同及技术说明书的要求，核查风电机组各项性能技术指标是否符合要求。

3）风电机组自动、手动起停操作控制是否正常。

4）风电机组各部件温度有无超过产品技术条件的规定。

5）风电机组的集电环及电刷工作情况是否正常。

6）齿轮箱、发电机、油泵电动机、偏航电动机、风扇电机转向应正确、无异声。

7）控制柜微机软件版本和功能、各种参数设置应符合设计要求。中央监控与远程监控工作应正常，风电机组的各种信息、参数和曲线显示应正常。

（4）验收时提供的报告。

1）土建施工、安装工程施工总结报告；

2）监理公司工程监理总结报告；

3）设计咨询公司工程设计总结报告；

4）风电机组起动运行调试报告。

（5）验收主要工作过程。

1）对风电机组外观、试运行记录、功能、性能、各部件、软件和参数设置以及显示进行检查；

2）对验收检查中发现的缺陷，提出处理意见；

3）与风电机组供货商签署调试、试运行验收报告。

2. 升压变电站验收

升压变电站部分设备安装调试工程验收由主变压器、高低压电器、母线装置、盘柜及二次回路接线、低压配电设备等的安装调试及电缆敷设、防雷接地装置等分部工程验收组成。

升压变电站部分建筑工程验收由基础、框架、砌体、层面、门窗、装饰、室内外给排水、照明、附属设施等分部工程验收组成。

升压变电站起动验收。升压变电站起动带电具备的条件：

1）送电线路已建设完成并具备起动带电条件且风电场接入系统对端侧继电保护、自动装置、调度通信、远动装置、计量表计等装置、设备、信息均已具备投运条件。

2）风电场升压变电站所有投入系统的建筑工程、全部设备和设施等按设计已施工完成并经检验合格，生产运行部门人员经培训并完成各项生产准备工作，由项目公司电力公司提交升压变电站带电起动并网申请，并抄送地区调度。

3）设备说明书、合格证、试验报告、安装记录、调度记录等资料齐全完整。

升压变电站验收组织和工作过程：项目公司应与电网公司协商后组织相关单位、人员组成启动验收委员会，负责升压变电站启动带电工作，对系统调试和试运行中的安全、质量、进度全面负责。经起动验收委员会确认升压变电站已具备带电起动试运条件后按起动试运行方案进行72h试运行，并对各项运行数据和投运设备的运行情况进行记录。试运行完成后，对各项设备进行一次全面检查，处理发现的缺陷和异常情况。升压变电站在完成起动、调试、试运行和竣工验收检查后，由起动验收委员会决定并办理工程竣工验收及移交生产运行交接书，正式并入当地电网归调，风电机组发出的电量输送到当地电网，投入正常商业运行。

3. 风电场内电力汇流线路施工验收

场内电力线路验收由电力线路工程的电杆基础、电杆组立与绝缘子安装、拉线安装、导线架设等分部工程验收组成和电缆工程的电缆沟制作、电缆保护管的加工敷设、电缆支架的配置与安装、电缆的敷设、电缆终端和接头制作等分部工程验收组成。

4. 交通工程验收

交通工程由路基、路面、排水沟等分部工程验收组成。

4.8.3 整套起动试运行验收

当风电工程中所有风电机组调试、试运行验收通过后，应进行整套起动试运行验收。整套起动试运行验收是对风电建设工程质量的总体评价。

1. 整套起动验收所具备的条件

1）整个工程项目已按设计要求建成，单位工程验收和各台风电机组起动调试试运行验收均应合格，能够满足生产需求，符合技术规范及质量要求。

2）应及时与电网调度部门确定提供其管辖的主设备和继电保护装置整定值，确保电网电压稳定，电压波动幅度不应大于风电机组规定值。

3）全部风电机组经试运行检验，在额定风速下能够达到额定功率，功率曲线达到合同设计要求。

4）工程投资已经全部到位。

5）竣工资料档案已整理、归档完毕。

6）历次验收所发现设备缺陷已消缺或有处理方案。

7）环保、职业安全卫生、消防设施等与本工程同时建成使用。

8）生产运行人员已经过培训，熟悉和掌握本工程机组的运行维护。

9）运行规程及规章制度已建立。

10）各种运行维护管理记录齐全。

11）报送系统正常运行。

工程整套起动应由项目公司组织，工程的设计、监理、质监、施工、安装、调试、生产运行、主设备厂家的有关负责人和专业技术人员参加。

在整套起动试运行前质检部门应对本期工程进行全面地质量检查，并对各单位工程及整体工程做出质量评定。

2. 验收时应提供的资料

（1）工程总结报告如下：

1）建设单位工程总结报告；

2）设计单位设计报告；

3）调试单位的设备调试报告；

4）施工单位施工总结；

5）监理单位监理报告；

6）质检部门质量监督报告；

7）工程投资效益分析报告。

（2）备查文件、资料如下：

1）施工设计图样、文件（包括设计更改联系单等）及竣工图样、文件；

2）施工记录及有关试验检测报告；

3）监理、质检检查记录、签证文件；

4）各单位工程与单机起动调试试运行验收记录及签证文件；

5）历次验收所发现的问题整改消缺记录与报告；

6）工程项目可研、立项、扩初设计报告及上级有关审批文件；

7）风电机组、变电站等设备产品技术说明书、使用手册、合格证件等；

8）招标文件、施工合同、设备订货合同及有关技术要求文件；

9）生产准备中的有关运行、规程、制度及人员编制、人员培训情况等资料；

10）有关来往传真、工程设计与施工协调会议纪要等资料；

11）土地征用、环境保护等方面的有关文件资料。

（3）验收主要工作程序如下：

1）审议整套起动方案，主持整套起动试运行。

2）审议建设工程竣工报告、质检报告和监理、设计、施工等各类总结报告。

3）检查、审议历次验收检查、施工、安装调试等记录与报告及设备技术说明书、合格证件等资料。

4）检查设备质量及运行情况。

5）检查历次验收所提出的问题处理情况。

6）审议工程投资效益。

7）协调处理起动试运行中有关问题，对重大缺陷与问题提出处理意见。

8）对工程做出总体评价，签发整套起动试运行鉴定书。

4.8.4　工程移交生产验收

当工程建设移交生产前的准备工作完成后，由项目公司组织办理工程移交生产验收工作。在验收前，应成立移交生产验收委员会。移交生产验收委员会应由项目公司、施工单位、设计单位、监理单位、调试单位、质量监督部门、电网调度等单位组成。

移交生产验收委员会应起草和确定一个生产移交验收大纲，根据这个验收大纲进行生产移交工作。

1. 移交生产验收内容

（1）设备验收条件如下：

1）所有设备自整套起动后投入运行状态一直良好，未发生重大安全生产考核事故；

2）所发现的设备缺陷已全部消缺；

3）风电机组性能已达到合同要求。

（2）生产准备工作验收包括

1）运行维护人员必须经过岗前培训已通过业务技能考试和安规考试，持证上岗；

2）安全、消防设施齐全良好，且措施落实到位；

3）备品配件、消耗材料及检修工具（通用及专用）、仪器仪表配备达到生产需要；

4）运行、检修、管理记录薄配备齐全；

5）风电机组和变电运行规程、设备使用手册和技术说明书配备齐全；

6）风电场各项有关规章制度、岗位职责和规范已制定且配备齐全；

7）信息报送系统工作正常；

8）安全工器具配备到位。

（3）提供验收的资料如下：

1）归档档案资料；

2）试运行工作报告；

3）试运行设备消缺报告；

4）风电机组及变电、线路试运行运行记录；

5）设备、备品配件及专用工器具清单。

（4）移交生产验收检查主要内容有：

1）清查设备、备品配件、工器具；

2）清查图纸、资料、文件；

3）检查设备质量及试生产情况；

4）检查设备消缺情况及遗留的问题，对遗留的问题提出处理意见；

5）生产单位、建设单位、监理单位及各制造厂、施工单位和安装调试单位分部验收签字报告。

2. 验收依据

整套起动及移交生产验收依据是经过批准的可研、施工图、设备技术说明书，现行的施工验收规范以及主管上级审批、修改、调整的文件等。国外引进设备按签订的合同及外方提供的技术文件等资料进行验收。

3. 验收检查组

移交生产验收可以分成工程施工、设备和生产准备检查小组。检查小组由项目公司和各有关设计施工单位代表参加的同时，也可以聘请有关专家参加。验收人员的专业组合和人数多少，应根据工程的实际情况作全面安排。对于国家重点工程，其各验收组组成人员的确定，应根据国家重点风电场项目建设工程的有关要求和规定进行。

风电工程验收流程图如图4-4所示。

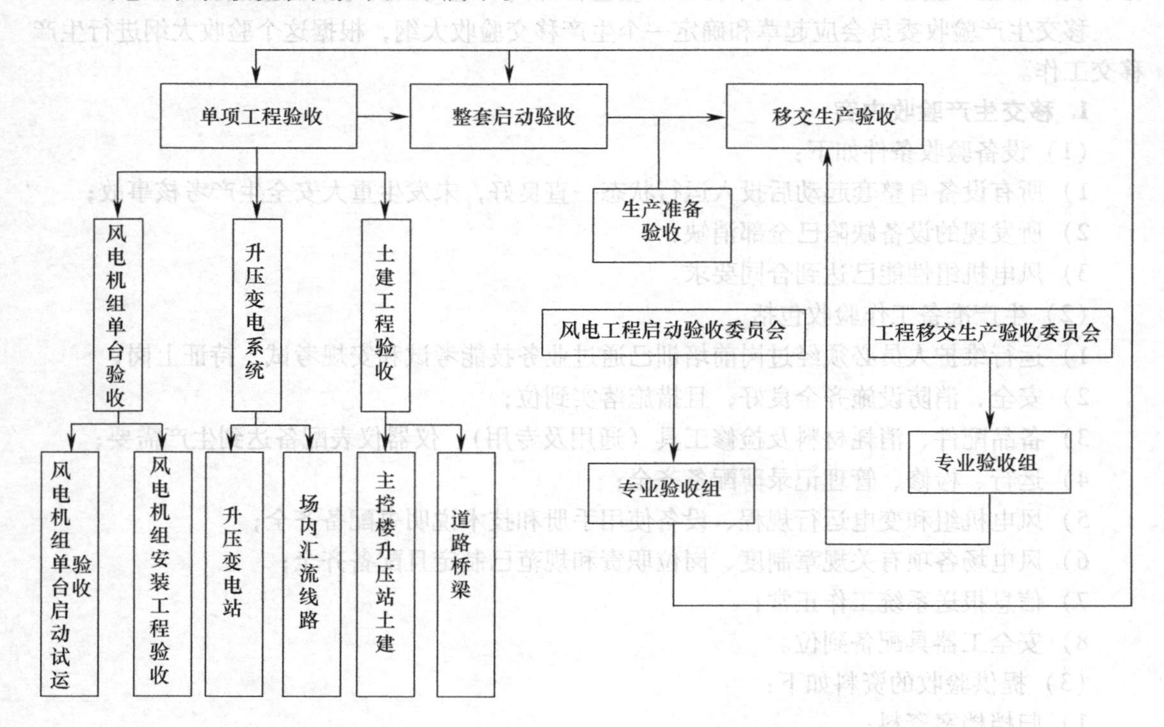

图4-4 风电工程验收流程图

全部风电机组通过验收并移交生产后，正式并入电网运行，风电机组发出的电量输送到电网，风电场投入正常商业运行。

习 题

1. 风电场施工组织设计的根本任务是什么？
2. 什么是风电场工程施工进度管理？风电场工程施工进度计划通常包含什么内容？
3. 工程造价管理的基本内容是什么？如何有效控制工程造价？
4. 什么是安健环管理？风电场建设安健环管理的原则是什么？
5. 风电场生产准备的总目标是什么？生产准备工作有哪些主要内容？
6. 风电机组常见的运输方式有哪些？

第5章 风电场运行

我国风电场多数处于偏远地区，气候和环境条件恶劣，风电场设备检修操作常在高空进行。在这样的条件下，风电场运行管理水平直接影响风电场安全生产、稳定运行和经济效益。

5.1 风电场运行内容

风电场运行包括风电机组、变电系统运行。本章节重点介绍风电机组的运行，包括操作、安全、状态、监视、巡视、设备和人员要求、记录以及常见故障分析和应对处理方法；变电系统只做简要概括介绍，详细知识参照其他章节或参考其他书籍及资料。

国家和行业已发布了风电场运行规程，如DL/T 666—1999《风电场运行规程》。本章节将根据该规程的要求结合风电场运行实际经验，重点介绍运行安全、操作、监视、故障及处理等知识点。

5.1.1 风电场运行基本操作

风电机组的操作包括起停（自动、手动，正常、紧急）、暂停、偏航、维护、泵油、顺桨等操作，有些是设备自动进行的，有些是运行人员必须手工操作的。下列是风电机组运行操作及其程序的介绍。

1. 起停操作

风电机组的起动和停机有手动和自动两种方式。

（1）风电机组的手动起、停机

风电机组的手动起动：当风速达到起动风速范围时，手动操作起动键或按钮，风电机组按计算机启动程序起动和并网。

风电机组的手动停机：当风速超出正常运行范围或出现故障时，手动操作停机键或按钮，风电机组按计算机停机程序与电网解列、停机。

手动起动和停机的四种操作方式：

主控室操作：在主控室操作计算机启动键和停机键。

就地操作：断开遥控操作开关，在风电机组控制盘上，操作起动或停机按钮，操作后再合上遥控开关。

远程操作：在远程终端操作启动键或停机键。

机舱上操作：在机舱的控制盘上操作起动键或停机键，但机舱上操作仅限于调试时使用。凡经手动停机操作后，须再按“起动”按钮，方能使风电机组进入自起状态。

（2）风电机组自动起、停机

风电机组的自动起动：风电机组处于自动状态，当风速达到起动风速范围时，风电机组按计算机程序自动起动并入电网。

风电机组的自动停机：风电机组处于自动状态，当风速超出正常运行范围或出现故障时，风电机组按计算机程序自动与电网解列、停机。

2. 手动偏航

当机组需要维护，或运行需要时，机组可在人工手动操作下，进行偏航动作，即手动偏航。

3. 手动解缆

机组通过手动偏航进行的解缆操作为手动解缆。

4. 复位操作

就地复位：故障停机和紧急停机状态下的手动起动操作。风电机组在故障停机和紧急停机后，如故障已排除且具备起动的条件，重新起动前必须按“重置”或“复位”就地控制按钮，方能按正常起动操作方式进行起动。

远方复位：风电机组运行中出现的某些故障可以通过SCADA系统进行远方复位而恢复，这些故障称为远方可复位故障。

远方操作还包括一些其他远方操作功能，如远方偏航。这种操作是万一在就地无法接近机组时，可以通过偏航，风轮偏离主导风向而失去动力。再通过远方停机功能使其安全回到停机状态。

风电机组运行状态包括

(1) 上电自检状态。当机组控制系统通电后，计算机系统开始起动，操作系统起动，并起动系统自检程序，对内存、硬盘、各状态位、各传感器、开关、继电器等进行检查，此时液压系统开始工作，对于失速机组叶尖将收拢，进入空转状态；变桨距机组，叶片桨距角将保持在90°。

(2) 待机状态。风电机组在上电后通过自检系统未发现故障，显示系统状态正常，此时如果风速低于起动风速，机组处于待机状态，桨距角保持0°或叶尖制动在正常运行位置。如果外界风速达到切入风速，系统将进入起动状态。如果系统检测到设定值中任何一个参数超出了机组运行允许范围，机组将报警并继续保持待机状态，直至参数恢复（参见下面环境温度、电网故障以及故障分析章节）。

(3) 起动状态。如果外界风速达到切入风速（某个时间的平均值）后，系统将进入起动状态，失速机组在风的推动下开始起动旋转加速，变桨距机组角度调节到0°左右，开始起动旋转加速，机组加速到并网要求的转速时，机组将通过软并网系统并入电网运行。

(4) 维护状态。如果机组在需要人员对其进行维护，可以人为将状态调整为维护状态。机组在调整前处于停机状态、暂停状态、待机状态时，方可调整到维护状态。维护状态通常是算作非正常停机状态，但由于机组每年需要正常维护，因此通常根据机组容量、维护难度，确定一定时间作为计划检修时间，如平均每台每年1~2天。

(5) 暂停状态。这种状态是使风电机组处于一种非自动状态的模式，主要用于对风电机组实施手动操作或进行试验，也可以手动操作机组起动（如电动方式起动），常用于维护检修时。

(6) 正常停机状态。风电机组正常停机时，发电机解列，偏航系统不再动作，变桨距机构已经顺桨，制动系统开始时保持打开状态，待风电机组转速低于某个设定值（如300r/min）后，制动系统再动作。

(7) 手动停机状态。当运行人员通过手动操作使机组停止运行时，称为手动停机状态。手动停机机组动作过程与正常停机类似。

(8) 紧急停机状态。安全链动作或人工按动紧急停机按钮，所有操作都不再起作用。此时空气动力和机械主制动系统一起动作，直至将紧急停机按钮复位。

(9) 运行（发电）状态。风电机组在切入风速以上和切出风速之前，应处于运行状态，即发电状态，且自动运行。

(10) 高风切出（再投）状态。当风速超过机组设定的切出风速时，机组将停止运行，处于等待状态，如风速回到切出再投运风速时，机组将自动恢复运行。

环境温度（高低）：当环境温度低于或高于机组设定的运行温度时，如常温型机组 -10℃ ~40℃，低温型 -30℃ ~40℃，机组将停机而处于待机状态。因此也可称为等待温度停机状态。这些状态不意味着机组故障。

电网故障：当电网电压、频率、三相不平衡等参数超出了机组设定的参数（设定值）时，机组将保持待机状态，或运行中出现上述电网故障时（瞬态电压跌落故障除外），机组也会停机回到待机状态。这些状态不意味着机组故障。

问题及注意事项：

1）操作前应注意机舱上（内）是否有人员在工作，或在轮毂中工作。避免人员在机组操作后受到伤害，如轮毂中有人工作，机组风轮旋转，可能导致人员伤亡。

2）运行人员应熟悉上述操作程序和机组的响应状态，手动操作后应进行观察屏幕显示或注意聆听声响，如机组反应异常应立即停止操作并按照手册采取应急操作。

3）进行维护或检查需要操作或登塔，应悬挂“有人工作，禁止合闸（操作）”的标示牌，避免别人误操作导致人员伤亡。

4）就地操作时，应屏蔽 SCADA 远方操作功能，避免人员就地工作时，远方操作引发机组操作而出现人员伤害。

5）操作前应检查是否检修等工作采取的临时措施已经拆除或取消，如安全措施、接地线等。

5.1.2 风电场运行监视

1. 日常监视

(1) 气象预报监视。风电场运行人员每天应按时收听和记录当地天气预报，做好风电场安全运行的事故预想和对策。特别是特殊天气出现时，如台风、沙尘暴、雷电、暴雨雪等极端恶劣天气时，应不间断通过气象系统包括网络、其他媒体，及时了解和监视气象实时动态变化（如台风路径）。根据监视情况，必要时，实时起动气象灾害应急预案。

(2) 风电场运行参数监视。通过主控室计算机的屏幕监视风电机组（包括上述各类状态）及输变电系统各项参数变化及运行情况，当发现异常变化趋势时，应对机组或变电设备运行状态实施重点连续监测，并立即报告、处理和记录。

部分运行参数指标如下

1）可用率：是指风电机组可用率和变电设备可用率。设备可用率是指给定运行期间，设备（风电机组）在其设计参数范围内，执行了应尽服务的分数比值。

2）容量系数：风电场容量系数 = 风电场年发电设备利用小时数/8 760（全年小时数）

3）厂用电率：发电厂用电量与发电量的比率。计算公式为

$$发电厂用电率（\%）=\frac{发电厂用电量}{发电量}\times 100\%$$

$$综合厂用电率（\%）=[（发电量-上网电量）+购网电量]/发电量\times 100\%$$

4）发电成本：是指所有风电场（风电企业）在电力生产过程中所有成本总和，与总发电量的比值称为度电成本。

5）发电性能：风电场发电性能通常是指风电机组的发电功率特性，如功率特性曲线，起停风速和额定风速等。如额定风速 IEC Ⅰ类≤13m/s，IEC Ⅱ类≤11m/s，IEC Ⅲ类≤10m/s；起动风速≤3.5m/s，切出风速≥22.5m/s。

（3）监视参数。一般风电场有2个系统需要监视。一个是风电机组 SCADA 系统，另一个是风电场升压站变电系统的监视。

1）风电机组监视内容包括：

气象数据（包括测风塔）：风速、风向、气温、气压、湿度、降雨（雪）、台风、沙尘暴、雾凇、雷暴、冰雹、冰冻等，发现极端天气及时报告，并做好记录。根据监视到的情况，风电场应实时起动灾害天气应急预案。

电网参数：电网电压、频率、功率因数。

机组参数：机组状态、方位、实时发电功率（有功）、转速、变桨距角、各部位温度：油温、轴承温度、发电机等部位，液压压力、机组自动操作动作和事件等。如监视中发现机组参数异常或发生报警、特殊事件，运行监视人员应立即报告，并进行记录。根据操作指示，在监控系统中进行操作。

风电机组监视画面如图5-1所示。

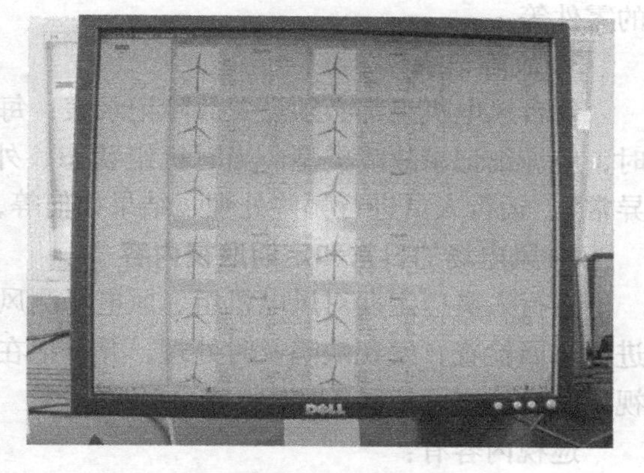

图5-1 风电机组监视画面示意图

2）变电系统监视内容：除电网参数外，应连续监视升压变电系统的监控参数，包括一、二次系统，如主变状态（温度和压力）、SVC 系统运行情况、继电保护状态等。根据电网调度指令和风电场变电系统运行规程规定，实时进行调控，确保系统稳定运行，并实时进行记录。

变电系统监视画面如图5-2所示。

（4）故障监视。应连续监视机组以及变电站、线路是否有故障发生（或已存在安全隐患），遇到常规故障，按照监控操作规程规定，进行远方复位或就地复位。如监视到严重的故障或隐患，应及时报告，根据指示和指令进行操作。

如故障需要维护检修人员到现场进行检查、处理或消除缺陷，应及时通知维护和检修人员，根据当时的气象条件做出相应的检查处理结果报告，并在《风电场运行日志》上做好记录，填写相应的“缺陷处理单”等故障处理记录及质量验收记录。对于非常规故障，应及时通知相关部门，并积极配合处理解决。

2. 日常运行记录

风电场必须建立日常运行日志，并按规定认真填写《风电场运行日志》，日志中应详细

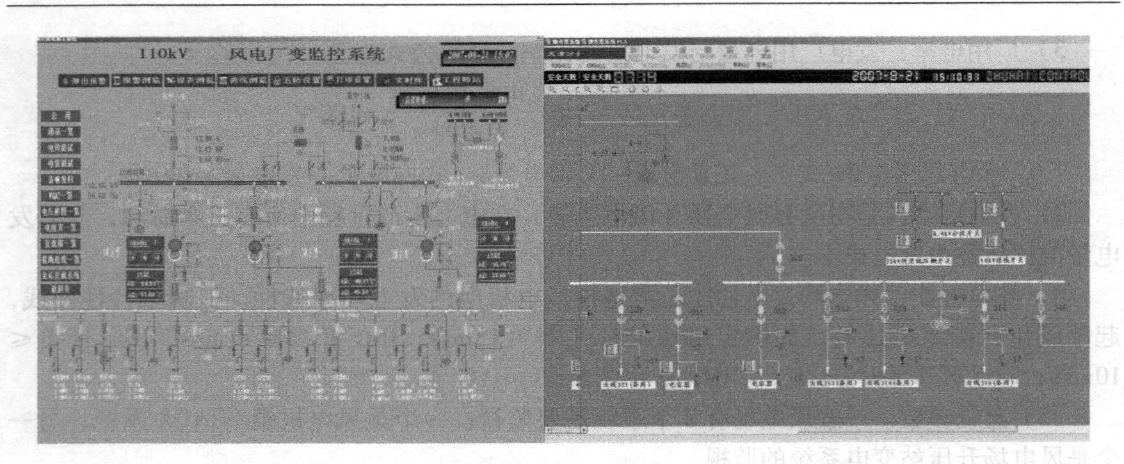

图 5-2 变电系统监视画面示意图

记录的主要内容有：风电机组型号、每日发电量、风速、天气变化、工作时数、关机时数、发生故障日期和故障持续时间、修理日期和所用时间、故障和修理性质、采取的措施、更换的零件等。

3. 故障记录

每台风电机组都必须设置故障记录表，每当发生故障时，特别是发生不可自动复位故障时，应详细记录故障类型、当时机组状态、外界条件（如风速大小、天气、机组本身有无异常）、运行人员进行哪些处理、结果如何等，以备后查。

4. 风电场的日常和定期巡视内容

运行人员应定期对风电机组、风电场测风装置、升压站、场内电气设备及高压配电线路进行巡回检查，发现缺陷及时处理，并登记在缺陷记录本上。巡视应有明确的巡视路径和巡视安全、检查、记录等要求。

巡视内容有：

1）检查风电机组在运行中有无异常响声、叶片运行状态、偏航系统动作是否正常，电缆有无绞缠、下滑情况。

2）检查风电机组各部分是否漏油。

3）当气候异常、机组非正常运行或新设备投入运行时，需要增加巡回检查内容及次数。

4）定期检查风电机组基础有无裂缝，基础环水平度有无变化、风电机组塔筒防腐涂层是否完好。

5）定期检查风电机组塔筒底部和机舱内配置的消防器材是否符合要求。

6）定期检查风电机组内有无异味，检查电缆接头处有无发热、放电现象。

5. 风电场的特殊巡视

风电场在下列情况发生后要进行特殊巡视：设备过负荷或负荷明显增加时，恶劣气候或天气突变过后，事故跳闸，设备异常运行或运行中有可疑的现象，设备经过检修、改造长期停用后重新投入系统运行，阴雨天初晴后，对户外端子箱、机构箱、控制箱是否受潮结露进行检查巡视，新安装设备投入运行，上级有通知及节假日。

5.1.3　设备基本要求

1. 风电场运行对风电机组的基本要求

下面主要是针对风电机组设备技术方面的基本要求。在设备招标以及风电场验收（移交生产）时，按照有关验收标准，厂家和施工方以及风电场应达到或经整改达到这些要求，以确保风电设备投产后安全稳定运行。

（1）风电机组整体要求。风电机组在正式移交生产进入商业运行前，均应经调试后通过240h试运行，并已通过由当地政府、电网公司、业主、建设单位参加的启动验收。

在同一风电场内，风电机组应旋转方向一致，外观颜色应尽可能保持一致。如果风电场处于航空通道附近，应按照航空要求设置警示设施。

风电机组应在明显位置悬挂制造厂设备标识（铭牌），标明设备容量、出厂日期、风轮直径等参数。在每台机组上都应在显著位置上标识出风电场名称和编号。如图5-3所示。

图5-3　风电场风电机组标识

风电场应为每台风电机组指定专门设备负责人，建立设备档案，配备安全设施和警示标识（包括变压器和开关）。

（2）塔架。塔架应设攀登设施，中间应设休息平台，攀登设施应有可靠的防止坠落的保护设施，以保证人身安全；塔架内部照明设备齐全，亮度满足工作要求；塔架应满足防盐雾腐蚀、防沙尘暴的要求，应配备足够的消防器材，控制箱和筒式塔架均应有防小动物进入的措施。

（3）风轮。叶片应具有承受沙暴、盐雾侵袭，以及防雨雪冰冻的能力。叶片表面应具备良好涂层，特别是前缘，达到防腐蚀效果。在寒冷地区，气温低于-30℃地区运行，叶片固有频率会发生变化，应采用低温型叶片，保证机组在-30～40℃温度范围内运行，-40～50℃生存。叶片上应设置接闪器，起到良好防雷击作用。风轮轮毂应符合设计要求，避免裂纹的产生。叶片设计时应考虑互换性。叶片间的重量差、动平衡和静平衡应符合相关标准的要求，保证一个叶片损坏后，经过配重后新叶片可以替换使用。如需防鸟撞，需进行相应涂装。

（4）机舱。

1）机舱内部应有良好的通风和加热系统，以保证机舱温度在-10～40℃范围内。

2）机舱应有良好密封并采取有效消音措施，降低设备噪声水平，达到国家标准。

3）机舱内部照明设备齐全，亮度满足工作要求。

4）机舱应满足防盐雾腐蚀（沿海风场）和防沙尘暴（高原）的要求。

5）机舱内应配备足够的消防器材。

6）机舱和机舱控制器内应有防止小动物进入的措施。

7）在寒冷地区，机舱上测风装置应配备防冰冻措施。

8）机舱应具备维护以及部件拆装必须的操作空间，但同时考虑避免不必要的空间，造成材料浪费和机舱加热量增加从而增加机组厂用电。

9）机舱应配备一个能满足工具、备件、材料的吊运的起吊装置。

10）机舱外形设计时应考虑气动特性，尽可能减少对风轮性能以及机组整体的受力载荷的影响。

（5）齿轮箱。齿轮箱的设计、制造和工艺应符合风电载荷条件要求，并得到测试和实践证明。所有部件应按标准设计和加工，以保证运行的高可靠性。所有的齿轮、轴承和主轴结构设计应充分考虑在现场条件下的可维修更换性。

齿轮箱应有油位指示器、油温传感器和齿轮油循环冷却系统，寒冷地区应有加热油的装置。齿轮箱应加装高效率的在线和离线（精滤）油滤清器，尽可能保证齿轮油的洁净度，延长齿轮油的使用寿命，降低运行维护费用。齿轮箱油的换油间隔由制造厂家根据各种类型齿轮油确定，一般齿轮油更换时间间隔应当不小于36个月。应每年对每台风电机组的齿轮箱油取样（如果出现异常情况，次数应当增加），并将油样送至国家认可的独立机构进行分析，根据分析结果由风电场决定是否更换油品。

（6）制动系统。风电机组至少应具有两种不同原理的能独立有效制动的制动系统。任何制动系统在设备出现“失效”时，应能确保机组安全停机。应当至少有一套制动系统，以空气动力制动原理直接作用于风轮，通过空气阻力制动作用使风轮转速降低到300r/min以下。

（7）偏航系统。偏航系统应设有自动解缆和扭缆保护装置，以避免由于过度偏航，对电缆造成损害。在寒冷地区，测风装置必须有防冰冻措施。根据风向计测得的信号，通过同步控制的3个驱动电动机（4个作为冗余设计）绕着固定在塔筒上的偏航齿圈，转动机舱对风。偏航装置设置720°限位，能够自动解缆。当机舱对准风向后，实现偏航系统的自动锁定。

（8）发电机。发电机防护等级应能满足防盐雾、防沙尘暴、防雨水的要求。湿度较大的地区应设有加热装置以防结露，发电机应装有定子绕组及轴承测温装置、转子测速装置。发电机轴承应采用绝缘轴承。发电机的电气和机械部件能承受起动中的冲击。

发电机是全封闭型的并应能在下列电网条件下运行：额定频率50Hz，运行频率的允许偏差为±0.5Hz。

永磁发电机采用钕铁棚等永磁材料作为转子材料，不需要励磁系统，结构简单、体积小。如果采用较多极对数定子，可以实现发电机低速发电而无须齿轮箱增速的话，这样的风电机组就成为永磁直驱风电机组。

（9）液压装置。液压装置应有油位指示器、压力表，寒冷地区应有加热液压油的装置。

（10）变桨系统。变桨系统具有两个功能，即具备主要制动系统作用，同时具有风电机组额定输出功率调节控制功能。变桨系统在紧急情况下应能快速顺桨，且对叶片进行机械定位，以保证机组安全，且蓄能装置（液压变桨中的蓄能器，电气变桨系统中的蓄电池）所提供能量应满足快速顺桨要求。

变桨系统应在额定负荷范围内对风电机组输出功率和转速进行调节。每个叶片由一套传动单元驱动，由伺服电动机、减速机、小齿轮等部件组成。可以采用液压系统控制3个叶片同时变桨距，也可以通过电气控制装置，单独调节每个叶片变桨距。即便一个叶片发生故障时，其他2个叶片仍可以通过变桨距空气动力制动配合机械制动最终安全停机。为保证机组安全，变桨系统在紧急情况下，应能快速顺桨（如12°/s），使叶片快速回到90°顺桨位置，蓄能装置（液压变桨中的蓄能器，电气变桨系统中的蓄电池或超级电容）所提供能量应满足快速顺桨要求。

（11）控制系统。风电场的控制系统应由两部分组成：一部分为就地计算机控制系统；另一部分为主控室计算机控制系统。主控制室计算机应备有不间断电源，主控制室与风电机组现场应有可靠的通信设备。

风电机组的控制系统应能监测以下主要数据并设有主要报警信号：

1）发电机温度、发电机绕组及轴承温度、有功与无功功率、电流、电压、频率、转速和功率因数。

2）风轮转速、变桨距角度。

3）齿轮箱油位与油温、强制润滑齿轮箱油压。

4）液压装置油位、油温与油压。

5）制动器刹车片温度。

6）风速、风向、气温和气压等。

7）机舱温度、塔内控制箱温度等。

8）机组振动超温和控制刹车片磨损报警。

9）变频系统故障报警。

机组控制保护系统中“安全链”保护系统要求。所谓“安全链”是为了保证运行检修人员的安全，风电机组应提供一套完整的串联“链”联锁和安全链保护系统。风电机组安全链保护系统具有振动、过速和电气过负荷等极限状态的安全保护作用，其保护动作直接触发安全链，相当于“链”断开，而产生机组紧急停机动作，安全链动作不受计算机控制。风电机组“安全链”示意图如图5-4所示。

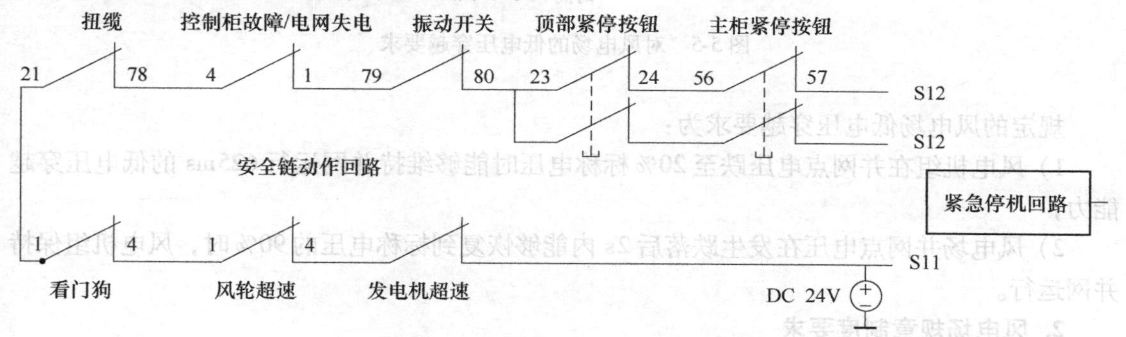

图5-4　风电机组“安全链”示意图

（12）变流器。风电机组的风能转换效率与叶尖速比有关，即风轮转速与来流速率之比，如果使风能利用效率保持在最佳范围内（额定风速以下），就需要风轮速度可变，但发电机与电网连接，发电机转速与输出频率成正比，电网频率是相对恒定的（50Hz），如果要求发电机转速可调，就需要发电机转子中励磁电流的频率发生变化，因此需要变流器实现这种功能。

如果将发电机所有交流功率转换成直流再通过交流逆变馈送到电网，这就是全功率变频器。

风电场其他设备要求：

1）事故照明和防雷接地。风电场应具备可靠的备用电源和事故应急照明系统。

2）防雷要求。处在雷区的风电场应有特殊的防雷保护措施，风电场应在春季（雷雨季节）来临前测试风电机组及其他电气设备接地电阻，接地电阻应符合国家以及行业标准GB/T。

3）通信系统。风电场与电网调度之间应保证有可靠的通信联系。

4）消防设施。风电机组及其附属设备应按照国家及行业标准要求，配备足够灭火器等消防设施，并保证数量合适、好用。

（13）风电场低电压穿越能力要求。图5-5为对风电场的低电压穿越要求。风电场并网点电压在图中电压轮廓线及以上的区域内时，场内风电机组必须保证不间断并网运行；并网点电压在图中电压轮廓线以下时，场内风电机组允许从电网切出。

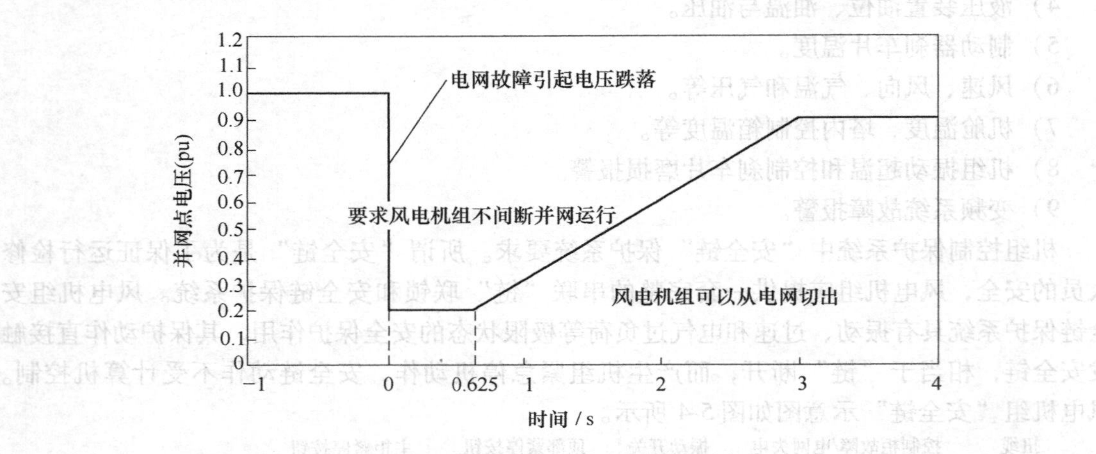

图5-5 对风电场的低电压穿越要求

规定的风电场低电压穿越要求为：

1）风电机组在并网点电压跌至20%标称电压时能够维持并网运行625ms的低电压穿越能力；

2）风电场并网点电压在发生跌落后2s内能够恢复到标称电压的90%时，风电机组保持并网运行。

2. 风电场规章制度要求

风电场在生产运行前，应建立健全必要的规章制度。规程制度包括安全工作规程、风力机检修工艺规程、消防规程、工作票制度、操作票制度、操作监护制度（两票三制）、交接班制度、巡回检查制度、应急预案等。具体风电场的制度要求根据国家企业和当地管理部门要求而定。

风电机组技术文档记录要求包括：

1）制造厂提供的设备技术规范、手册和运行操作说明书、出厂试验记录以及有关图样和系统图。

2）风电机组安装报告、现场调试报告和验收报告以及竣工图样和资料、240h预验收证书、500h、半年、全年定检报告。

3）风电机组实际功率曲线（输出功率与风速关系曲线）。

4）风电机组事故和异常运行记录。

5）风电机组检修和重大技术改进记录。

6）按照生产准备大纲风电场运行记录有关要求：相关记录包括运行日志，运行年、月、日报表，气象记录（风向、风速、气温、气压等），缺陷记录、故障记录、设备定期试验记录、培训工作记录等。风电机组运行记录的主要内容有日发电曲线、日风速变化曲线、发电量包括日有功发电量及日无功发电量、日场用电量、购网电量（有功无功）、厂用电量、运行小时、故障停机时间、正常停机时间和计划维修停机时间等。

3. 生产准备要求

（1）运行人员要求。风电场的运行人员身体健康状况符合上岗条件。必须经过岗位培训（包括知识和安全两方面，可通过仿真机或其他风电场同类型机组培训实习实现），熟悉风电机组的工作原理及基本结构；掌握计算机监控系统的使用方法；熟悉风电机组各种状态信息，故障信号及故障类型，掌握判断一般故障的原因和处理的方法；熟悉操作票、工作票的填写以及有关规程制度基本内容；能统计计算容量系数、利用小时数、可利用率、故障率等，经考试考核合格，竞争上岗。

（2）风电场制度、各类规程建立健全，符合国家、行业和地方（电网等）有关法规、标准和规程的要求。有关制度参见本书其他章节的介绍。在风电场移交生产验收时，各项规程、标准应印刷制作完成。

（3）建立生产所需的报表如生产报表、事故报表等，记录如维护、检修记录、巡视监视记录等，操作票、工作票等，并印刷制作完成。

（4）辅助生产设施：包括安全工器具（绝缘用具、验电器具等）、备品备件及消耗品、通用和专用工具、吊具、仪器仪表及检修测试专用设备、个人安全防护工具及工作服、维护车辆、消防器材等，应到位且状态良好经过检验合格。这些设备应专人管理、专门摆放、有管理制度包括台账、卡片等。

（5）设备验收和交接：生产人员应参加风电场设备的验收，包括分项验收和整体（包括起动）验收，验收材料文件包括设计、施工、图样、文件、档案、签收、规程、试验记录、验收要求和记录等应移交给生产运行人员。

（6）信息报送和生产管理（指挥）系统。新建风电场应建立生产数据报送体系，包括日报、月报、季报、年报等。建立生产报送网络，确定报送人员，并安排好培训。安装生产管理软件，包括生产数据、电能报表软件、可靠性报表软件等。建立生产指挥体系，确立生产例会制度及生产响应机制。

4. 风电机组设备安全要求

为确保运行维护人员的安全，风电机组（或风电场）设计时应至少考虑具备下列运行维护维修时的安全要求。如风电设备或变电系统设备无法满足国家或行业标准要求或企业制度要求时，运行人员可以提出整改要求，如无法达到安全要求，运行人员有权拒绝操作。

1）机舱维护吊车：当在机舱内移动总重量超过30kg的部件，应使用机舱内维护吊车，或者增加一个吊链（钩）来搬运，但必须使用可靠的装置连接固定点。

2）安全固定点：在人员需要进行维护和维修任务的地方，应配置足够的人身安全附着装置固定点。

3）安全防坠索：塔内的梯子应有安全缆索或安全轨道，安全缆索或安全轨道应与人员防坠落装置相匹配，且爬梯与塔筒之间距离符合人员爬梯时的人体化原理。

4）为进行检查和定期维修人员提供安全进入装置和安全工作空间。

5）采取足够的措施保护人员避免与转动部件或运动机件接触而发生事故。

6）应配备符合国家标准要求的安全绳、安全带、防坠器或其他批准的保护装置。

7）防火系统和逃生系统。逃生要求：应定期进行逃生演练，逃生装备应定期进行检查检验；防火系统：包括灭火材料、灭火器材以及有可能的机舱自动灭火系统，应定期进行检验和演练。

8）消防设备和逃生设备的位置应进行明显标识。

9）在维修期间进入轮毂维护安全，机组应配备机械锁定风轮装置，以及偏航机构锁定措施和安全释放装置。

10）对带电体设置警告标志。在机组上或附件有人进行操作时，应在显著地方悬挂“有人操作、禁止合闸”等警示牌。

11）塔顶、机舱和塔底控制柜等人员维护检修地点，应设置足够多的事故紧急停机按钮。

12）在进行机组维修时，机组应具有切断远方监控功能。

5. 风电机组运行、检查、维护检修的其他安全要求

1）风电机组的定期登塔检查维护，应将机组手动停机后，置于维护状态下进行。

2）运行人员登塔检查维护应不少于两人。运行人员登塔要使用安全带、戴安全帽、穿安全鞋以及防坠装备。零配件及工具必须单独放在工具袋内，工具袋必须与安全绳联结牢固，以防坠塔砸伤他人。

6. 安全风速要求

在风电场安装、运行巡视、检查、维护、检修以及部件（风轮叶片）的临时摆放时，都应按照安全风速的要求进行操作。风速超过12m/s不得打开机舱盖，风速超过14m/s应关闭机舱盖，风速超过10m/s不得吊装风轮叶片，且在地面摆放时应采用牢固的轮毂固定装置和叶片固定方法。风速超过12m/s不得吊装机舱，风速超过14m/s不得进行任何吊装作业。

7. 吊装要求

吊装前应对参与吊装人员进行简单培训和沟通。吊具、工具、通信、导向绳、拆卸方案等应全面检查和准备充分。恶劣天气包括（前述风速）大风、雷雨雪、大雾等，应禁止操作。登高人员必须配备好个人和设备的安全装备。拆卸下来的部件需妥善摆放和固定。吊装过程应专人指挥，材料部件等应事先准备好。所用吊车必须符合国家行业规定，并不得违章作业，包括吊车固定、吊臂组装固定、吊车操控和司机资质、身体及现场等状态良好以及辅助吊车的准备和配合。

8. 急救（现场急救）要求

应进行人员急救的培训、学习和演练，特别是高塔上受伤或突发病症人员的向地面输送、突发疾病的病人急救方法。现场应配备急救箱包括急救药品。

5.1.4 风电机组在投入运行前应具备的条件

风电机组在风电场新扩建新机组投运前，以及进行大型的技术改造、更换和较大检修后的投运时，应检查电网参数、机组传感器、控制参数、油位、保护系统等在正常工作范围；特殊天气和环境如雷雨、潮湿的条件时，应进行绝缘、电气器件的检查或试验测量。如检修后应拆除安全措施；其他辅助装置如通信、动力电源电池等应在正常工作范围。下面是运行规程的部分规定：

电源相序正确，三相电压平衡；偏航系统处于正常状态，风速仪和风向标处于正常运行的状态；制动装置和液压控制系统的液压装置的油压和油位在规定范围；齿轮箱油位和油温在正常范围；各项保护装置均在正确投入位置，且保护定值均与批准设定的值相符；控制电源处于接通位置；控制计算机显示处于正常运行状态；手动起动前叶轮上应无结冰现象；在寒冷和潮湿地区，长期停用和新投入的风电机组在投入运行前应检查绝缘，合格后才允许启动。经维修的风电机组在起动前，所有为检修设立的各种安全措施应已拆除；通信系统处于正常状态；动力电源处于接通位置，且冷却电动机、加热电动机、偏航电动机、液压马达能够正常运转；蓄电池电压在正常范围内，且能正常充电与放电。

5.1.5 风电场异常运行与事故处理

1. 风电场异常运行与事故处理基本要求

当风电场设备出现异常运行或发生事故时，当班值长应组织运行人员尽快排除异常，恢复设备正常运行，处理情况记录在运行日志上。

（1）事故控制应急处理和现场保护。在事故发生后应立即抢救人员，同时运行人员应保护事故现场和损害的设备，以备事故原因调查。事故发生后，应采取措施控制事故不再扩大，如需立即进行抢修的，经批准后及时进行。需要起动应急预案的，应及时报告及时起动响应。

（2）紧急故障处理程序。风电机组因异常需要立即进行停机操作的顺序：利用主控室计算机进行遥控停机；当遥控停机无效时，则就地按正常停机按钮停机；当正常停机无效时，使用紧急停机按钮停机；仍然无效时，拉开风电机组主开关或连接此台机组的线路断路器。

发生下列事故之一者，风电机组应立即停机处理：叶片处于不正常位置或相互位置与正常运行状态不符时；风电机组主要保护装置拒动或失灵时；风电机组因雷击损坏时；风电机组因发生叶片断裂等严重机械故障时；制动系统故障时。

（3）定期故障记录分析报告。事故处理完毕后，应将事故发生的经过和处理情况记录在故障记录薄上。事故发生后应根据计算机记录，对保护、信号及自动装置动作情况进行分析，查明事故发生的原因，根据要求填报事故报表，报表按照日、月、年的时间间隔报送，并写出书面报告。报告中应分析故障分布次数、时长、影响发电量情况、以及故障类别（按下列事故调查规程要求），处理结果。

风电机组的各部件故障统计图如图5-6所示。

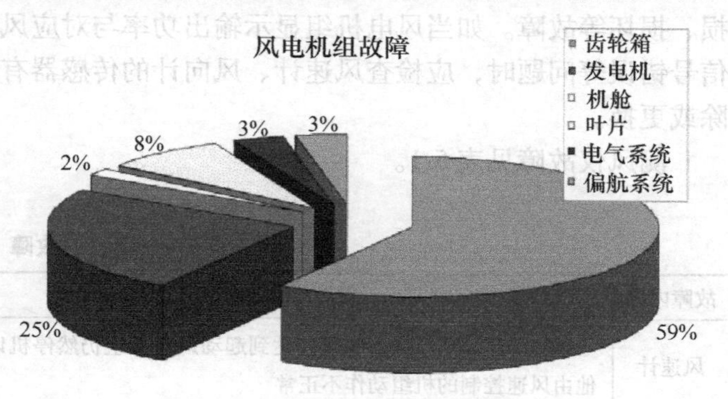

图5-6 风电机组的各部件故障统计图
（来源 Romax Technology）

2. 风电机组异常运行及故障分析处理

（1）事故调查规程。风电场出现设备事故按照国家电力行业有关事故调查规程规定可以划分为：设备异常、设备障碍（一、二类）、一般设备事故、重大设备事故，定义和要求详见事故调查规程。

风电场运行维护人员应熟悉掌握事故调查规程的内容，并准确确定事故的性质、及时报告和记录，规程其他详细内容见国家有关规程文件，本章节不再详述。

（2）故障初步判断分析。对于标志机组有异常情况的报警信号，运行人员要根据报警信号提供的部位进行现场检查和处理，根据“望、闻、问、切”的方法进行初步分析。

风电机组中发现异常气味，应查明气味来源，分析原因，做出相应处理。风电机组在运行中发现有异常声音，应查明响声部位，分析原因，并做出处理。向“目击者”询问事故经过，通过事故（追忆）记录设备，了解事故发生过程。目视检查设备外观是否明显改变和异常。

之后在进一步处理中，需要采用“排除法”、“互换法”等常见方法进行故障诊断。需要依靠图样、厂家技术人员、同类机组其他风电场技术人员、专家以及专用设备检测来判断故障原因和损坏部位。

（3）常见故障特征分类。按风电机组主要结构划分为：电控类故障，传感器、继电器、断路器、电源、控制回路等故障以及通信远传系统故障。机械类故障，机组机械部分的故障，如机组振动、液压、偏航、主轴、制动等故障。

从故障产生后所处状态划分为：自起动故障（可自动复位）、不可自起动故障（需人工复位）、报警故障。

本章节重点介绍风电场内风电机组的故障，风电场升压变电站电气一、二次系统及线路等故障不做重点介绍，请参考其他章节或参考书。本章节介绍的风电机组故障内容，主要根据目前典型机组机型及技术进行的归纳总结，因此这里只是实例（部分）和指导性的介绍，如需了解具体某种设备的故障名称、内容、现象和处理方法，请参考该设备厂家的手册、规程等资料和文献，具体厂家的上述内容可能与本章节介绍内容存在差异。

（4）各类（部件）故障分析

1）测风仪故障。目前风速计多数是由风杯、机械结构、光或电磁构件组成。容易出现轴承缺油、冰冻、杯体损坏等故障。风向计多采用风标和电阻等器件，也容易出现构件磨损、损坏等故障。如当风电机组显示输出功率与对应风速有偏差以及其他可能涉及风速风向信号错误等问题时，应检查风速计、风向计的传感器有无故障，如有故障则予以及时检修排除或更换。

测风仪故障见表5-1。

表5-1 测风仪故障

故障内容	故障现象	故障可能原因分析
风速计	风速与功率不对应，或风速达到起动风速机组仍然停机以及其他由风速控制的机组动作不正常	风速计松动、断线或故障及损坏等
风向计	对风偏航错误，风向显示错误等	风向计损坏

2）温度过高报警、停机故障。

风电机组在运行中由于设备或部件温度过高造成机组停机，如发电机温度、晶闸管温度、控制箱温度、齿轮箱油温、机械制动器刹车片温度超过规定设置值。

温度过高是机械设备运转中十分危险的信号。首先排除传感器故障，通常故障是PT100（或其他温度传感器）损坏或连接松断。运行人员应查明设备温度上升原因，如检查冷却系统、刹车片间隙、刹车片温度传感器及变送回路。待故障排除后，才能再起动风电机组。

必须注意的是部件或部位过热可能意味着出现磨损，因此应高度重视，采取有效措施（如降负荷运行或停运）并及时安排检修消缺，使故障消除在萌芽中，避免故障进一步扩大造成更大损失。

温度故障见表5-2。

表5-2　温度故障

故障内容	故障现象	故障可能原因分析
PT100温度传感器	当温度长时间不变或温度突变到正常温度以外	铂电阻PT100损坏或断线
齿轮箱油温过高	齿轮箱油温超过允许值（如95℃）	油冷却故障、齿轮箱中部件损坏
发电机轴承温度过高	发电机轴承超过允许温度（如90℃）	轴承损坏、缺油
发电机定子温度过高	发电机定子温度超过设置值（如140℃）	散热器损坏、发电机损坏

3）超速或转速不正确故障。由于转速传感器由光或电磁信号来检测转速的，有可能发生发射管、计数器等故障。转速信号是“安全链”中最主要和最重要的信号，直接影响机组安全。必须经常检查和排除故障。超速故障是风电机组转速超过设定值而导致停机的故障，在风电机组实际运行中，也可能由于叶尖制动系统或变桨系统失灵造成风电机组超速。

转速故障见表5-3。

表5-3　转速故障

故障内容	故障现象	故障原因	保护状态	自起动
转速传感器	当风轮静止，测量转速超过允许值或在风轮转动时，风轮转速与发电机转速不按齿轮速比变化	接近开关连线松动、断线或器件损坏	紧急停机	否
风轮超速	风轮转速超过设定值	转速传感器故障或未正常并网	紧急停机	否
发电机超速	发电机转速超过设定值	发电机损坏、电网故障、传感器故障	紧急停机	否

4）机械系统齿轮箱故障（见表5-4）。齿轮箱是风电机组中机械传动链中十分重要的部件。由于风电机组高空运行复杂载荷谱，容易出现故障。由于拆卸困难且需要吊车和运输修理费用，且修理需要专业技术，因此需要格外关注其运行状态和可能的故障。缺油、油品失效或杂质过多、散热不好，以及恶劣的外部工况导致旋转中心偏差等使齿轮箱出现齿轮表面点蚀、斑痕、剥落和断齿。

一般首先是轴承损坏，然后引起齿轮损坏，因此对轴承部位以及润滑油的状态（温度、振动）和滤油系统进行监视，当出现故障时，及时分析，及早处理，避免事故进一步扩大引起更大损失。

表 5-4 齿轮箱故障

故障内容	故障现象	故障原因	保护状态	自起动
齿轮箱油过滤器故障	油流过过滤器时指示器报警	过滤器脏或失效	报警	是
齿轮箱油温过低	齿轮箱油温低于允许的起动油温值	气温低、长时间未运行	正常停机	否
齿轮箱油位低	油位低报警	漏油导致缺油	正常停机	否
齿轮箱泵油故障	油泵或油泵电动机不工作		正常停机	否

5）机组振动故障。机组出现振动故障是机组严重故障。出现振动故障时，要先检查保护回路，若不是误动，应立即停止运行做进一步检查。机械不平衡，则造成风电机组振动超过极限值。以上情况发生均使风电机组触发“安全链”导致安全停机，运行人员应检查振动的原因，经处理后，才允许重新起动。振动传感器的振动测量范围应定期检验，避免不能正确测量机组振动而导致的误报或影响机组安全。

机械振动故障见表 5-5。

表 5-5 机械振动故障

故障内容	故障现象	故障原因	保护状态	自起动
机组振动停机	振动传感器动作	部件如叶片不平衡、发电机损坏、螺栓松动	紧急停机	否
振动传感器	振动不能复位	传感器故障或断线	紧急停机	否

6）电网故障停机。当电网发生系统故障造成断电或线路故障导致线路开关跳闸时，运行人员应检查线路断电或跳闸原因（若逢夜间应首先恢复主控室用电），待系统恢复正常，则重新起动机组并通过计算机并网。表 5-6 所列电网故障指的是稳态条件下的故障，瞬态（毫秒级）电压波动时，机组应具备低电压穿越功能，能够持续运行且提供一定无功电流。

表 5-6 电 网 故 障

故障内容	故障现象	故障原因	保护状态	自起动
电压过高	电网电压高出设定值	电网负荷波动	正常停机	是
电压过低	电网电压低于设定值	电网负荷波动	正常停机	是
频率过高	电网频率高出设定值	电网波动	正常停机	是
频率过低	电网频率低于设定值	电网波动	正常停机	是
相序错误	电网 ABC 三相与发电机三相不对应	电网故障、连接错误	紧急停机	是
三相电流不平衡	三相电流中的一相电流超过保护设定值	三相电流不平衡	紧急停机	是
电网冲击	电网电压电流在 0.1s 内发生突变	电网故障	紧急停机	是

7）控制电源故障。电源是控制系统的动力来源，确保控制系统的稳定运行。在电网突发故障而失去控制时，机组仍能短时在不间断电源和后备电源支持下保证机组安全停机和数

据短时的通信。如果变桨电池故障，不能及时处理，屏蔽信号故障导致的结果是致命的。

控制电源故障见表5-7。

表5-7　控制电源故障

故障内容	故障现象	故障原因	保护状态	自起动
主开关切除	主开关断开	内部短路	紧急停机	否
24V电源	控制回路断电	变压器损坏或断线	紧急停机	否
UPS电源	当电网停电时，不能工作	电池或控制回路损坏	报警	
主接触器故障	主回路没接通	触点或线圈损坏	紧急停机	否
变桨后备电池	电池容量不足	电池失效	紧急停机	否

8）软并网控制故障见表5-8。

表5-8　软并网控制故障

故障内容	故障现象	故障原因	保护状态	自起动
晶闸管	主开关跳闸晶闸管电流超过设定值	晶闸管缺陷或损坏	紧急停机	否
并网次数过多	当并网次数超过设定值时		正常制动、报警	是
并网时间过长	并网时间超过设定值		正常制动	否

9）远方控制系统故障。机组远方控制对于风电场运行很重要，可以实现远方复位和机组起停以及机组调度有功功率等控制，也对机组状态的掌握有影响。

远方控制系统故障见表5-9。

表5-9　远方控制系统故障

故障内容	故障现象	故障原因	保护状态	自起动
远控开停机	远方操作风电机组起停，风电机组不动作	通信故障、软件错误	报警	
通信故障	远控系统不通信、显示	通信系统损坏、计算机故障	报警	

10）控制系统（控制器）故障。控制系统是机组的核心组件，但是由于电网波动、环境条件以及通信系统的问题引发故障。包括过电压和过电流容易引发控制器模板损坏。频繁操作和误操作也是器件损坏的又一原因。因此应经常检查风电场变电系统并确保保护设置的正确，以及加热散热系统，运行人员应加强培训，有效避免各种控制器故障。

控制系统故障见表5-10。

表5-10　控制系统故障

故障内容	故障现象	故障原因	保护状态	自起动
控制器和变流器				
控制器内温度过低	控制器由温度低于设定允许值	加热器损坏、控制元件损坏、断线	正常停机	是
顶箱控制器故障或人为停机	顶箱控制器发生故障或人为操作停机		正常或紧急停机	否

（续）

故障内容	故障现象	故障原因	保护状态	自起动
控制器和变流器				
顶箱与底箱通信故障	顶箱与底箱不通信	通信电缆损坏或通信程序损坏	紧急停机	否
变流器故障	主开关无法开断	触点粘连	紧急停机	否
计算机故障				
微处理器	微处理器不能复位自检	程序、内存、CPU故障	紧急停机	否
记录错误	记录不能进行	内部运算记录故障	记录被复位	是
电池不足	电池电压低报警	电池使用时间过长或失效	警告	是
时间错误	不能正确读取日期和时间	微处理器故障	警告	否
内存错误			警告	否
参数错误			警告	否
功率曲线故障	风电机组输出功率与给定功率曲线的值相差太大	叶片结霜（冰）	正常停机	否

11）液压及变桨系统故障见表5-11。液压装置油位及齿轮箱油位偏低，应检查液压系统及齿轮箱有无泄漏，并及时加油恢复正常油面。

风电机组液压控制系统油压过低而自动停机的处理：运行人员应检查液压泵工作是否正常。如油压不正常，应检查液压泵、液压缸及有关阀门，待故障排除后再恢复机组自起动。液压油的失效也是不容忽视的液压故障原因。

风电机组因变桨系统故障而停机的处理：电变桨系统应检查电气回路，液压变桨系统应检查液压回路，待故障排除后，才能再起动风电机组。

表5-11　液压及变桨系统故障

故障内容	故障现象	故障原因	保护状态	自起动
叶尖制动液压系统故障	叶尖制动不能回位或甩出	液压缸、叶尖结构故障	紧急停机	否
变桨错误			正常停机	否

12）发电机故障见表5-12。风电机组主开关发生跳闸时，要先检查主回路晶闸管、发电机绝缘是否击穿，主开关整定动作值是否正确，确定无误后才能重合开关，否则应退出运行进一步检查。

表5-12　发电机故障

故障内容	故障现象	故障原因	保护状态	自起动
发电功率输出过高	发电功率超过设定值（如+15%）	叶片安装角不对	正常制动	否
电动起动时间过长	处于电动起动的时间超过允许值	制动未打开、发电机故障	正常制动	是

13）偏航系统故障见表5-13。风电机组因调向故障而造成自动停机的处理：运行人员应检查偏航机构电气回路、偏航电动机与缠绕传感器工作是否正常，电动机损坏应予更换，对于因缠绕传感器故障致使电缆不能松线的应予以处理。待故障排除后再恢复自起动。

表5-13 偏航系统故障

故障内容	故障现象	故障原因	保护状态	自起动
偏航电动机热保护	在一定时间内偏航电动机的热保护继电器动作	偏航过热、损坏	正常制动	是
解缆故障	当偏航积累一定圈数后未解缆	偏航系统故障	正常制动	是

14）机械制动系统故障见表5-14。高速轴制动在今天变桨机组已经占主导地位的情况下，已经成为辅助型维护性系统。在空气动力制动到一定情况下才起作用，除非紧急停机。但机组如果经常性机械制动动作，制动故障有可能发生，应经常检查，如果磨损应及时更换。

表5-14 机械制动系统故障

故障内容	故障现象	故障原因	保护状态	自起动
制动故障	在停机过程中发电机转速仍保持一定值	制动未动作	紧急制动	否
刹车片磨损（过薄）	磨损报警	长时间刹车片已磨薄	紧急制动	否
制动时间过长	在制动动作后一定时间内转速仍存在	制动故障	紧急制动	否

15）其他事故处理。

火灾事故处理：包括灭火应急措施及消防措施、灭火装置器材配备、检验和使用。机组或变电设备发生雷击时，运行人员应立即停机并切断电源，如发生火灾应立即进行灭火，检查风电机组部件、电气系统、通信系统是否损坏，如雷电天气正在进行时，应立即离开现场，并采取防雷电措施。

除雷电起火外，当机组由于其他原因起火时，运行人员应立即停机并切断电源，迅速采取灭火措施，防止火势蔓延；当机组发生危机人员和设备安全的故障时，值班人员应立即拉开该机组线路侧的断路器。

在需要配备灭火器材的区域明确进行标识，灭火器材应按规定进行定期检验和维护，应定期组织运行人员进行使用演练。

雷击事故处理：当风电机组或变电设备发生雷击时，运行人员应立即将受雷击机组停机并迅速切断电源，如在施工、检修工作时出现雷雨，人员和设备应立即临时撤离，并采取避雷措施。如雷击引起火灾，应立即组织灭火。然后检查风电机组各个部件、电气系统、通信系统是否发生损坏。

“飞车”事故处理：机组在制动包括空气制动或机械制动时，若制动功能失效，风轮将快速加速运转（当风速较高时），由此机组失去控制，称之为“飞车”事故。

出现“飞车”事故后，机组将剧烈振动，如果此时机械制动动作，会将刹车片“磨光”而刹车片底部钢片与刹车盘摩擦，导致高热，此时如果润滑油甩出，将导致机组起火。如果振动过大，最终将使叶片碰撞塔筒有损坏，塔筒最后折断，机舱落地。在紧急情况下，机组如能进行偏航可避免事故发生。如无法控制，人员应立即迅速撤离，之后分析事故原因，采取措施避免再次发生。

5.2 风电场安全规程

我国中国电力企业联合会（CEC）已经出版发行了最新修订的风电场安全规程，应以国家和行业要求为准。本节仅将 DL 796—2001《风电场安全规程》中的几个要点简单概括介绍，帮助深入了解风电场安全知识。

由于具体风电场所用设备、环境和企业的不同，可能需要各风电场根据国家和行业标准以及当地电监会、电网要求，编制本风电场适用的规程。

1. 风电场安全基本要求

风电场安全规程中本部分主要规定了风电场安全三级网络、安全生产责任制、安全教育学习培训考试等要求。以及应遵守的风电场安全制度、电力行业电气设备、线路等标准。

2. 风电场工作人员基本要求

主要要求运维人员身体健康、掌握基础知识以及风电机组、变电系统等基本原理结构，通过专业技术考试考核，满足上岗要求等。

3. 风电机组安装安全措施

本节规程中主要规定了安装规程中的安全要求，包括施工电网安全机构、安全员、各种措施、施工方案等。对安装道路、场地、作业空间、吊装设备、施工现场临时用电、警示标牌围栏等以及吊装配备的药品、通信设备、吊具、吊装指挥、吊装环境如天气照明等，以及吊装时安全风速、导向绳、人员作业要求等进行了规定。还包括调试试运时需要的工作内容、试验项目、人员和超速“飞车”时风速等要求。

4. 风电机组安全运行

规定风电机组安全运行的要求，要点包括机组投运前的要求，确保正常运转，如电能参数、风速、风向、齿轮箱油位、各测温点温度、保护系统正确、控制及计算机正常、叶片无结冰、绝缘检查良好、以及包括“两票三制”、巡视、安全责任制、事故记录以及应急处理、交接班故障处理、事故调查处理要求等。其他包括雷电后、潮湿情况下的安全措施、消防和火灾事故应对等要求。

5. 风电机组维护检修安全措施

要求的重点是维护检修风电机组时的安全要求。包括巡视、定维、大修、抢修情况下，个人安全装备、“两票三制”、安全责任人制度、登塔安全措施、开机舱盖安全要求包括安全风速。舱外出舱时安全装备、舱中工作工具、零件安全、安全标示牌和安全锁、检修安全照明等安全要求。还包括雷雨天气检修限制、拆装大部件安全包括使用专用工具、油品更换混装禁止、拆装时安全措施包括专人指挥、拆装顺序和检验、安全锁定装置、力矩检查等以及预防性试验、避雷检测包括接地电阻、安全工器具、登高作业装备定检以及安全控制、通信系统试验、塔筒内部件检查等。

5.3　风电场监控系统

1. 风电场监控的意义

风力发电与火电、核电相比单机容量小，占地面积广，数据采集与监控比较困难。另外，风电场通常地处边远地区，技术条件、运行条件一般较差，为了确保风电场安全稳定运行，就需要有性能完善的自动监控系统，对有关风力发电方面的信息进行有效的规范化管理。

2. 风电场监控系统结构

风电场监控系统主要由以下三个部分组成：

（1）就地控制部分：布置在每台风电机组塔筒的控制柜内，每台风电机组的就地控制能控制和了解此台风电机组的运行和操作。

（2）中央集控部分：一般布置在风电场控制室内，能根据画面的切换随时控制和了解风电场同一型号风电机组的运行和操作。

（3）远方控制部分：指根据需要布置在不同地点的远方控制，远方控制目前一般通过调制解调器或电流环等通信方式访问中控室主机来进行控制。

风电机组监控系统结构示意图如图5-7所示。

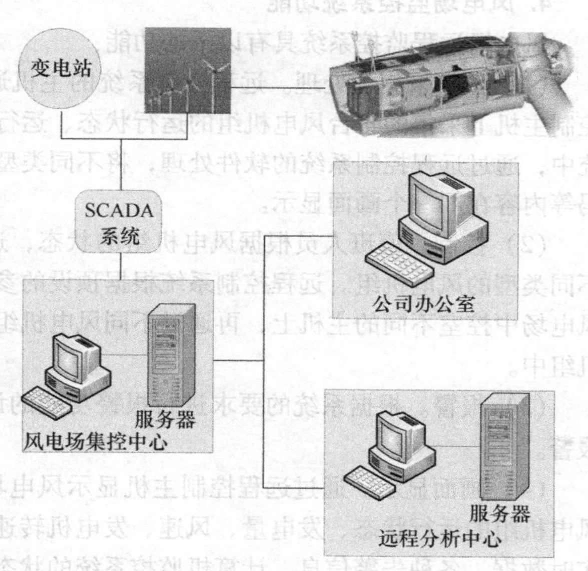

图5-7　风电机组监控系统结构示意图

3. 风电场监控系统的通信方式

目前风电场运行的风电机组都有自己的控制系统，用来采集自然参数、机组自身数据和状态，计算、分析、判断和控制机组的起动、停机、调向、制动和开液压泵等一系列控制和各种保护动作，能使单台风电机组全部自动控制，无须人为干预。同时当数十台甚至上百台风电机组安装在同一风电场时，集中监控管理各风电机组的运行数据、状态、保护装置动作情况、故障类型等就显得十分重要。为了实现上述功能，下位机控制系统应能将下位机的数据、状态和故障情况通过专用的通信装置和接口电路与中央监控室的上位计算机通信，同时上位机能传达对下位机的控制指令，由下位机的控制系统执行相应动作，从而实现远程监控功能。

根据风电场的实际情况，上、下位机通信有如下特点：

1）一台上位机能监控多台风电机组的运行，属于一对多通信方式；

2）下位机能独立运行，并能与上位机通信；

3）上、下位机之间的安装距离较远，一般有1~5km；

4）下位机之间的安装距离也较远，一般大于风轮直径的3~5倍，即100~300m；

5）上、下位机的通信软件必须协调一致，并应开发出相应的工业控制专用功能。

为适应远距离通信的需要，目前国内风电场所引进的监控系统主要有以下两种通信方式：

异步串行通信，用 RS 422 或 RS 485 通信接口。所谓串行通信，是用一条信号线传输一种数据。因此，用几条线就可以实现数据交换传输，它的传输距离可达数千公里，传输速度也可达到数百万位。由于所用传输线较少，所以成本较低，很适合风电场监控系统采用。同时，因为此种通信方式的通信协议比较简单，也很常用，所以成为较远距离通信的首选方式。

调制解调（MODEM）方式。这是将数字信号调制成一种模拟信号，通过介质传播到远方。在远方可以用解调器将信号恢复，取出信号进行处理，是一种实现远距离信号传输的方法。此种传输方式的传输距离不受限制，可以将某地的信息与世界各地进行交换，且抗干扰能力较强、可靠性较高，虽相对来说成本较高，但在风电机组通信中也有较多的应用。

4. 风电场监控系统功能

风电场远程监控系统具有以下的功能：

（1）数据采集与处理。远程控制系统的主机通过通信系统将各类风电机组在中控室的控制主机上采集的各台风电机组的运行状态、运行数据、报警代码等内容收集到远程控制系统中，通过远程控制系统的软件处理，将不同类型的风电机组运行状态、运行数据、报警代码等内容在同一个画面显示。

（2）控制。值班人员根据风电机组的状态，通过同一画面上的同一种控制方式，控制不同类型的风电机组。远程控制系统根据预设的参数，将不同编号风电机组的控制指令送到风电场中控室不同的主机上，再通过不同风电机组系统的主机将控制信号送到所控制的风电机组中。

（3）报警。根据系统的要求进行报警功能的设计，要求能进行声光报警和电话或手机报警。

（4）画面显示。通过远程控制主机显示风电场各种信息画面，显示内容主要包括全部风电机组的运行状态、发电量、风速、发电机转速和设备的温度、压力等参数、各测量值的实时数据，各种告警信息、计算机监控系统的状态信息。在需要分区显示的画面中，可按要求分为：过程画面区、提示信息区、报警信息区，各区以相互不干扰的方式同步显示信息。运行内容能通过数据、图表、曲线等方式显示。

（5）数据统计。根据实时数据进行分析、计算和统计。汇总风电机组的运行时间、有功、无功、可利用率、风速的大小和功率曲线、设备的温度、压力等参数、电量日/月/年最大值/最小值及出现的时间、日期、负荷率、电能分时段累计值。设备的故障报警统计和故障统计。

（6）打印。能够打印所需的数据报表。包括：定时打印运行数据；根据运行人员的要求打印相应画面；打印风电机组状态变化、控制系统异常和报警的时间及内容。

（7）操作权限。具有操作权限等级管理，当输入正确操作口令和监护口令才有权进行操作控制，参数修改，并将信息给予记录。并具有记录操作修改人，操作修改内容的功能。

5. 风电场监控系统的硬件平台

系统硬件按功能划分主要包括以下几部分：所有监控点配备的监控机、UPS、调制解调器及大屏幕显示设备。

(1) 监控机。为所有监控点配备监控机，监控机的选择对系统建设来说是一个重要因素，因此，监控机的选型应注重稳定可靠、并有良好的扩展性。

监控计算机的最低配置要求：计算机采用 Intel 奔腾处理器 CPU 在 1.5GHz 以上，计算机内存 RAM 不低于 128M，配置 3.5 寸软驱和光驱，硬盘不少于 20G，显示器不小于 17′，分辨率不低于 1024 * 768 * 256VGA，操作系统 Microsoft® Windows® 2000 专业版。

(2) 后备电源。不间断电源（UPS）为系统提供高性能的电源管理。能够保证在停电情况下维护人员及时有效地处理监控机，保证监控系统不会因为突然停电而造成破坏。

(3) 调制解调器或 ADSL。在有条件实现宽带网络连接的地方采用 ADSL 宽带接入设备，在不具备该条件的地方可选用 56K 调制解调器。

(4) 防火墙硬件和软件设备。风电场、风电公司都应安装防火墙硬件和软件设备，进一步提高系统的安全性。

(5) 大屏幕显示设备。对具有多个风电场和几百台风电机组的风电公司，为便于进行统一监控和使监测信号清晰便利观测，建议采用等离子大屏或多媒体背投影方式。

6. 风电场监控系统的软件平台

(1) 操作系统。监控系统中的软件支持平台和应用软件包趋向于通用化、开放化、规范化。从风电行业可靠性的要求出发，在风电监控系统中的 Windows 操作系统已得到广泛的应用。

Windows 是一个多任务操作系统，用它可以开发出很好的人机界面，编制上位机软件时选用微软面向对象的可视化 VB、VC 等作为方便高效的程序设计工具，能够很好地受到 Windows 操作系统的支持，并充分利用其提供的各种资源。

(2) 数据库。在风电远程监控过程中要用到的数据量是非常庞大的，如发电量、气象数据、状态量、故障数据记录等；这些数据对风电机组有非常重要的意义。因为风力发电系统实际上是一个非线性系统，很难确定它的数学模型，这就需要平时积累大量的数据，把这些数据保存起来，供以后设计时参考。面对如此庞大而复杂的数据，必须要对其进行科学的组织和管理，这就要求建立一套管理数据库。

5.4 风电机组状态监测系统

5.4.1 风电机组状态监测的意义

现代设备管理是企业资产管理的重要组成部分。设备的维护和检修是设备管理的最核心内容。设备维护和检修的基本目的是使在服役期内设备的可靠性和可用率保持在预期水平，且其技术性能达到要求。设备维护和检修经历了下列四个发展阶段。

(1) 事后检修（Break-down Maintenance，BM）：故障发生之后进行检修恢复的检修方式。

(2) 预防性维修（Preventive Maintenance，PM）：或称计划检修，是一种基于时间段的定期检修。比如定期安排设备的检查检修，详细周密地制定关键设备大修和小修的周期、内容和技术标准，并配以严格的管理规章和制度执行责任制度。

(3) 经济性维修（Minimum Cost Maintenance，MCM）和以可靠性为中心的维修（Relia-

bility-Centered Maintenance，RCM)：从维修的经济性出发，综合考虑设备的运行成本、维修成本和管理成本，引入了设备的寿命周期成本的概念，从管理层面提出维修管理策略。

(4) 状态检修（Condition-Based Maintenance，CBM)：建立在监测和诊断技术发展的基础之上，根据设备状态和分析诊断结果，主动实施检修的方式。

状态检修是一种先进的检修方式，它建立在对设备运行和操作状态进行严格的周期性监测的基础上，以设备当前的运行状态为依据综合判断和评估设备是否需要维修，在何时进行何种类型的维修。基于状态的检修提高了设备的可用性和可靠率。

长期以来，风电机组多采用计划检修模式，定期进行检修。近几年，由于化石燃料的日益短缺和环境污染的不断加剧，风力发电产业开始进入一个高速增长期。风电作为一种新技术，要取得长期稳定发展，就必须不断降低成本，其中很重要的一个途径是降低运行维护成本。因此对设备进行状态检测，一方面可以合理安排检修时间，避免不必要的浪费；另一方面可以随时了解设备的状态，避免重大事故带来的巨大损失。而且风电场一般地处偏远，一旦发生重大故障，维修设备很难迅速到达，往往造成维修工作旷日持久，损失重大。因此对风电机组进行状态监测是非常必要的。

5.4.2 状态监测基础

设备状态监测是以设备领域科学和信息科学为基础，多学科交叉与融合的工程技术。从信息科学的角度看，它是伴随着电子技术、计算机技术、传感器技术、现代控制理论、现代信号处理技术、人工智能技术、网络通信技术、现代设计与测试理论等科技的进步而发展的。

状态监测系统的主要组成部分如图5-8所示。

通过安装在设备上或设备附近的传感器进行信号采集。传感器信号经过调理、传输和采样后送入信号处理模块，去掉冗余信息后获得状态特征量，再将状态特征量送入状态辨识模块，获得辨识结果后送入监测与诊断决策模块进行综合决策，最后输出设备诊断结果。信号处理、状态辨识和监测与诊断决策一般由计算机系统或由专用仪器设备完成。

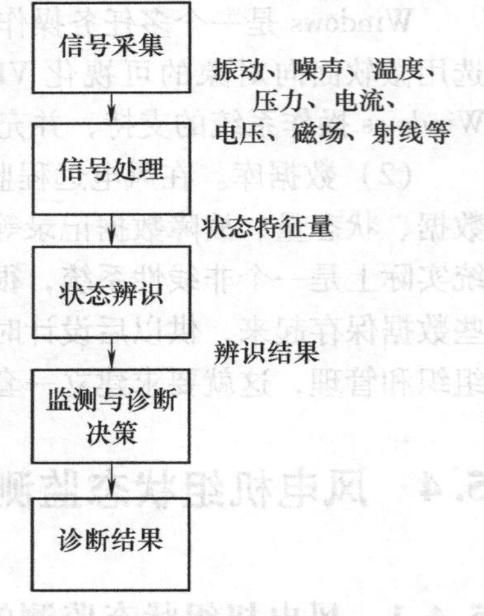

图5-8 状态监测系统

状态监测与故障诊断系统的支撑技术有：

(1) 在设备故障机理方面，需要设备动力学及相关数学、力学、物理、化学等理论基础的支持。

故障机理是指引起设备故障的物理、化学变化等的内在原因、规律及原理。通过故障机理分析，才能确定合适的状态特征参数，从而设定标准征兆群，并选择较好的辨识方法。因此故障机理分析工作是能否正确地对预定对象实施监测与诊断的基础。

(2) 在信号感知方面，需要新型传感器与信号采集技术的支持。

信号采集是通过安装在设备上或设备附近的传感器来实现的。传感器的选择以最能反映设备状态变化为原则，必要的时候要考虑传感器的冗余。有时为了提高故障诊断的准确性，需要采用不同类型的传感器从不同侧面来提取反映设备状态变化的信息。各种传感器的信息可能具有不同的特征，可以运用多传感器信息融合技术，把多个传感器的冗余或互补信息依据某种准则来组合，以获得被监测对象的一致解释或描述，由此使诊断系统获得优越的性能。

多传感器信息融合技术的基本方法包括：加权、平均法、卡尔曼滤波、贝叶斯估计、统计决策理论、证据推理、粗集理论、具有置信因子的产生式规则、模糊逻辑、神经网络和模糊模式辨识等。

（3）在信号转换分析方面，需要经典信号处理与现代信号处理技术的支持。

信号分析的目的是改变信号的形式，便于识别和提取有用的信息，并对所研究的状态信息做出估计和辨别。

滤波技术和频谱分析技术是传统的信号分析方法，近年来出现的数字滤波技术、自适应滤波技术、小波分析技术等大大丰富了信号处理的内容。以频谱分析为例，方法有FFT分析、倒谱分析、短时Fourier变换、Wigner分布、小波分析、局域波分析、基于分形几何的分析法、基于模糊技术的方法等。近几年后4种方法发展迅速。每一种新技术在设备诊断中的应用都是对设备故障诊断技术的一次重大推动。

（4）在状态的判别方面，需要辨识与决策技术的支持。

状态辨识和监测与诊断决策是一个整体，目前正在研究并应用的典型的诊断方法有：基于贝叶斯决策判据的模式识别方法、基于线性与非线性判别函数的模式识别方法、基于概率统计的时序模型诊断法、基于距离判据的模式识别方法、模糊诊断原理、灰色系统诊断方法、故障树分析法、小波分析法、混沌分析与外形几何方法等；随着人工智能的发展，还出现了许多智能诊断方法，如模糊逻辑、专家系统以及神经网络等。

5.4.3 风电机组状态监测技术

目前风电机组的状态监测技术可以分为以下几类：

1. 振动监测

机械振动是工程中普遍存在的现象，当机器发生异常时，一般都会随之出现振动加大并引起工作性能的变化，如影响工作准确度、加剧磨损、加速疲劳破坏等，继而进一步加剧振动，造成恶性循环，直至发生故障和破坏。

（1）机械振动的一般描述。机械振动表示机械系统运动的位移、速度、加速度量值的大小随时间在其平均值上下交替重复变化的过程。机械设备状态监测中常遇到的振动有：周期振动、准周期振动、窄带随机振动、宽带随机振动，以及其中几种振动的组合。

（2）振动监测对象。并非所有的设备都是振动监测的对象，而要根据其特点和重要性研究决定。确定监测对象时应优先考虑的设备一般有：

1）直接生产设备，特别是连续作业和流程作业中的设备；

2）发生故障或停机后会造成较大损失的设备；

3）没有备用机组的关键设备；

4）价格昂贵的大型精密或成套设备；

5）发生故障后会产生二次公害的设备；

6）维修周期长或维修费用高的设备；

7）容易发生人身安全事故的设备。

在风电机组中，这种方法多用于监测风轮轴承、齿轮箱的齿轮和轴承以及发电机的轴承等。振动分析依然是风电机组状态监测中应用最广泛的技术。

（3）监测点的选择。设备振动信号是设备异常和故障信息的载体。选择最佳监测点并采用合适的检测方法是获得有效故障信息的重要条件。一般情况下，确定监测点数量及方向的总原则是：能对设备振动状态做出全面描述；尽可能选择机器振动的敏感点；离机器核心部位最近的关键点和容易产生劣化现象的易损点。

对于低频段的确定性振动（常为低频振动）必须同时测量径向的水平和垂直两个方向，有条件时还应增加轴向测量点。对于高频的随机振动和冲击振动可以只确定一个方向作为测量点。

测量点应尽量靠近轴承的承载区，与被监测的转动部件最好只有一个界面，尽可能避免多层相隔，使振动信号在传递过程中减少中间环节和衰减量。测点必须有足够的刚度，轴承座和侧面往往是较好的监测点。

测点不是越多越好，要以最少的传感器，最灵敏地测出整个机组系统的工况，确定必不可少的监测点。

（4）测量参数和传感器的选择

在振动监测中，对低频振动常用位移或速度参量作为监测量；对高频振动常选用加速度作为监测量。

位移：振动频率在10Hz以下、位移量较大的低频振动。位移传感器主要有接触型应变式位移计、非接触型电容式和电涡流式传感器。

速度：对于大多数机器来说，评定机器设备的振动强度，都选用速度参数。速度参数在故障的典型频谱中幅值范围最小（10～1000Hz）。常用的速度传感器是惯性式磁电速度传感器。

加速度：适用范围一般在1Hz～10kHz甚至更高。对宽频带测量、高频振动、冲击试验常选用加速度做量标。加速度是振动监测和诊断中较为常用的振动参数。目前使用最广泛的是压电式加速度传感器。

风电机组传感器布置如图5-9所示。

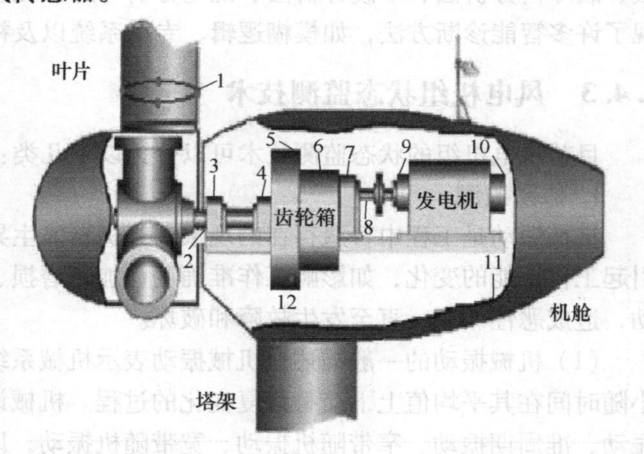

图5-9　风电机组传感器布置图

1—光纤传感器　2、8—转速传感器
3、4、5、6、7、9、10、11—振动传感器
12—油液分析及温度传感器

（5）振动信号分析方法。振动信号的分析方法有：谱分析、倒谱分析、包络线分析、时间波形分析等。图5-10a为250kW风电机组齿轮箱振动的功率密度谱。106.5Hz处的主峰值是一级行星轮啮合频率，边频的间隔为0.67Hz，这是齿轮轴的旋转频率。该方法仅通过监测到一个故障频率就可以探测到故障。图5-10b为发电机轴承的功率密度谱。

图5-11为某风电设备中轴承的频谱。

风电机组的振动监测与其他机械设备不同，具有其特殊性：

首先，由于水平轴风电机组运行在几十米高空，机械传动力系受到风扰动的影响，其载荷变化比较复杂，尤其我国部分风电场处于山区或丘陵地带，气流受地形影响发生畸变，使风电机组长期处于复杂的交变载荷下工作。由于风的不确定性，风电机组的转动速度在不断地变化。这都使风电机组振动信号分析更加复杂。

其次，现阶段风电机组的状态监测技术还处在发展阶段，因此能够参考的经验非常有限，需要更长的时间摸索和实践。

2. 油液监测

机械设备最常见的失效形式是磨损和润滑不良。据统计，大约75%的机器失效是由于零部件的磨损所引起的。油液分析监测技术是通过分析对被监测设备润滑油和液压油本身性能的检测，油内磨屑微粒的情况，从而掌握设备运行中的润滑和零部件的磨损信息。油液分析技术可实现机械零部件从磨合阶段、正常磨损阶段、直到严重磨损阶段的全过程监测。油液分析技术对研究机械磨损部位和过程、磨损失效的类型、磨损机理有重要的作用，也是对机械设备进行状态监测时不解体、不停机可进行故障诊断的重要手段。油液分析技术既可以反映出设备的运行状态，也可以监控润滑油的质量，是一种较为全面而有效的设备状态监控和故障诊断手段。目前，油液监测技术已经广泛应用于设备运行状态的监测。

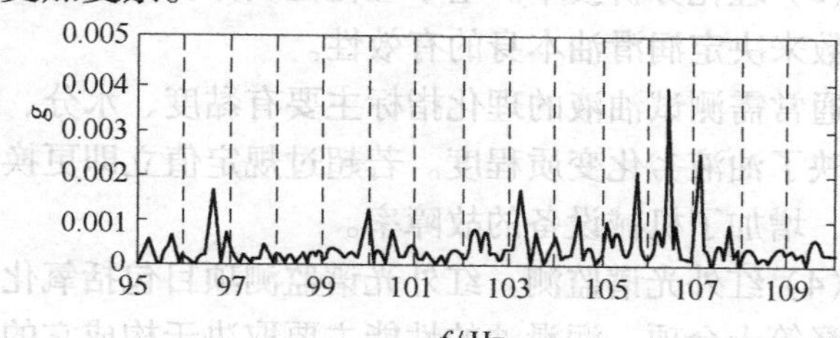

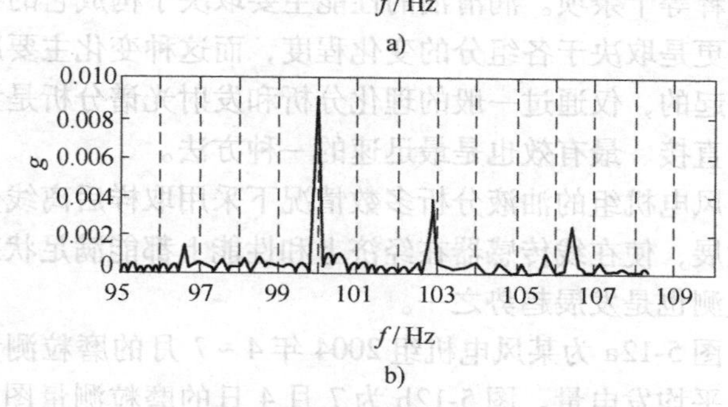

图5-10　振动信号谱分析
a）齿轮箱振动的功率密度谱　b）发电机轴承的功率密度谱

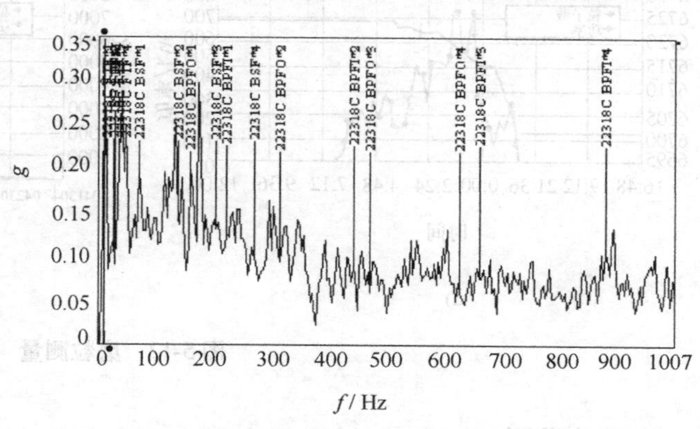

图5-11　某风电设备中轴承的频谱

油样分析的组织管理过程包括取样、油样分析、故障诊断、用户反馈等步骤。

油液分析的手段主要有

（1）铁谱分析技术。铁谱分析技术是一种以磨粒分析为基础的诊断技术。由机械零部件产生的磨损颗粒通过铁谱仪器磁场的作用，将它们从润滑油中分离出来，特定的工况条件和不同的金属零件产生的磨粒具有不同的特性。通过观察磨粒的颜色、形态、数量、尺寸以及尺寸分布，可以推断机械设备的磨损程度、磨损原因和磨损部位。

（2）光谱分析技术。机器在正常的运行状态下，磨屑的生成速度是非常缓慢而且平稳的。光谱分析技术就是利用把含有该元素的油液用电火花激发，这时金属元素会发出特征光，通过测定该波长的光强，就可以测出该元素在油液中的含量。根据油样中元素含量的变化，从而推断出含有这些金属元素的机械零部件在润滑系统和液压系统的磨损状态，可分析出机械设备的磨损部位及磨损趋势。

（3）理化分析技术。基于理化性质分析的润滑油状态监测主要是通过监测润滑油质量评价参数来决定润滑油本身的有效性。

通常需测试油液的理化指标主要有黏度、水分、闪点和酸碱值等。油液理化指标的变化量反映了油液劣化变质程度。若超过规定值立即更换油液，否则会大大降低机械零配件的可靠性，增加了机械设备的故障率。

（4）红外光谱监测。红外光谱监测项目包括氧化值、硝碱值、总碱值、水分、积炭和燃油稀释等十余项。润滑油的性能主要取决于构成它的各组分的性能，油品的衰变、失效、更换等更是取决于各组分的变化程度，而这种变化主要属于化学变化，是物质分子结构发生变化引起的，仅通过一般的理化分析和发射光谱分析是无法准确判断的。因此，利用红外光谱是最直接、最有效也是最迅速的一种方法。

风电机组的油液分析多数情况下采用取样后离线分析的方法。目前由于传感器技术的不断发展，使在线传感器在经济上和性能上都能满足状态监测的要求，因此风电机组油液的在线监测也是发展趋势之一。

图 5-12a 为某风电机组 2004 年 4 ~ 7 月的磨粒测量图。1 为日平均磨粒测量值，2 为风机日平均发电量。图 5-12b 为 7 月 4 日的磨粒测量图，1 为每分钟磨粒测量值，2 为风机每分钟平均发电量。可以看出，风电机组在低速时，磨损相对较低。

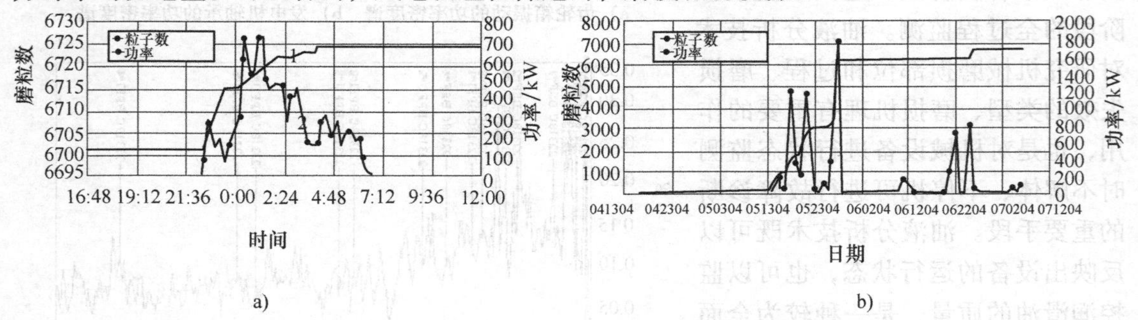

图 5-12　磨粒测量

3. 温度监测

温度是一个衡量物体冷热程度的重要物理量，是物体内部分子热运动激烈程度的标志，它不仅是工业生产过程中最普遍和最重要的工艺参数之一，也是反映设备运行状态的一个重要参数。通过加强对设备或生产过程的温度监测，可以及时发现潜在故障、确定故障部位、解释故障根源。

设备的热状态是反映设备运行状态的一个很重要的方面。热状态的变化和异常过热往往对确定设备的实际工作状态和判断设备运行的可靠性具有重要的影响。红外监测技术是一个集光电成像技术、计算机技术、图像处理技术于一身的综合应用工程技术，它通过接收物体发出的红外辐射，测出物体表面温度及温度场分布，并将其热像（指设备表面红外辐射强度分布的可见图像）显示在荧光屏上重现物体表面的温度分布情况，从而可以判断物体表面的发热情况。因此，利用红外监测技术对设备红外辐射特性的确定和分析，是确定和判断设备热状态的一个有效途径。

红外温度监测可用于风电机组中电子和电气部件故障的监测和故障识别。在电气设备中，故障绝大多数都以局部或整体过热、温度分布异常为征兆。如果元件的恶化或接触不良，可利用“热点”来简单迅速地识别出来。

红外热成像技术还可以用于风电机组叶片的检测。大中型风电机组叶片大都是采用玻璃纤维或碳纤维高强度复合材料。复合材料叶片在制造和运行过程中，内部难免会出现气孔、裂纹等缺陷，情况严重时会损坏叶片，影响安全生产。应用红外热成像技术可以在不破坏风电机组叶片的情况下，对其内部缺陷进行检测和评估。

4. 应变监测

在风电机组中，叶片的应变测量可以确保其运行在适当的应力范围内，并且对预测叶片寿命有非常重要的作用。

用应变仪测量部件应变是一种常见的方法，但是由于普通应变仪的寿命不能满足需要，因此并不常用于状态监测。光纤布拉格光栅传感器（FBG）具有较好的抗电磁干扰、抗腐蚀和尺寸小、寿命长等优点，非常适合用于风电机组叶片结构监测中。由于目前光纤布拉格光栅传感器（FBG）的价格相对昂贵，技术水平还有待成熟，因此应用并不十分广泛。但根据目前的发展来看，在未来的几年内，风电机组叶片的应变监测将会成为风电机组状态监测的重要组成部分。

FBG可安装于风电机组叶片的任何位置，但根据传感器数量的不同，其分布位置也有所差异。图5-13是实验室测试风电机组叶片使用寿命的常见布置方式。其中A、B、C、K、L传感器在叶片的压力测；D、E、F传感器在张力侧对应的位置。

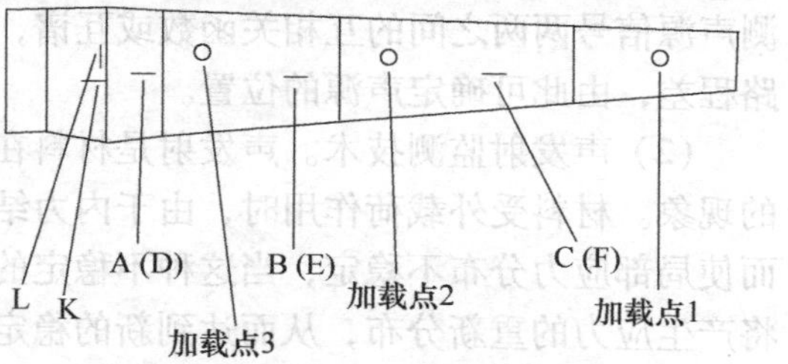

图5-13　叶片中FBG的位置

图5-14为安装了6个FBG应变传感器的叶片运行时的应变图。在起初的100s中，是风机起动阶段，叶片的桨距在调整。在接下来的120s中，叶片以一个常速度旋转，由于叶片自身的重量，应变的周期振动为0.2Hz，在空气动力载荷上有明显的分层。最后转轮制动，叶片进入锁定位置。

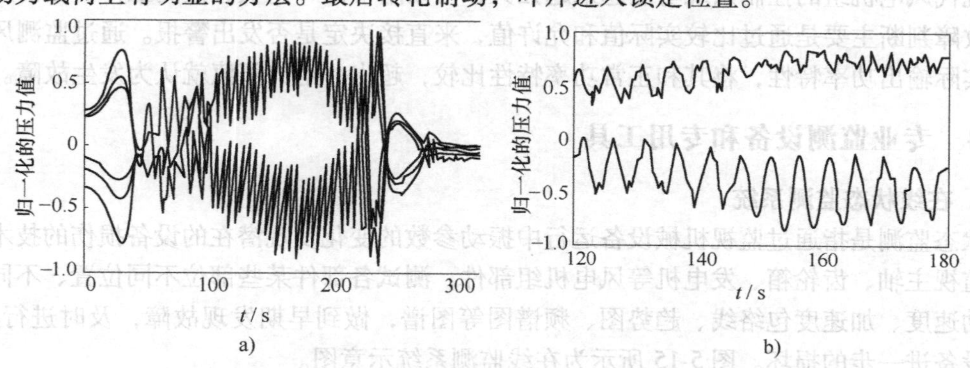

图5-14　安装有6个FBG应变传感器的叶片运行时的应变图

a）6个FBG传感器的应变记录　b）25m处张力侧和压力侧传感器的输出

5. 声学监测

利用声响判断物品的质量是人们常用的简易方法，例如敲击声检测法。但它只是一种定性的状态检测手段，依赖于人的经验和技巧。现代的声学监测技术已有了很大的发展，主要有声学和噪声监测技术、超声波检测技术、声发射技术等。

(1) 声音和噪声监测技术。机械振动系统在弹性媒质中振动时，能够影响周围的媒质，使它们也陆续地发生振动，也就是能够把振动向周围媒质传播出去。这种机械振动在弹性媒质中的传播过程称为声波。噪声是由许多不同频率和不同声强的声波无规律地杂乱组合而成。利用声音和噪声的监测与分析进行设备监测的主要方法有

1）通过人的听觉系统主观判断噪声源的频率和位置，粗估设备运行是否正常；或借助于声级计对设备进行近场扫描测量和表面振速分析，用来寻找设备的噪声源和主要发声部位。这种方法可用于机器运行状态的一般识别和诊断粗定位。

2）通过频谱分析诊断故障：频谱分析是识别声源的重要方法，特别是对噪声频谱的结构和峰值进行分析，可求得峰值及对应的特征频率，进而寻找发生故障的零部件及故障原因。

3）声强法：近年来用声强来识别噪声源的研究发展很快，因为声强探头具有明显的指向特性。

4）相关函数法：利用两个或两个以上的传感器可组成监测阵列单元，通过各传声器所测声源信号两两之间的互相关函数或互谱，决定信号时差或相位差，并计算声源到各测点的路程差，由此可确定声源的位置。

(2) 声发射监测技术。声发射是材料在外载荷或内力作用下以弹性波的形式释放应变能的现象。材料受外载荷作用时，由于内力结构的不均匀及各种缺陷的存在造成应力集中，从而使局部应力分布不稳定，当这种不稳定的应力分布状态所积蓄的应变能达到一定程度时，将产生应力的重新分布，从而达到新的稳定状态。在材料断裂的过程中，裂纹每向前扩展一步，就释放一次能量，产生一个声发射信号，传感器就能接收到一个声发射波，称为一个声发射事件。

目前，声发射技术在结构完整性的探查方面已获得广泛应用，可用于对运行状态下构件缺陷的发生和发展进行在线监测。声发射可用于风电机组叶片的监测中。

现代风电机组的控制系统功能越来越强大，可以附带做一些状态监测工作。当前风电机组的故障判断主要是通过比较实际值和允许值，来直接决定是否发出警报。通过监测风电机组的实际输出功率特性，将其和正常功率特性比较，超出一定的阈值就认为发生故障。

5.4.4 专业监测设备和专用工具

1. 在线状态监测系统

状态监测是指通过监视机械设备运行中振动参数的变化发现潜在的设备损伤的技术。例如：监视主轴、齿轮箱、发电机等风电机组部件，测试各部件某些部位不同位置、不同方向的振动速度、加速度包络线、趋势图、频谱图等图谱，做到早期发现故障，及时进行处理，避免设备进一步的损坏。图 5-15 所示为在线监测系统示意图。

从目前我国风电场多年运行情况看，主轴轴承、齿轮箱、发电机中的轴承和齿轮损坏概率较高，应该是风电机组状态监测的核心内容。叶片、齿轮箱、发电机、主轴等一旦损坏，

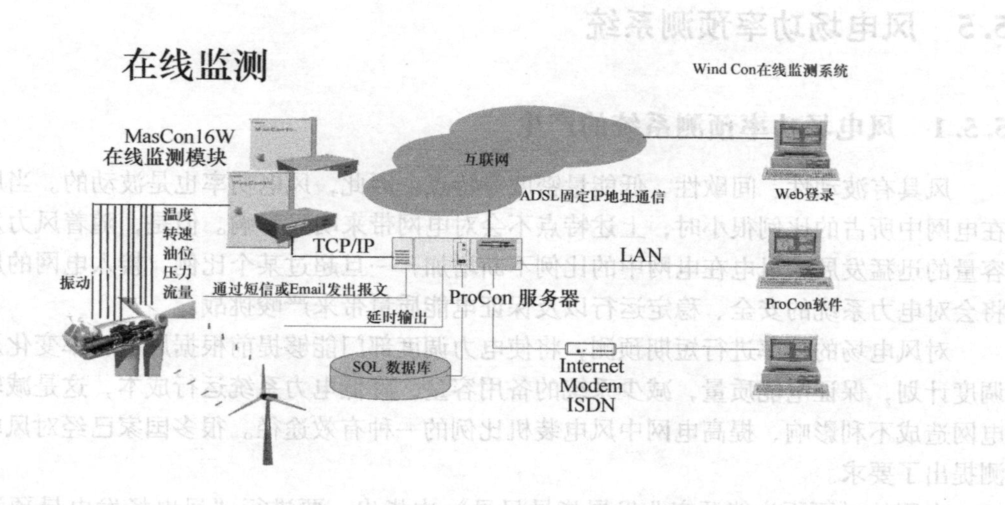

图 5-15 在线监测系统

对于风电场来说就是十分严重的设备缺陷，不仅产生吊车、运输、修理和人员等直接费用，还要产生很大的发电量损失，而且容量越大，损失也就越大。

风电机组中的主轴轴承、齿轮箱轴承、齿轮和发电机前后轴承由于下列的原因导致振动，造成设备损坏停机。导致风电机组设备振动故障的主要产生原因有：轴承损伤，齿轮磨损、断齿、偏心，轴不对中、轴弯曲，机械松动，润滑不良，叶片开裂以及共振等。

通常采用数据采集频谱分析仪、振动传感器、频谱分析软件等设备，对风电机组的轴承、齿轮箱等机械故障进行状态分析研究。

2. 发电机在线检测系统

由于一般风电机组控制系统中，发电机控制、监视、记录、保护功能，基本是保持在短路、过电压、过电流、过功率、三项不平衡等方面。但在机舱中运行的发电机，由于负荷的复杂性，以及环境的恶劣，发电机发生损坏的可能性增加。除了质量问题外，日常运行中缺少对发电机状态的检测、分析、及时处理也是发电机故障的主要原因之一。

发电机状态检测仪可以在线监测发电机电气参数变化（如谐波）；机械参量变化（如绕组过热）。通过频谱分析，及时报警，提早采取措施，适时安排检修，尽可能减少发电损失和检修成本。

发电机保护功能应包括：接地定子保护、差动或接地差动保护、电压/频率过励磁保护、逆功率或正向低功率保护、电流后备保护、负序过电流保护、失磁保护、六段式低频率或过频率保护、偏频时间累加器、低电压/过电压保护和意外加电保护。

3. 齿轮油在线监测系统

有齿轮箱型风电机组，齿轮油是决定齿轮箱运转好坏的关键。由于环境因素，齿面和轴承表面金属微粒脱落将会进入到齿轮油中，给齿轮油造成污染。破坏润滑效果，最后导致设备损坏。如果能够在线监测油的微粒度，提早发现油的质量变化并及时报警，运行检修人员可以及时到现场处理，合理安排油样检测，采取滤油或换油。

5.5 风电场功率预测系统

5.5.1 风电场功率预测系统的产生

风具有波动性、间歇性、低能量密度等特点，因此，风电功率也是波动的。当风力发电在电网中所占的比例很小时，上述特点不会对电网带来明显影响。但是，随着风力发电装机容量的迅猛发展，风电在电网中的比例不断增加，一旦超过某个比例，接入电网的风力发电将会对电力系统的安全、稳定运行以及保证电能质量带来严峻挑战。

对风电场的功率进行短期预测，将使电力调度部门能够提前根据风电功率变化及时调整调度计划，保证电能质量，减少系统的备用容量，降低电力系统运行成本，这是减轻风电对电网造成不利影响、提高电网中风电装机比例的一种有效途径。很多国家已经对风电功率预测提出了要求。

中国的《可再生能源产业发展指导目录》中指出，要进行“风电场发电量预测及电网调度匹配软件”的技术开发，目的是用于实时监测和收集风电场各台风电机组运行状况及发电量，分析和预测风电场第 2 天及后一周的功率变化情况，为电网企业制定调度计划服务，促进大规模风电场的开发和运行。

国家能源局要求，从 2012 年开始，所有运行的风电场必须具备风电场功率预测系统及其相应功能。

5.5.2 风电场功率预测系统的意义

风电场功率预测的意义可以从不同的角度加以说明：

（1）优化电网调度，减少旋转备用容量，节约燃料，保证电网经济运行。

对风电场出力进行短期预报，将使电力调度部门能够提前为风电场输出功率变化及时调整调度计划；从而减少系统的备用容量、降低电力系统运行成本。这是减轻风电对电网造成不利影响、提高系统中风电装机比例的一种有效途径。

（2）满足电力市场交易需要，为风力发电竞价上网提供有利条件。

从发电企业（风电场）的角度来考虑，将来风电一旦参与市场竞争，与其他可控的发电方式相比，风电的间歇性将大大削弱风电的竞争力，而且还会由于供电的不可靠性受到经济惩罚。提前一两天对风电场功率进行预报，将在很大程度上提高风力发电的市场竞争力。

（3）便于安排机组维护和检修，提高风电场容量系数。

风电场可以根据预测结果，选择无风或低风时间段，即风电场输出功率小的时间，对设备进行维修，从而提高发电量和风电场容量系数。

丹麦、德国、西班牙等风电技术较发达国家，已经普遍应用风电场功率短期预测技术，为风电比重的不断提高提供了必要条件。与欧洲的分布式风力发电方式不同，中国大部分风电场是集中在一个区域内的大容量风电场（可达百万甚至千万千瓦级），风能的间歇性对于接入电网的影响将更加突出。因此，开展风电场功率短期预测的研究与开发对于中国实现大规模开发风电场是必要的和急迫的。

5.5.3 风电场功率预测的分类

根据不同的分类依据，风电场功率预测有不同的划分方法。

1. 按预测时间分类

风电场功率的预测，按时间分为长期预测、中期预测、短期预测和超短期预测、特短期预测。不同学者的划分方法不尽相同，通过查阅相关的文献，对每种预测做如下界定：

(1) 长期预测。以“年”为预测单位。长期预测主要应用场合是风电场设计的可行性研究，用来预测风电场建成之后每年的发电量。这种预测一般要提前数年进行。方法主要是根据气象站20~30年的长期观测资料和风电场测风塔至少一年的测风数据，经过统计分析，再结合欲装风电机组的功率曲线，来测算风电场每年的发电量。

(2) 中期预测。以“天”为预测单位。中期预测主要是提前一周对每天的功率进行预测，主要用于安排检修。方法是基于数值天气预报的预测方法（Numerical Weather Prediction，NWP)，以“周”或“月”为预测单位。这种中期预测提前数月或一两年进行预测，主要用于安排大修或调试。

(3) 短期预测和超短期预测。以“小时”为预测单位。一般是提前1~48h（或72h）对每小时的功率进行预测，目的是便于电网合理调度，保证供电质量；为风电场参与竞价上网提供保证。方法一般是基于数值天气预报模型，对于超短期预测（提前几个小时，如在中国一般提前4h对每15min的功率进行预测）也可以采用单纯的基于历史数据的方法，但为了提高超短期预测的准确度一般也要考虑数值天气预报模型。

(4) 特短期预测。以“分钟”或“几分钟”为预测单位。一般是提前几小时或几十分钟进行预测，目的是为了风电机组控制的需要。方法一般是持续法。

2. 按预测对象范围分类

根据预测对象范围的不同，可以分为对单台风电机组功率的预测、对整个风电场功率的预测和对一个较大区域（数个风电场）的预测。

3. 时间和区域的几种组合方式

(1) 对于一个风电场在“年”数量级的预测（长期预测），是为了对拟建风电场进行可行性研究。

(2) 高分辨率组合，即对单台风电机组在“分钟”数量级的预测（特短期预测），是为了控制的需要和稳定电能质量。

(3) 在“天”数量级的预测（中期预测），是为了风电场安排运行维护计划和优化电厂调度。

(4) 对于一个风电场或更大区域范围在“小时”数量级的预测（短期预测，一般低于72h)，是为了市场交易的需要、运行维修计划的需要和安全供应的需要；前两项的受益者是风电场运行者，后一项受益者是电网运行者。

5.5.4 风电场功率预测的方法和原理

根据使用数值天气预报与否，短期预测还可以分为两类：一类是使用数值天气预报的预测方法，一类是不使用数值天气预报的预测方法，叫做基于历史数据的预测方法。

1. 基于历史数据的风电场功率预测

基于历史数据的风电场功率预测，是只根据历史数据，来预测风电场功率的方法，也就是在若干个历史数据（包括功率、风速、风向等参数）和风电场的功率输出之间建立一种映射关系，方法包括：卡尔曼滤波法、持续性算法、ARMA算法、线性回归模型、自适应模糊逻辑算法等。另外还可以采用人工神经网络（Artificial Neural Network，ANN）方法等人工智能方法。受到预测准确度的限制，这种预测方法的时间一般不会太长，例如6h或8h。

2. 基于数值天气预报模型的风电场功率预测

借助于数值天气预报，预测时间可以更长一些，具体取决于数值天气预报的预测时间长度，可以达到24h、48h甚至72h或者更长。数值天气预报由气象部门提供，一般分辨率都在数十平方公里（如60km^2、30km^{2}或20km^2），不能满足直接计算风电机组功率的要求。因此，基于数值天气预报模型的风电场功率短期预测，就是要由数值天气预报模型计算风电场的功率。

基于数值天气预报模型方法的主要思路是：利用气象部门提供的数值天气预报模型，对风电场或附近某个点的天气情况（主要包括风速、风向、气温、气压等参数）进行预测；建立预测模型，结合其他输入，将数值天气预报模型的预测值转换成风电场的功率输出，如图5-16所示。

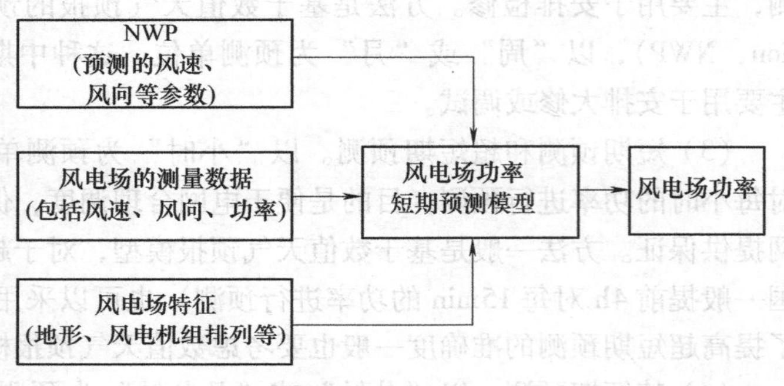

图5-16 基于数值天气预报模型的风电场功率短期预测

风电场功率短期预测模型可以分为两大类：一类是统计模型，一类是物理模型。

（1）统计模型。统计模型方法就是在系统的输入（数值天气预报模型、风电场的测量数据等）和风电场的功率之间建立一种映射关系，包括线性的和非线性的方法，具体有自回归技术、黑盒子技术（先进的最小平方回归、神经网络等）、灰盒子技术等。

统计方法的优点是预测自发地适应风电场位置，所以系统误差自动减小了。缺点是需要长期测量数据和额外的训练；另外，在训练阶段很少出现的罕见天气状况，系统很难准确预测，对这些罕见天气状况的修正预测是十分重要的，否则将会导致很大的预测误差。

（2）物理模型。物理模型方法的实质是提高数值天气预报模型的分辨率，使之能够准确地预测某一点（如每台风电机组处）的天气（风速、风向等），即建立风电场当地版的数值天气预报模型，它们的准确度一般能从数十平方千米（如60km^2、30km^{2}或20km^2）提高到1km^{2}或2km^2。

物理模型方法试图用中尺度或微尺度模型在数值天气预报模型和当地风况之间建立一种联系。

物理方法包括两个重要的步骤：

1）从天气预报点水平外推到风电机组坐标处；

2）从天气预报提供的高度转换到轮毂高度。

物理模型的优点是不需要大量的、长期的测量数据，更适用于复杂地形。缺点是需要具有丰富的气象知识，需要了解物理特性，如果模型建立的比较粗糙，预测准确度差。

5.5.5 风电场功率预测的研究现状

现在丹麦、德国、西班牙、英国以及美国等风电发展较为成熟的国家，已经研发出多个如表5-15所示的用于风电场功率短期预测的系统并交付使用，这些系统都使用气象部门提供的数值天气预报模型作为预测系统的输入。

表5-15 具有代表性的风电场功率短期预测系统

预测模型	开发商	使用方法
Prediktor（1994，第一个）	丹麦 Risϕ	物理
WPPT	丹麦哥本哈根大学；IMM	统计
Zephyr、Prediktor 和 WPPT 的组合	丹麦 Risϕ；IMM	物理、统计
Previento	德国奥尔登堡大学	物理、统计
AWPPS（More-Care）	法国巴黎 Amines/Ecole des Mines de	模糊-神经网络
SIPREÓLICO	西班牙卡洛斯Ⅲ大学	统计
LocalPred-RegioPred	西班牙马德里可再生能源中心（CENER）	物理
HIRPOM	科克大学，爱尔兰、丹麦气象院	物理
WPPS（AWPT）	德国 ISET	统计（神经网络）
GH-FORECASTER	英国 Garrad Hassan	统计（自适应回归）
ANEMOS	欧洲7个国家26个单位	物理、统计
WPFS	中国电力科学研究院	统计、物理
SWPFS	华北电力大学	统计、物理

这些系统有的使用统计模型，有的使用物理模型。第一个风电场功率短期预测系统是丹麦里索国家实验室的 Prediktor，使用了物理模型方法；德国有两个系统使用物理模型方法，由 Eurowind GmbH 开发的 SOWIE 系统和由（energy&meteo systems GmbH）University of Oldenburg 开发的 Priviento；美国 TrueWind 开发的 Ewind 模型也是使用的物理模型方法，最后使用自适应统计方法来消除系统误差。统计方法的例子有丹麦技术大学开发的 WPPT（Wind Power Prediction Tool）系统，使用自回归统计方法，功率被描述成为一非线性随时间变化的随机过程；另外一个著名的例子是德国 ISET 开发的 WPMS（Wind Power Management System）系统，使用神经网络（ANN）方法；再一个就是英国 Garrad Hassan 公司开发的 GH Forecaster 功率预测系统，使用自适应统计回归分析方法。这些模型的预测误差一般都在15%～20%之间，主要误差来源是数值天气预报模型，另外还有模型的误差等，结果还不尽如人意。于是，基于以前的研究基础，人们开始寻求新的方法，以提高预测准确度。例如，使用多个数值天气预报模型提供气象预报，对气象预报的输出进行预处理以及将功率预测和数值天气预报模型结合到一起等。

尽管国际上已有若干成熟的产品，但中国的风电场呈现大规模集中式开发的特点，与欧洲分散式开发具有显著区别，无法将国外系统直接用于中国风电场，且中国更需要风电场功率预测，因此必须进行自主开发。

国内关于风电场功率预测的研究始于2000年以后，随着大规模风电场的不断开发及电网需求日益凸显，很多的研究机构及高校都在风电场功率预测领域做了理论研究及系统开发。到目前为止，大多数理论研究及相应的系统开发都集中在统计方法，包括人工神经网络、支持向量机、小波、遗传算法等多种方法。物理方法由于其难度较大而研究较少，目前有成果发表的有华北电力大学、中国电力科学研究院等单位。

5.5.6 风电场功率预测系统及其考核方式

图 5-17 和图 5-18 为华北电力大学开发的智能风电场功率预测系统登录界面及预测结果图。

图 5-17　智能风电场功率预测系统登录界面

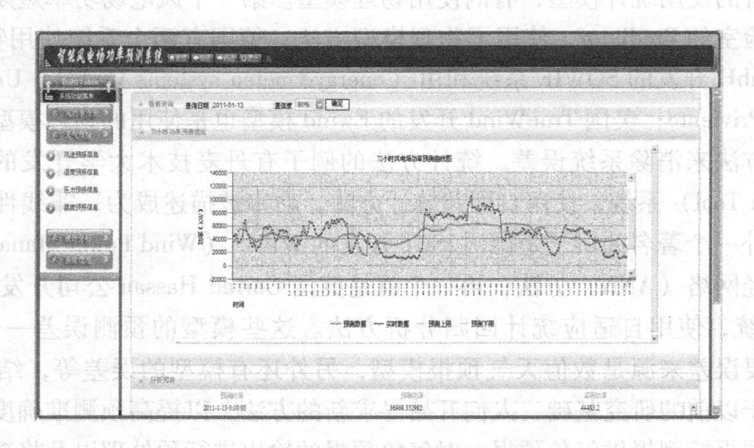

图 5-18　72h 预测功率曲线

根据国家电网的 Q/GDW588—2011 企业标准《风电功率预测功能规范》，风电场功率预测系统需满足“单个风电场短期预测月方均根误差应小于 20%，超短期预测第 4h 预测值月方均根误差应小于 15%，限电时段不参与统计”的考核要求，其中方均根误差 RMSE（Root Mean Square Error）的计算公式为

$$\mathrm{RMSE} = \frac{\sqrt{\sum_{i=1}^{n}(P_{Mi} - P_{Pi})}}{Cap \cdot \sqrt{n}} \tag{5-1}$$

式中　P_{Mi}——i 时刻的实际功率；

P_{Pi}——i 时刻的预测功率；

Cap——风电场的开机总容量；

n——所有样本个数。

习　题

1. 记录日志是风电场运行规程中重要的部分，请问风电场日常运行日志的重要内容包括哪些？
2. 当风电机组遭雷击起火时，运行人员应该采取什么措施，以保证人身财产的安全？
3. 风电场监控系统要求具备哪些基本功能？
4. 常规的维修方式有哪几种，状态监测技术是基于哪种维修方式发展起来的？
5. 常见的风电机组状态监测技术有哪些？
6. 叙述风电场功率预测的意义及分类。

第6章 风电场设备维护

6.1 风电场设备维护与检修

风电场设备的定期维护一般指日常性和预先确定时间的设备维护和修理保养，如加油加脂、发现简单问题进行处理以及调整、试验、清扫、清理等，也称为计划检修；如果设备出现故障，如齿轮箱、发电机等部件损坏导致设备停机，风电场需要对设备进行抢修，则称为特殊性检修或非计划检修。

大修理是指设备运行一定年限后，各部件出现不同程度磨损，需要拆卸下来送到修理厂进行解体，更换已损坏严重部件。有些旋转表面需要进行研磨、镗孔或增加铜套，有些部件需要改造和调整，经大修后设备运行寿命将会延长。

6.1.1 定期维护

6.1.1.1 风电场日常维护

风电场运行人员平时（如每日或每周）应进行的检查、调整、注油、清理以及临时发生故障的检查、分析和处理，涵盖了风电机组、升压变电站和场内外输变电线路。本文重点介绍风电机组的日常维护，其内容包括：

（1）日常检查。每日需通过SCADA系统监视风电机组状态，通过现场巡视检查液压系统和齿轮箱以及其他润滑系统有无泄漏（有可能泄露到机舱、叶片或塔筒上），对发现的问题及时进行维护，如调整、紧固或更换。

（2）加注油（临时）。检查油面、油温是否正常，油面低于规定值或出现报警时要及时加油。

（3）紧固（随时）。如发现防松标识发生错动，应及时进行检查。如机组经常发生振动报警，应考虑随时登塔进行螺栓紧固检查。必要时进行紧固。

（4）故障。如发生故障，运行人员应立即响应，分析故障可能原因，是否可以远方复位或现场检查维修，尝试进行复位，如成功，进行观察，如故障反复则必须安排现场检查。

（5）清理。日常监视、巡视中发现的杂物、油污和积水等，应及时发现及时处理，避免火灾、腐蚀及其对机组运行的影响。

6.1.1.2 风电机组定期维护

定期维护是指按厂家规定年度计划的定期维护保养，包括对风电机组叶片、齿轮箱、发电机、塔架、制动系统、偏航系统、传感器、主轴、各部位螺栓、控制系统等部件的状态进行较全面的检查，同时进行清扫、试验、测量、检验、注油润滑和修理，清除设备和系统的缺陷，更换已到期或者需定期更换的部件。

1. 定期维护周期

通常定期维护按厂家规定进行，如每半年一次。即2年质保期内5次定期维护，分别在预验收后500h和以后每半年一次。风电场应做好定期维护计划进度表，包括不同维护级别的维护内容，事先设定检修台班数和作业流程，一般分2~3班，每班每台机组定检时间约为2~3天。

2. 定期维护计划

风电场应制定定期维护计划，按照计划时间和内容安排定期维护检修。定期维护计划应包括定期维护技术措施、进度计划和费用。年度维护检修计划每年编制一次。在编制下一年度检修计划的同时，宜编制三年滚动规划。应做好材料、备品配件订货准备工作。

3. 风电机组各部件（位）定期维护基本内容

如前所述，日常性维护也包括了经常性检查、清理、调整、注油及临时故障的排除等。但在定期维护时，检查维护的项目是全面的、按照厂家手册要求进行的。即需要外观检查，有些需要测量和试验，具体机组需要的定期维护详细内容应参考厂家手册。

按维护内容分为检查、测量与测试和风电机组各类试验三部分。

（1）检查。

安全装置检查：对爬梯、个人安全装备、防坠索、塔内和机舱照明设备、安全工器具等安全设施、设备应定期检查。有些设备和装备如安全带、工器具等应请有检测资质的单位进行，并提供检测报告。

风电机组整体检查：包括风电机组各个组成部件及设备。

外观检查：叶片、机舱、塔筒、机组侧变压器、跌落保险、机舱上测风仪，主要检查是否出现油漆脱落、明显损坏。

间隙检查：检查法兰、制动盘和制动片间隙。

防护检查：检查风电机组防水、防尘、防腐蚀、防沙暴情况。

风电机组防雷系统检查：检查叶尖、轮毂、塔顶、接地网等连接线处，必要时进行检修测试。

控制系统检查：检查并测试控制系统的命令和功能是否正常。

机舱和塔筒内部检查：检查发电机接线是否松动，检查联轴器、集电环、变流器和控制柜以及主轴、齿轮箱等。

主控室计算机系统和通信设备：应定期进行检查和维护，包括通信、防病毒、连接等。

（2）测量与测试。

接地电阻测试：每年测量风电机组接地电阻。

设备对中测量：采用如激光对中仪进行机械传动系统“轴心对中”的测试。

绝缘测量：采用绝缘测试仪对绕线结构如发电机定子、变压器等进行直流电阻等检测。

（3）风电机组各类试验。

行为功能试验：根据需要进行超速试验、飞车试验、正常起停机试验，以及安全停机、电网事故紧急停机试验（包括“安全链”试验）和偏航对风、解缆、顺桨等功能行为试验。

预防性试验：参考国家、行业、企业规程规定进行如电测、化学（包括油品如绝缘油等）、盐密、继电保护、绝缘等试验，并利用申请停电期间进行变电系统的清扫和维护。

紧固：对设备螺栓应定期检查、紧固，一般采取10%~20%的抽检，抽检发现问题全面进行紧固。应采用合格的力矩扳手进行紧固，无论液压还是机械力矩扳手都应定期进行检验，确保力矩值的准确。

注油注脂：对各轴承、齿圈等注脂，检查齿轮箱、液压系统油位并及时补充。

缺陷处理：根据日常维护检查处理的缺陷情况，再次检查是否缺陷处理良好。

易损件更换：包括过滤器、制动片、密封圈、电刷等。

采样化验：对液压系统、齿轮箱、润滑系统应定期取油样进行化验分析，对轴承润滑点定时注油。

清扫和清理：控制箱应保持清洁，定期进行清扫。

下面给出风电机组各部件的定期维护内容，作为实例供学习参考。

（1）叶片定期维护。叶片是玻璃纤维加环氧树脂（也有聚酯）及其他材料做骨架的中空结构，容易产生裂缝、雷击空洞等损伤现象。应在定期维护中重点检查叶片的表面、根部和边缘有无损坏以及装配区域有无裂纹，必要时进行修理。可参考本书中叶片检修部分，采用修补材料、漆进行修补。其他部件如法兰、螺栓以及叶尖和接地系统，应进行力矩、目视等方法的检查。叶片维护内容见表6-1。

表6-1　叶片维护

维护内容	可视性检查	功能性检查	处理方法
叶片表面检查	裂纹、针孔、雷击点	—	修补
叶片螺栓紧固检查	外观及腐蚀情况	10%～20%抽样检查	螺栓紧固
接地系统	连接牢固检查	是否正常	清理和紧固

（2）轮毂和导流罩的维护。对于轮毂和导流罩，最重要的是检查轮毂是否有裂纹、表面腐蚀，螺栓紧固情况以及导流罩外观和工作窗、钢线有无松动和损坏。轮毂与导流罩维护内容见表6-2。

表6-2　轮毂和导流罩维护

维护内容	可视性检查	功能性检查	处理方法
导流罩	有无损坏	—	修补
螺栓紧固	标记错动	有无松动	紧固
轮毂表面	有无腐蚀	—	修补
主轴法兰与轮毂装配螺栓紧固	标记错动	20%抽样	紧固

（3）主轴维护。主轴维护重点是检查润滑、连接和紧固情况，以及定期注脂。主轴维见表6-3。

表6-3　主轴维护

维护内容	可视性检查	功能性检查	处理方法
主轴部件检查	有无破损、磨损、腐蚀、裂纹	100%紧固轴套与机座螺栓，有无异常声音	发现损坏更换
主轴润滑系统及轴封	有无泄漏，轴承两端轴封润滑情况	—	按要求进行注油
轴承（前端和后盖）罩盖	有无异常情况	—	—
注油罐油位	是否正常	—	按要求进行加注
主轴与齿轮箱的连接	是否正常	—	拆开检查

（4）变桨系统和叶尖制动维护。变桨系统维护重点是检查变桨控制柜、注油、有无异响及紧固等。叶尖制动（失速型）维护重点是钢丝绳牢固、液压缸漏油、叶尖收放情况。维护内容及方法见表6-4。

表6-4 变桨系统和叶尖制动维护

维护内容	可视性检查	功能性检查	处理方法
叶尖检查（失速型）		—	
叶尖制动块与主叶片	是否复位	甩出与回位	调整或更换
液压缸及附件	有无泄漏	动作检查	加油和更换
连接钢索	是否牢固	—	紧固
检查变桨距系统（液压）	有无漏油	有无异常情况	注脂、紧固
检查变桨距系统（电控）	电机动作和声音及温度；减速机有无异响和漏油	变桨位置和速度	加油、拆开检查或更换
变桨电控柜	电缆等联接部位松动	电池容量、变桨动作	紧固、更换

（5）液压系统维护。液压系统维护重点是检查漏油、压力、声响和液压油位（油品化验）以及滤芯和蓄能器。其维护内容见表6-5。

表6-5 液压系统维护

维护内容	可视性检查	功能性检查	处理方法
液压马达	有无烧蚀和异味	是否异常	更换
液压系统本体	有无渗油、液压管有无磨损、电气接线端子有无松动		紧固、更换
相关阀件	工作是否正常	—	更换
液压系统压力	查看压力表	是否达到设计压力值	检查电机、泵和蓄能器
液压连接软管和液压缸	泄漏与磨损情况	—	更换
过滤器	—	是否有堵塞情况	按厂家规定时间更新
蓄能器	—	皮囊损坏	更换
液压油位	是否正常	—	注油

（6）机械制动系统（高速轴制动）维护。机械制动系统的维护重点是制动片和制动盘磨损情况、连接有无松动、制动间歇、有无漏油（液压缸、软管等）以及螺栓紧固。其维护内容见表6-6。

表6-6 机械制动系统维护

维护内容	可视性检查	功能性检查	处理方法
接线端子	有无松动	—	紧固
制动盘和蹄片间隙	—	间隙不能超过厂家规定数值	更换
制动块	磨损程度多少	必要时按厂家规定的标准进行更换	更换

（续）

维护内容	可视性检查	功能性检查	处理方法
制动盘	是否松动，有无磨损和裂纹	如果需要更换，按厂家规定标准执行	更换
机械制动器相应螺栓	—	100%紧固力矩	紧固
测量制动时间	—	按规定进行调整	调整

(7) 齿轮箱维护。齿轮箱是最重要的维护部件。根据规定应开盖目视检查或窥镜检查（齿面、轴承)、加热和散热系统，以及更换滤芯、采油样和螺栓紧固。其维护内容见表6-7。

表6-7 齿轮箱维护

维护内容	可视性检查	功能性检查	处理方法
齿轮箱噪声	有无异常声音	—	拆开盖检查
油温、油色，油标位置	是否正常	—	化验、过滤、注油
油冷却器和油泵系统	有无泄漏	—	检修、更换
箱体外观	有无泄漏	—	修理、注油
齿轮箱油过滤器	—	—	按厂家规定时间进行更换
齿轮油化验	—		每年采集一次油样化验
齿轮箱支座缓冲胶垫及老化情况	是否正常		更换
齿轮箱与机座螺栓	—	100%紧固力矩	紧固
齿轮及齿面磨损及损坏情况	目视检查是否正常	—	返厂维修

(8) 弹性联轴器维护。表6-8所示为联轴器维护内容。联轴器的维护主要是注油，如果是液压耦合的要格外注意注油量，以及螺栓紧固和力矩限位器的磨损。

表6-8 弹性联轴器维护

维护内容	可视性检查	功能性检查	处理方法
两个万向联轴器点的运行情况	径向和轴向窜动情况	—	紧固和更换
万向联轴器螺栓	目视检查是否正常	—	紧固
万向联轴器润滑注油	—	按厂家规定加注	注油
橡胶缓冲部件	有无老化及损坏	—	更换
联轴器	—	同心度检查	调整

(9) 发电机维护。发电机也是维护重点，包括绝缘监督检测、散热系统检查、电缆连接（包括端子）松动、轴承润滑、冷却剂检查更换、消音系统和螺栓紧固以及轴对中。表6-9示出了发电机维护的内容及方法。

表6-9 发电机维护

维护内容	可视性检查	功能性检查	处理方法
发电机电缆	有无损坏、破裂和绝缘老化	—	更换

（续）

维护内容	可视性检查	功能性检查	处理方法
空气入口、通风装置和外壳冷却散热系统	目视检查是否正常	—	更换
水冷却系统	有无渗漏	—	每半年（或按厂家规定时间）更换冷却剂、防冻剂
紧固电缆接线端子	有无松动	按厂家规定力矩标准执行	紧固
发电机消音装置	目视检查是否正常	声音检查	更换
轴承注油，检查油质	—	—	注油型号和用量按有关标准执行
空气过滤器	—	—	每年检查并清洗一次
绝缘强度、直流电阻	—	定期检查发电机绝缘强度、直流电阻等电气参数	测试
发电机与底座紧固标准	—	按力矩表100%紧固螺栓	紧固
发电机轴偏差	—	按有关标准进行调整	调整

（10）传感器维护。传感器维护重点是检查连接是否松动，必要时进行紧固，检查信号是否正确（准确），有无冰冻、磨损和损坏，见表6-10。

表6-10　传感器维护

维护内容	可视性检查	功能性检查	处理方法
风速、风向传感器	有无异常松动、断线、损坏、结冰	—	检查、紧固和更换
齿轮箱、液压液位传感器	—	信号错误	更换
温度传感器	—	信号错误	更换
转速传感器	—	超速功能性试验	更换
振动传感器	振动摆锤、加速度计	振动功能性检查	测试、更换
方向传感器（及偏航计数传感器）	—	信号错误	更换

（11）偏航系统维护。偏航系统维护的主要工作是齿圈加油、螺栓检查紧固，检查动作是否正常、有无异响以及有无漏油，维护内容见表6-11。

表6-11　偏航系统维护

维护内容	可视性检查	功能性检查	处理方法
偏航齿轮箱外观	有无渗漏、损坏	—	维修、更换
塔顶法兰螺栓	—	20%抽样紧固	紧固
偏航系统螺栓	—	100%紧固	紧固
偏航系统转动部分润滑	—	—	注油，油型、油量及间隔时间按有关规定执行（半年）
偏航齿圈、齿牙	有无损坏，转动是否自如	必要时需做均衡调整	调整、维修

（续）

维护内容	可视性检查	功能性检查	处理方法
偏航电动机或偏航液压马达功能	是否正常	—	维修、更换
液压系统本体	有无渗油、液压管有无磨损，电气接线端子有无松动	—	紧固、更换
检测偏航功率损耗	—	是否在规定范围之内	检查、维修
偏航制动系统	是否正常	—	维修和更换

（12）机舱控制柜维护。机舱控制柜维护重点检查连线、紧固是否正常以及功能动作的正常与否，见表6-12。

表6-12 机舱控制柜维护

维护内容	可视性检查	功能性检查	处理方法
测试面板上的按钮功能	—	是否正常	更换
接线端子、模板	是否松动、断线	—	紧固
箱体固定	是否牢固	—	检查、紧固

（13）塔筒（架）维护。塔筒也是重点维护构件。特别是焊接部分和螺栓，以及爬梯、安全锁、防坠系统和照明。应进行紧固、调整、甚至补焊、补漆和更换。塔筒维护内容见表6-13。

表6-13 塔筒维护

维护内容	可视性检查	功能性检查	处理方法
中法兰和底法兰螺栓	—	20%进行抽样紧固	紧固
电缆表面	有无磨损、老化和损坏	—	更换
塔门和塔壁	焊接有无裂纹	—	补焊
梯子、平台、电缆支架、防风挂钩，门及锁、灯、安全开关等	有无异常，如断线、脱落	—	维修、更换
塔身喷漆	有无脱漆腐蚀、密封是否良好	—	补漆
塔架垂直度	—	在厂家规定范围内	调整

（14）集电环维护。集电环检查维护重点是磨损、电刷更换和滑道清理，见表6-14。

表6-14 集电环维护

维护内容	可视性检查	功能性检查	处理方法
集电环检查	磨损	是否正常	更换
电刷	接地系统金属刷是否松动、断线	—	紧固
紧固螺栓	是否牢固	—	紧固
清理集电环		—	清扫、清理

(15) 风电机组控制柜（含变流器柜）维护。控制柜和变流器维护重点是检查电缆连接、绝缘以及电气元件的功能性以及散热加热系统工作状况，见表6-15。

表6-15 风电机组控制柜维护

维护内容	可视性检查	功能性检查	处理方法
控制元器件	—	是否正常	测试、更换
绝缘	是否松动、断线	—	紧固
紧固螺栓	是否牢固	—	紧固
电缆	—	—	更换
电容器组、避雷器、晶闸管	—	—	测试、更换
密封	是否渗漏	—	更换
通风散热	—	—	更换

(16) 气象站及风资源分析系统维护。测风塔应定期进行检查维护见表6-16。如传感器是否损坏，风速计、风向计等是否需要维护，连接螺栓是否松动，通信是否正常、记录器工作是否正常、塔杆有无倾斜和开焊。

表6-16 气象站及风资源分析系统维护

维护内容	可视性检查	功能性检查	处理方法
风资源测试系统	—	是否正常	重装系统、更换
传感器	—	信号错误	更换
测风塔	是否松动、断线	—	维修
通信系统	是否牢固	—	紧固、维修

4. 定期维护准备工作

应在定期维护前，做好风电设备存在隐患的应对技术措施；做好年度维护检修计划，确定维护检修的重点项目，制定符合实际情况的对策和措施，并做好有关设计、试验和技术鉴定工作和维护安全措施；应落实好组织措施，确定维护人员和协作单位；做好材料、备品、安全用具、施工机具、仪器仪表等准备；准备好技术记录表格；制定实施定期维护计划的网络图或施工进度表；组织维护检修人员学习、讨论维护检修计划、项目、进度、措施、质量要求及经济责任制等，并做好特殊工种和劳动力的安排，确定检修项目的施工和验收负责人；做好定期维护项目的费用预算，报主管部门批准；如采用外单位承包维护检修工作，应由风电场和检修单位订立维护合同，合同检修方应做好维护检修准备工作。

5. 定期维护检修记录

维护检修过程中应及时做好记录。记录的主要内容应包括设备技术状况、修理内容、系统和设备结构的改动、测量数据和试验结果等。所有记录应做到完整、正确、简明、实用。对所完成的维护项目应记入维护记录中，并整理存档，长期保存。

6.1.2 风电场设备检修

1. 计划检修项目

计划检修项目是指风电场按事先编制计划进行的检修项目。风电机组或风电场其他设备出现故障，造成停机时间长，且处理技术复杂、工作量大、工期长、耗用人力和器材多、费用高或系统设备结构有重大改变等的检修，如叶片、发电机、齿轮箱、变压器等大部件损坏需要拆卸下来送专业车间修理。

2. 非计划检修项目

非计划检修是指风电场突发性、临时性的不在检修计划内故障或缺陷处理项目，也称为事故抢修。

“计划”和“非计划”检修与日常维护、定期维护有所区别。日常和定期维护中主要是检查、注油、更换易耗品，对简单事故进行的零部件修理和更换，工作量小；例如发现停机，经判断某控制模板损坏，运行人员迅速更换，机组恢复运转，不能称为计划检修或非计划检修。在事故报告故障处理中不超过一天恢复运行的，一般称为“二类或二类以下设备障碍”，只考核到班组。

在维护中可能发现一些设备在设计、制造、运输、安装、调试环节存在的缺陷以及长时间运行逐渐磨损而导致的问题，虽尚未造成机组停运，但已经构成设备损坏的严重隐患或已经成为“缺陷”，如不进行检修将造成重大设备损坏和巨大经济损失。这种设备已经“带病”运行，应尽早制订计划安排进行检修。

因此运行人员在日常巡视、维护中需要认真去发现问题，如无法处理，应立即填写“缺陷记录和申请单”，报请检修人员进行检修。如来得及报计划的就是计划检修。如故障紧急突发，设备已经停运，必须进行拆卸返厂，为了避免长时间停机损失，需要立即进行检修，属于“临修”或“事故抢修”。这种故障如果造成停机超过一周，一般定义为“设备一类障碍”，将制定考核指标考核风电场。如果停机时间长达数月甚至半年一年直至设备报废，将被定义为“设备事故”，通常有“一般和重大”事故之分。事故类别划分一般将根据损坏程度、损失费用确定。

按计划进行的检修，将根据检修的难度制定检修时间，如果在规定时间完成检修的，可不列入“设备障碍”或“设备事故”进行考核。如果超出规定时间，且检修质量差、故障反复的话，仍将以设备障碍或事故对检修人员进行考核。

3. 设备“大修理”和设备技术改造

一般意义上所谓“大修理”指的是设备运行到一定年限，设备老化磨损严重，进行拆卸下来返厂、分解维修、损坏部件更新或再加工、重新组装、吊装调试再运行的检修。“大修理”能够提高设备良好状态，甚至延长寿命。

风电场运行设备由于设计制造中“先天”存在缺陷，或在实际运行中受当地环境、气候等工况影响，会存在批次性“缺陷”，反复出现相同故障。经研究找到故障原因并利用新技术解决问题、进行更换、维修、升级等工作称为设备技术改造。

常用“浴盆”曲线描述产品在整个使用寿命期间的失效率变化过程。设备在初期投入运行时，由于“磨合”和调试、调整，故障率会高一些，一般持续数月或半年一年，经不断进行“消缺”之后设备将进入相对较长时间的平稳、故障率低的运行期。若干年后随着设备磨损会进入故障多发阶段，逐步进入高峰。这是一般机械设备特别是旋转机械的特性，由于曲线像浴盆或称之为“浴盆”曲线。

6.1.3　风电机组部件检修

风电机组部件检修要根据部件损坏情况制订检修计划和方案，由专业单位进行检修。

1. 叶片检修

（1）叶片雷电损坏的修复。叶片是风电机组中最易受直接雷击的部件。全世界每年大约有1%~2%的运行风电机组叶片遭受雷击，大部分雷击事故只损坏叶片的叶尖部分，如图6-1所示，但有时雷击事故也会损坏整个叶片。

维护人员应定期到现场检查避雷措施是否完好，避雷措施正常工作将使雷击造成的损失减小到最低。

雷击常造成叶片局部损坏或开裂，发生损坏后应尽快修复。

图6-1　叶片雷击损坏

（2）叶片冰冻。个别风电场在冬季特定气候特征条件下会发生叶片结霜和冰冻现象，风速计由于冰冻而不工作，造成误报而长时间停机，可能需要采取以下措施：

加热除冰：通过加热器、管道将热风送到叶片根部进入到叶片内部。

除冰剂除冰：通过高空作业设备将不破坏叶片表面材料的除冰剂喷射到冰面，但必须事先得到厂家确认。

采取带加热器的风速计。

（3）叶片开裂的修复。机组正常运行时，会产生无规律的、不可预测的叶片瞬间振动现象，即叶片在旋转平面内的振动。这种长期的振动会造成叶片后缘结构失效，在叶片最大弦长位置产生横向裂纹，严重威胁叶片结构安全。

桨叶不同的损伤程度对应有不同的处理方法。如果只是叶片表面轻微受损，则用砂纸打磨损伤区域至表面完全光洁，然后用丙酮清洗，除去碎屑并保证修补表面完全干燥。图6-2所示为现场检修叶片图。

图6-2　现场检修叶片

如果损伤区域损伤深度超过1mm，必须用树脂和玻璃纤维修复至低于周围表面0.5~

0.8mm；若用450g/m² 玻璃纤维短切毡，则每层将有1mm厚。当玻璃纤维层固化后，打磨平整涂上胶衣，等胶衣树脂固化后用水砂纸磨光，最后抛光至光亮。

（4）叶尖脱落（失速型）。常见故障为钢丝绳故障和碳管脱落。钢丝绳可能是柔性振荡疲劳破坏，常见检修方法是定期调整钢丝绳松紧，或改变钢丝绳直径。

碳管脱落可能的一个原因是碳管本身强度或工艺不足所致。因此常见检修方法是更换强度更好材料的碳管。

（5）叶片报废。叶片损害到骨架时，有可能将无法修复而报废。原因是多方面的，有些是设计、工艺问题，有些是运输安装损坏，有些是低温脆性导致。叶片严重损坏情况如图6-3所示。

图6-3　叶片严重损坏

2. 齿轮箱故障及检修

齿轮箱是风电机组中最常出现故障的部件。国际上统计齿轮箱的故障率平均每年达到2%～3%左右。主要故障有轴承损坏、齿面微点蚀、断齿等。损坏原因除设计、制造质量原因外，齿轮油失效、润滑不当等是齿轮箱故障最常见的原因。

齿轮箱故障早期可能仅仅发生在齿轮或轴承表面。表面材料的疲劳损伤，会引起运转噪声以及温度的变化。因此，经常巡视检查和连续观察温度、噪声的变化，有助于发现早期齿轮箱故障。有条件情况下应采取振动状态检测，通过频谱分析确认是否疲劳破坏已产生。

风电机组齿轮箱剖面图如图6-4所示。

（1）金属表面疲劳破坏。如果疲劳破坏已发生，多数情况下，由于表面材料的脱落，润滑油中就会发现金属微粒。如果忽视油中杂质，甚至有可能发生杂质阻塞油标尺使检查人员在已缺油情况下误以为不缺油。因此通过不断检查润滑油中金属微粒的变化，有助于发现早期齿轮箱损坏，这时风电场人员应尽快安排检修，尽可能在不拆卸齿轮箱的前提下，处理损伤表面或更换已损坏的部件。

（2）齿轮箱漏油。齿轮箱漏油常常是风电场运行维护中令人头痛的事情。齿轮箱漏油有可能落到其他电气控制元件内导致电气短路而引起停机。经常漏油也会使齿轮箱内油量减少而影响润滑效果，同样会引发故障。因此需经常检查，发现油位降低及时进行加油。有可能的情况下，安排厂家检修或拆下返厂检修。

一般齿轮箱出现损坏，特别是较严重的齿轮损坏时要送回原厂进行检修，包括厂家镗孔、加套、润滑油加热改造、泵系统改造、齿轮改进（加大模数、啮合准确度）加工、轴承加强等检修方式，最后进行出厂试验，必要时采用满负荷试验。

图6-5所示为齿轮箱损坏的图片。

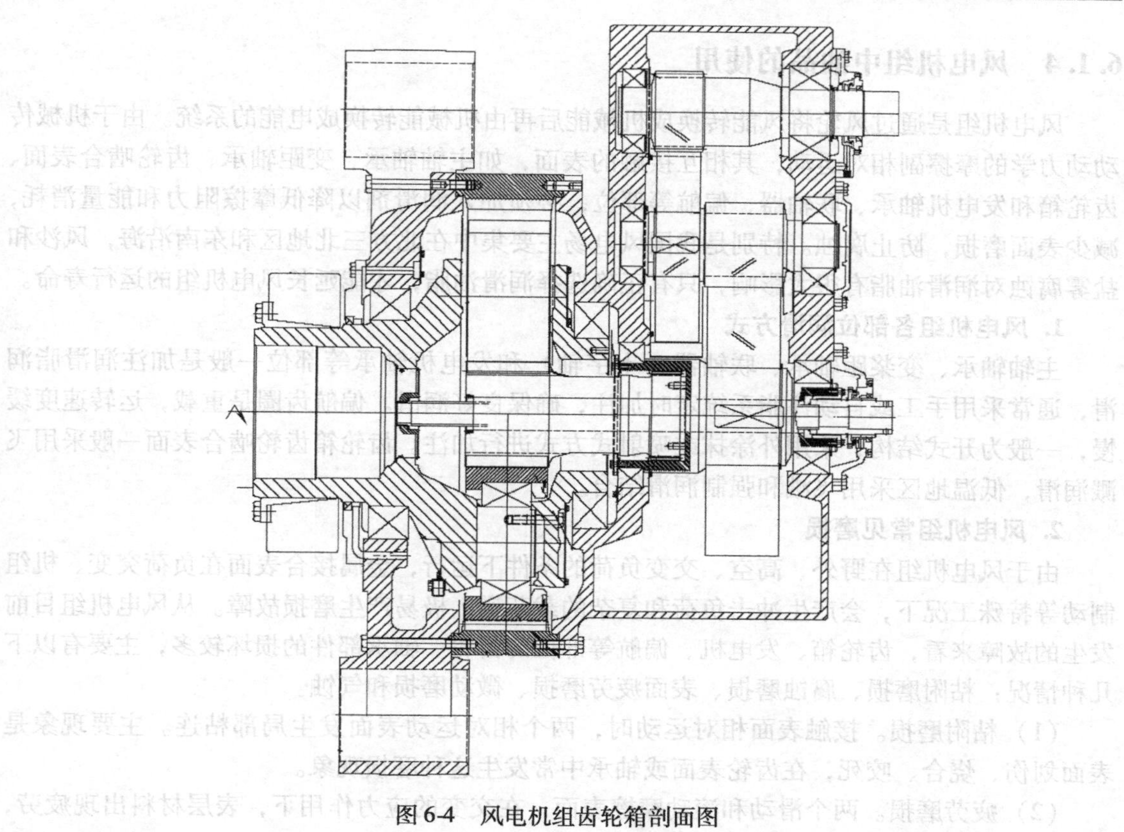

图6-4　风电机组齿轮箱剖面图

3. 发电机故障检修

发电机主要出现的故障是短路、轴承损坏等。导致发电机损坏的主要原因是：转子断条、放电造成轴承表面微点蚀直至轴承支架损坏、珠子损坏。局部过热、绝缘破坏包括定子扫膛、匝间短路等。图6-6所示为发电机轴承损坏的图片。

图6-5　齿轮箱损坏　　　　图6-6　发电机轴承损坏

通常发电机维修要返厂修理，定子或转子修理都需要专门技术，同时修理后需要严格的出厂检测。当然在仅仅轴承损坏而其他部位确认完好的前提下，可以采用机舱上更换的方法，需要专用工具避免发电机轴承损坏。

6.1.4 风电机组中油品的使用

风电机组是通过风轮将风能转换成机械能后再由机械能转换成电能的系统。由于机械传动动力学的摩擦副相对运动，其相互接触的表面，如主轴轴承、变距轴承、齿轮啮合表面、齿轮箱和发电机轴承、联轴器、偏航等部位，必须加入润滑剂以降低摩擦阻力和能量消耗，减少表面磨损，防止腐蚀。特别是我国风电场主要集中在北方三北地区和东南沿海，风沙和盐雾腐蚀对润滑油脂有很大影响，只有正确选择润滑油脂，才能延长风电机组的运行寿命。

1. 风电机组各部位润滑方式

主轴轴承、变桨距轴承、联轴器（十字轴）和发电机轴承等部位一般是加注润滑脂润滑，通常采用手工或自动注脂系统定时加注，确保良好润滑。偏航齿圈是重载，运转速度缓慢，一般为开式结构，采用外涂抹或喷射式方式进行加注。齿轮箱齿轮啮合表面一般采用飞溅润滑，低温地区采用飞溅和强制润滑结合。

2. 风电机组常见磨损

由于风电机组在野外、高空、交变负荷的条件下运行，金属接合表面在负荷突变、机组制动等特殊工况下，会产生冲击负荷和复杂的载荷谱，极易产生磨损故障。从风电机组目前发生的故障来看，齿轮箱、发电机、偏航等部位的齿轮、轴承部件的损坏较多，主要有以下几种情况：粘附磨损、腐蚀磨损、表面疲劳磨损、微动磨损和气蚀。

（1）粘附磨损。接触表面相对运动时，两个相对运动表面发生局部粘连。主要现象是表面划伤、烧合、咬死，在齿轮表面或轴承中常发生这种磨损现象。

（2）疲劳磨损。两个滑动和滚动摩擦表面，在交变的应力作用下，表层材料出现疲劳，然后出现微观裂纹，直至分离出碎片剥落，或出现点蚀、麻点、凹坑等。疲劳磨损常出现在齿轮表面和轴承中。

（3）腐蚀磨损。金属表面在摩擦过程中，与周围介质在化学与电化学反应作用下产生的磨损，原因是润滑油脂失效，如氧化、水化、二氧化硫、硫化氢等。

（4）微动磨损（微点蚀）。在微小振幅重复摆动作用下，在两个接触表面产生的磨损。它的现象如同粘附和腐蚀磨损等共同作用的结果，容易出现在齿顶部分，一般是微小的点蚀（约 10μm），如不进行处理会变成灰斑等更明显痕迹，进一步发展为其他更严重的磨损，而被迫拆卸返厂修理。

（5）气蚀。气蚀是指固体与液体相对运动时，由于液体中系统在固体表面附近破裂时产生的局部高冲击压力或局部高温引起的磨损。齿轮箱中常出现这类问题。

使用润滑油脂的目的就是要降低摩擦、减少磨损以及防止腐蚀和冷却。因此要求润滑油（如风电机组齿轮箱）具备良好的抗微点蚀磨损和抗冲击及抗重载荷磨损的性能。

3. 风电机组润滑油的分类

目前采用的润滑油和润滑脂主要来自国外。对于维护维修人员，需要正确了解润滑油脂的基本性能，润滑油脂失效将导致设备的损坏，造成停机和发电损失并产生大量修理费用。

（1）润滑油。目前风电机组中主要采用合成油和矿物油，合成润滑油基础油和添加剂包括多种不同类型、不同化学结构和不同性能的化合物，多使用在比较苛刻的环境工况下，如重载、极高极低温以及有高腐蚀性的环境下，因此在风电机组中最为常用。

（2）润滑脂。风电机组主要是在各轴承中采用润滑脂。润滑脂分为钙基（Ca）、钠基

(Na) 和锂基 (Li) 滑脂。由于锂基脂具有钙基和钠基脂的相似优点，而没有它们的缺点，既可使用在高温下，又可使用在潮湿的环境中，因此风电机组中锂基脂使用较多。润滑脂主要用于风电机组中轴承和偏航齿轮上，它除了具有减磨和润滑作用外，还起着密封、减震、阻尼、防锈等作用，在风电机组维护工作中占有重要的位置。

在进口的滑脂上，常标有 NLGI 的字样，指的是滑脂的稠度，等级从 NLGI 0~6，数字越小，滑脂越软。对于一般风电机组中，滚动轴承采用 NLGI2 或 3 等。有些标号如 LT、MT 和 HT 指的是工作温度的低、中、高。还有一种叫 EP 的滑脂（耐挤压）或 EM（耐挤压前添加二硫化钼），具有不同的添加剂以加强励膜的强度。

4. 润滑油主要性能指标

为了使风电机组保持正常的运转，减少磨损，延长寿命提高经济效益，必须在选择和添加齿轮油时注意如下性能指标：

(1) 黏度。合适的黏度（特别是北方地区）保证齿轮油在弹性流体动压润滑状态下形成足够的油膜，来保证齿轮在冬季低温及大负荷下有足够的承载能力，降低齿面磨损。

根据 ISO 的规定，运动黏度测量单位为 mm^2/S，测量温度为40℃和100℃，ISO 黏度级以 VG×××表示。

(2) 抗磨性。这一特性主要是针对重载下工作的齿轮，要求不产生点蚀和磨损。

(3) 抗氧化稳定性。这一特性是为避免润滑油在高温下失效而产生损坏。

(4) 抗剪切安定性、抗泡沫性、防锈性和抗乳化性等。

这些性能对于机械部件的安全稳定运行、减少锈蚀磨损十分重要。

(5) 抗低温指标。由于我国风电场多数在三北地区，最低温度可以达到 -40℃，因此冬季机组运行对润滑油的低温特性要求较高。一般要求两个方面的特性：一个是低温流动性也就是黏度，由于风电机组齿轮箱在低温地区通常需要采取强制润滑，即采用电泵强迫式润滑，因此要求润滑油的黏度在低温下性能良好；另一个是边界泵送最低温度，一般是指润滑油能够通过泵进行输送的最低温度，一般要低于环境最低温度。

一般风电机组齿轮箱在低温地区需要齿轮箱底壳加热，主要原因是冬季无风停机时保持齿轮油的温度，确保它的流动性，进行强制润滑。

但需要注意的是在较长时间低温停机后，不能立即起动运行，而是需要一定时间，如数小时空转，使机组润滑到位后再起动；油底壳加热（或加热棒）应注意不可温度过高，避免油品过度加热而积碳失效。

5. 润滑油脂使用注意事项

(1) 与润滑油脂相关的轴承损坏原因。目前风电机组经常发生轴承损坏的故障，从润滑角度看有以下几个主要原因：

1) 润滑脂或油失效，原因是使用时间超长；

2) 不同型式不相容脂油混用或选用错误；

3) 滑脂完全填满或油位太高，过分搅拌产生高温或漏油；

4) 润滑不足；

5) 轴承的安装、定位、调整（间隙等）不合适造成油膜破坏。

(2) 润滑油脂使用注意事项。根据轴承损坏的几个原因，在润滑油脂使用方面应注意以下几个问题：

1）润滑油更换。一般合成油更换年限不大于3年，同时根据油样化验结果和机组运行工况进行调整。

如果需要更换其他品牌的齿轮油，建议慎重处理，应按照上述选择齿轮油的原则进行考虑，并得到厂家或专业部门的认可方可更换。如果不同品种润滑油进行更换应严格按照厂家手册要求进行齿轮箱的冲洗，尤其需要注意的是磁块清洗。可采用厂家接受的冲洗油进行冲洗。

在风电机组定期检修时，必须检测齿轮油的性能如何、齿轮油是否失效，检查齿轮油油位，油样应至少每年送到专业厂家进行化验一次，检测其成份状态，油样获取时应按照厂家要求进行。

应经常检查齿轮油滤芯并根据情况进行清洗或及时更换。

2）润滑脂更换和加注。在风电机组定期检修时，应注意定期加入新润滑脂，并挤出旧的、脏的润滑脂，保持轴承内部润滑脂的清洁性；应注意正确的充填量，越是速度高、振动大的部位的轴承，润滑脂不能加得太多（60%左右）；应注意不同基油和稠度的润滑脂不得混用，这样会降低稠度和润滑效果；应注意轴承的工作状态，如振动、噪声，有条件应加以监测并判断是否轴承已经失效。经常检查轴承密封状况，防止灰尘等杂物进入轴承。

3）油过滤。推荐使用在线或离线式滤油（精密）系统，滤油准确度超过10μm甚至5μm，确保金属颗粒物的过滤。

6.2 风电场备件管理

备品备件通称备件，是为了缩短检修时间而事先准备供检修时更换的零部件。备件管理是指备件的生产订货供应储备的组织与管理，它是设备维修资源管理的主要内容。备品备件管理是风电场运行维护管理工作中一个重要组成部分，对于及时消除设备缺陷、加速故障抢修、缩短停运时间、提高设备健康水平、保证安全经济运行十分重要。目的是以最少的备件资金、合理的库存储备，保证设备维修的需要，提高设备的使用可靠性和经济性。

由于备品备件占用资金较大，因此应按照风电场实际情况，制定科学、合理的备品备件储备数量。风电场应建立备品备件台账，并给每个备件悬挂卡片和标识（编号），同时应执行入库登记、领用批准的手续。风电场储备的备品备件应有专人管理，备件使用期间，应实行动态管理保证随时使用随时补充，以保证设备运行。

应尽量在国内市场解决或尽力修复损坏部件以节约资金，减少发电损失。

1. 备品备件分类

（1）事故备件。风电机组中主要部件（如叶片、发电机、齿轮箱等）以及辅助设备（如变压器等）发生事故时，需要吊装设备送到工厂车间内进行修理或送专业厂家修理，加工制造周期长，费用较高。因为这些部件造成停运时间长、维修成本高，一般造成设备事故，因此这类部件的备件称为“事故备件”。

叶片、发电机、齿轮箱等部件的制造和修理不是一般风电场能够进行的，它需要特殊材料、特殊标准规范要求、特殊加工、试验设备。由于这些部件造价高，因此风电场应慎重考虑这类部件备件的采购。一般应考虑该备件在全部该类型机组中可能的比例以及损坏的可能性。还要考虑备件价格与损坏后修理以及发电量损失的关系，以保证这类备件备用的经济性和可行性。

（2）易损备件。易损备件是指那些容易发生故障、需要定期更换和维护的零部件，如电气元器件（如断路器、继电器、电缆、电阻、电容、电源、开关、小变压器、接触器、插座等）、计算机板卡、传感器、螺栓、垫片、风扇、过滤器、轴承、密封圈等。

（3）消耗性材料。消耗性材料是指风电设备运行中消耗掉、需定期补充的材料（或零件），如：齿轮油、液压油、润滑脂，清洗剂、防锈剂、熔丝、刹车片、电刷等。

备品备件还可以按照其属性分类，如机械系统备件、液压系统备件、电气系统备件、控制系统备件等。

2. 备品备件储备原则

备品备件储备内容和数量，一般由厂家推荐，在风电场新建时，与主设备一起采购（2年质保期内使用），在质保期后风电场根据生产需要自行进行储备。

风电场备品备件储备内容和数量的原则是根据以往备件损坏的情况以及国内外风电场运行经验而制定的，既应避免备件多年不用而又备的太多使资金积压，又要考虑到可能的损坏带来的损失以及今后厂家倒闭或停产的风险，实行均衡配备。

有些备件需要与国内科研和制造单位联合攻关，由国内替代，如果能够维修应尽可能进行维修以节约成本。

3. 备品备件的检验

备品备件到货后，风电场应按照与厂家的约定进行检验和验收，以保证备件的质量。

4. 备品备件保管

备品备件的保管包括以下内容：

备件数据库管理和定期更新；备品备件图样保管；制造厂家出厂检验合格证书等有关文件存档。

备品备件仓库定置管理，如备品备件库、油品库、工器具库、废品库等。

备品备件标示，如品名、规格、数量和用途。

备品备件分类管理，如绿色（新备件）、蓝色（修过可用）、黄色（更换下来待修理）、红色（待报废）四级管理。

燃料油及润滑油品等易燃、易爆、有毒物品要另库存放，进行特别定置。要备有专用消防设备，并设危险区域警示牌。

待报废和淘汰的备件，要转入废品库存放，对符合报废规定的设备，需要按照报废程序进行处理。对废油应正确处理，不得污染环境。

5. 备品备件管理的主要任务

备品备件及时、保质、保量的供应，是保证设备正常运行的重要环节。风电场必须科学合理的做到确定备品备件的储备品种、储备形式和储备定额，做好备品备件的保管供应工作。还应及时将备品备件需求情况、消耗情况上报设备材料科。

重点做好关键设备（特别是主要生产设备）维修所需备品备件的供应工作，保证设备的正常运行，尽量减少停机损失。

做好备品备件使用情况的信息收集和反馈工作。各风电场备品备件管理和维修人员要不断收集备品备件使用中的质量、经济信息，并及时反馈给设备材料科，以便改进和提高备品备件的使用性能。

在保证备品备件供应的前提下，尽可能减少备件的资金占用量。备品备件管理人员应努力做好备件管理成本的压缩控制。

各风电场要做好备品备件的修旧利废工作，凡是更换的旧件均应回收，对尚有修复价值的零件加以修复利用，以达到缩短修理时间、节约备件、原材料和资金的目的。

6.3 风电场检修规程

1. 风电场检修基本原则

风电场检修基本原则是“应修必修、修必修好”的原则，按照“预防为主，计划检修”的方针进行风电场设备检修，使设备处于良好的工作状态。风电场在设备检修中应始终坚持“质量第一”的思想，确保风电机组设备的检修质量。

2. 风电场维护检修计划

风电场应按维护检修内容制定维护检修计划，一般需制订年度维护检修计划（即每年编制一次）。

在编制下一年度维护检修计划的同时，需要编制三年滚动规划。三年滚动规划主要是对三年中后两年需要在定期维护中安排的特殊维护项目进行预安排。三年滚动规划按年度检修计划程序编制，并与年度维护检修计划同时上报。

年度维护检修计划编制依据和内容：

1）参照厂家提供的年度检修项目进行。

2）编制年度维护检修计划汇总表和进度表。

3）年度维护检修计划的主要内容包括单位工程名称、检修主要项目、特殊维护项目和列入计划的原因、主要技术措施、检修进度计划、工时和费用等。

年度维护检修计划中特殊维护检修项目所需的大宗材料、特殊材料、机电产品和备品备件，由使用部门编制计划，材料部门组织供应。为保证检修任务的顺利完成，三年滚动计划中提出的特殊维护项目经批准并确定技术方案后，应及早联系备品备件和特殊材料的订货以及内外技术合作攻关等。风电场应有专职机构或人员负责备品备件的管理。定期维护的检修项目应制定材料消耗及储备定额，以便检查考核。

集中检修计划的编制须由集中检修单位负责，风电场应向集中检修单位提交书面检修项目、质量要求、工期、费用指标等，集中检修单位应按要求编制检修计划。主管部门在编制检修计划时，应与集中检修单位和风电场协商；下达或调整检修计划时，也应同时下达给集中检修单位及风电场双方。

3. 风电场检修基础工作

风电场要做好检修管理的基础工作。首先风电场需要搞好技术资料的管理，应收集和整理好原始资料，建立技术资料档案库及设备台账，实行分级管理，明确各级职责。加强对检修工具、机具、仪器的管理，正确使用，加强保养和定期检验，并根据现场检修实际情况进行研制或改进。搞好备品备件的管理工作。建立和健全设备检修的费用管理制度。严格执行各项技术监督制度。严格执行分级验收制度，加强质量监督管理。遵守有关规定制度，爱护设备及维护检修机具。

4. 风电场维护检修人员要求

检修人员应熟悉系统和设备的构造、性能；熟悉设备的装配工艺、工序和质量标准；熟悉安全施工规程；能看懂图样并绘制简单零部件图。

5. 风电场维护检修安全要求

按照DL/T 796—2001《风力发电场安全规程》检查各项安全措施，确保人身和设备安全。维护检修时，宜避开大风天气，雷雨天气严禁检修风电机组。风电机组检修时，必须使机组处于停机状态。

6. 风电场维护检修中备品备件和消耗性材料管理

维护检修中应使用生产厂家提供或指定的配件及主要损耗材料，若使用代用品，应有足够的依据或经生产厂家许可。部件更换的周期，参照生产厂家规定的时间执行。

每次检修维修后应做好每台机组的维护检修记录并存档，对维护检修中发现的设备缺陷、故障隐患应详细记录并上报有关部门。

7. 风电场维护检修准备工作

在风电场维护检修前，应提前做好特殊材料、大宗材料、加工周期长的备品配件的订货以及内外生产、技术合作等准备工作，主要进行的准备工作如下：

1）针对系统和设备的运行情况、存在的缺陷、经常性维护核查结果，结合上次定期维护总结进行现场查对；根据查对结果及年度维护检修计划要求，确定维护检修的重点项目，制定符合实际情况的对策和措施，并做好有关设计、试验和技术鉴定工作。

2）落实物资（包括材料、备品备件、安全用具、施工机具等）准备和维护检修施工场地布置。

3）制定施工技术措施、组织措施、安全措施。

4）准备好技术记录表格。

5）确定需测绘和校核的备品备件加工图。

6）制订实施定期维护计划的网络图或施工进度表。

7）组织维护检修人员学习、讨论维护检修计划、项目、进度、措施、质量要求及经济责任制等，并做好特殊工种和劳动力的安排，确定检修项目的施工和验收负责人。

8）做好定期维护项目的费用预算，报主管部门批准。

定期维护前，检修工作负责人应组织有关人员检查上述各项工作的准备情况，开工前还应全面复查，确保定期维护检修顺利进行。

8. 风电场定期维护工程开工条件

定期维护工程开工应具备下列条件：

1）维护的项目、进度、技术措施、安全措施及质量标准等已组织维护人员学习，并已掌握。

2）劳动力、主要材料和备品备件以及生产、技术协作项目等均已落实，不会因此影响工期。

3）施工机具、专用工具、安全用具和试验器械已经检查、试验，并合格。

9. 定期维护施工过程管理

定期维护施工阶段应根据维护检修计划要求，做好下列组织工作：

1）检查落实检修岗位责任制，严格执行各项质量标准、工艺措施、保证检修质量。

2）随时掌握施工进度，加强组织协调，确保如期竣工。

在施工中，应着重抓好设备的解体、修理和回装过程的工作。

1）解体重点设备或有严重问题的设备时，检修负责人和有关专业技术人员应在现场。

2）设备检修要严格按检修工艺进行作业。设备解体后如发现新的缺陷，应及时补充检修项目，落实检修方法，并修改网络图和调配必要的工机具和劳动力等，防止窝工。

3）回装过程是重要工序，必须严格控制质量，把住质量验收关。

检修过程中应及时做好记录。记录的主要内容应包括设备技术、状况、修理内容、系统和设备结构的改动、测量数据和试验结果等。所有记录应做到完整、正确、简明、实用。

搞好工具、仪表管理，严防工具、机件或其他物体遗留在设备或机舱、塔筒内；重视消防、保卫工作；维护检修结束后，做好现场清理工作。

10. 风电场定期维护目标

定期维护基本目标是安全目标和质量目标。安全目标是施工中严格执行安全规程，做到文明施工、安全作业、不发生人身重伤以上事故和设备严重损坏事故。检修质量目标是设备检修后，应做到消除设备缺陷、达到各项质量标准。完成全部规定的标准项目和特殊项目，且检修停用时间不超过规定。维护费用不超过批准的限额。严格执行维护的有关规程与规定。各种维护技术文件齐全、正确、清晰，检修现场整洁。

11. 风电场维护检修质量验收

各单位应制定质量验收管理制度，明确各级验收的职责范围。质量检验实行检修人员自检与验收人员检验相结合。简单工序以自检为主。检修过程中严格执行维护工艺规程和质量标准。验收人员应随时掌握检修情况，坚持质量标准，做好验收工作。班组验收的项目，由检修人员自检后交班组长检验。班长应全面掌握全班的检修质量，并随时做好必要的技术记录。特殊维护项目竣工后的总验收和整体试运行，由风电场技术负责人主持。在试运行前，检修人员应向运行人员交代设备和系统的变动情况以及注意事项。检修人员和运行人员应共同检查设备的技术状况和运行情况。验收时重点检查以下内容：

1）核对设备、系统的变动情况。

2）施工设施和电气临时接线是否已拆除。

3）设备运行是否正常，活动部分动作是否灵活，设备有无泄漏。

4）标志、信号是否正确。

5）现场整洁情况。

集中检修单位检修的机组，设备的分段验收、分部试运行、总验收和整体试运行，由风电场技术负责人主持。分段验收以检修单位为主，风电场参加；分部试运行、整体验收和整体试运行以风电场为主，检修单位配合。

经常性维护和验收：经常性维护应做到及时、快速、准确，并做好记录，一般不验收。特殊性维护和验收参考定期维护检修和验收执行。

12. 风电场维护检修总结

设备检修技术记录、试验报告、技术系统变更等技术文件，作为技术档案保存在风电场和技术管理部门。集中检修单位检修的设备，由集中检修单位负责整理，并抄送风电场。风电场每半年应将检修的情况上报。内容为检修计划完成情况、检修计划变更情况及变更原因，检修质量情况，检修的开、竣工日期以及检修管理经验等。

习 题

1. 常见的叶片损坏有哪几种，如何修复？
2. 润滑系统油和脂的选择依据是什么？换油周期和换油要求是什么？
3. 巡视内容是哪些？巡视要求有哪些，是什么？
4. 风电机组故障有哪些类型？
5. 叙述备品备件的分类及储备原则。
6. 风电机组定期维护的周期是多长？定期维护的内容是什么？
7. 什么是“计划检修”和“非计划检修”？
8. 风电场安全要求有哪些？
9. 风电机组定期试验有哪些？
10. 简述风电场预防性试验内容。
11. 风电机组定期维护时应检查哪些内容？

第 7 章　海上风电场

7.1　概述

7.1.1　简介

由于海上风资源丰富，不受土地使用的限制，且海上风电具有高风速、低风切变、低湍流、高产出等显著优点，已经逐渐成为风电发展的新领域。目前，一些欧洲国家已经成功建立了海上风电场，证实了海上风力发电的可行性。中国具有很长的海岸线，邻近海域具有非常丰富的风资源，如果能充分利用这些风能，将有助于解决我国的能源和环境问题。我国海上风力发电技术刚刚起步，需要学习借鉴欧洲的经验，开发设计适合我国海域特点的海上风电项目，对我国的风力发电技术及能源战略具有重大意义。本章以欧洲海上风电项目建设的经验为依托，介绍海上风电场的优缺点、发展趋势和建设运营等情况。

7.1.2　政策支持

各国相继颁布能源政策推动海上风力发电的发展。2010 年欧盟制订了截至 2020 年的“可再生能源发展目标”。针对各国具体情况，欧洲各个国家也制定了相应的国家可再生能源发展规划目标，构成“国家可再生能源行动计划（NREAP’s）”。

在可再生能源中，风电占有重要的位置。各国都将发展重点放到最高效的可再生能源上，临近北海的欧洲国家（在北海有专属经济区的国家）将海上风电作为主要的可再生能源。表 7-1 列举了截至 2020 年英国和其他重要的邻北海国家的可再生能源发展目标及海上风电发展目标。

表 7-1　各国海上风电发展目标及欧洲西北部分国家的已建装机容量

	2020 年欧盟可再生能源预计增加目标	海上风电目标（2020 年）/MW	已建成的海上风电装机容量（2012 年）/MW
比利时	13%	未知	379.5
丹麦	30%	未知	921.1
法国	23%	6 000	0
德国	18%	10 000	280.3
荷兰	14%	6 000	246.8
英国	15%	11 000 ~ 18 000	2 947.9
总计		约 35GW	4 775.6

从表 7-1 中可以看出，目前欧洲已建海上风电项目总装机容量达 4.8GW，计划到 2020 年将达到 35GW。这意味着未来 8 年内总装机容量将增长 30GW。

7.1.3 海上风力发电的优缺点

海上风电的主要优点有：

（1）较陆上风电，海上风电具有高风速及高满发小时数的特点。一般来说近海风速比陆上风速更高、更稳定。陆上风电场由于存在障碍物，对风速有一定的影响。所以，海上风电单位装机容量的发电量比陆上要高。

（2）陆上风电的空间限制问题。由于空间限制、噪声及塔影干扰等因素，在欧洲许多地方不适宜建风力发电场。因此，陆上风电场的发展常常受限于视觉污染。近海风电场视觉污染影响相对较小，且由于距岸较远，噪声影响较小。

（3）负荷中心距岸近。欧洲同中国一样，负荷中心往往沿海分布，这意味着由陆上风电场发出的电能需要多次远距离传输。海上风电距用电负荷中心较近，将减少电力传输距离。

（4）陆上风电的电网侧限制。欧洲和中国的陆上电网传输能力有限，限制了风电装机容量。如果建设海上风电场，近海电网将会缓解陆上风电容量受限的情况，避免了陆上长距离输电配电等问题。

然而，除了以上优势，发展海上风电还存在许多困难和挑战：

（1）技术的复杂性和成本问题。海上风电与陆上风电在设计、安装、运行及维护等多方面有很大不同。首先，海上风电是物理环境的综合过程（波浪、盐蚀、糙风、海床等），带来一系列的技术挑战。

（2）天气及波浪对可及性的限制。海上风电项目的安装和维护与天气状况关系密切。为了安全驶达指定海域，需实时反馈最佳气候信息。最佳气候是指在一段时间内浪高及风速一直处于某个确定值以下（浪高单位：m；风速单位：m/s）。其值由海运承包方确定，这与安装船和维护船的容量有关。

（3）对造价高昂的专用设备及安装船的需求。海上风电场的各个组件需要从码头运到风电场，这需要专门的设备和船只。欧洲风电场有许多用来安装与维护的特制船只，待安装的风电机组容量越大，所需基础越大，需配备专用的安装船。

（4）自然环境的限制。海上自然条件恶劣，如海上风电场常常受到波浪、强风、湿气及盐蚀等各种考验，即使不考虑暴风雨，这种条件对电气机械类设备的长期可靠运行要求更为严苛。而一旦在海上遇到极端天气，形势将比陆地上更为严峻。欧洲北海地区以极端暴风雨著称，在台风季节（夏季）里，中国东南沿海区域也常常遭受台风侵袭。常规天气状况下，对风电机组、基础及电缆的不利影响常常来自于高风速的阵风。海上风电场的设计及认证更需确保风电机组的可靠运行。虽然近海环境下没有太多的障碍物撞击叶片，但重新安装代价巨大。

7.1.4 海上风力发电的历史、现状及发展趋势

第一座海上风电场建于丹麦。第一个小型示范风电场于1991年建于丹麦的Vindeby（装机容量：11450kW），2003年第一个具商业用途的风电场——Horns Rev风电场通过审批（装机容量：80×2MW）。从此以后，许多海上风电场陆续建成。

欧洲每年有近1GW的新增装机容量，仅就2011年而言，至少有11处海上风电场已建

成或在建。由海上风电场发出的额外上网电量达到近1GW，这包括位于英国、德国和比利时的大片海上风电场，其中最大的是容量为500MW的Greater Gabbard风电项目。这些风电场将欧洲的总装机容量提高到3.8GW。

世界各国都对海上风电的发展具有长远规划。欧洲计划2020年装机容量达35GW。此计划对诸多方面提出了更高要求，包括：政府的支持与协调工作，合理的空间规划，数量及规格均符合要求的原料工具技术供应链，以及受过专业教育的、有经验的人才供应链等。这些要求引出许多技术上的瓶颈问题。目前欧洲存在的问题包括：如何提供合适的安装船、寻找有足够经验的工作人员、配备足够的港口设施、提升输出电缆制造水平及陆上电网的接纳能力等。

中国计划到2015年装机容量达到15GW，到2020年装机容量达到30GW。表7-2所示为我国海上风电场建设目标。

表7-2 中国海上风电场建设目标（数据来源：中国可再生能源协会，2010）

省份	计划总装机容量（2015年）/MW	计划总装机容量（2020年）/MW
上海	700	1 550
江苏	4 600	9 450
浙江	1 500	3 700
山东	3 000	7 000
福建	300	1 100
其他（试验）	5 000	10 000
总计	15 100	32 800

7.1.5 海上风力发电项目的开发、实施和运行

海上风电场的开发过程可分为：可行性分析阶段、设计及建设阶段、运行及维护阶段和拆除阶段。

可行性分析阶段的持续时间为1~2年。海上风电项目开发的第一个阶段需进行项目的审议和可行性评估。首先是场址选择，由政府或项目开发商负责。常规的选址标准包括风速最大值、合适的水深和海底地质状况、离岸距离，目标是将其他陆上和海上项目利益相关者及其对环境产生的影响最小化，寻找符合上述标准的折中点，在环境影响与经济收益之间寻找一个平衡点。

然后申请项目许可。多数情况下，申请许可证之前必须进行环境影响评估、场址调查及业主咨询。

设计与建设阶段的持续时间为4~8年，在获得相关许可证后进入设计与建设阶段。通常包括投标过程以及与风电机组供应商、海事活动承包人、电缆供应商的谈判过程。确定各供应商后，开始具体实施设计。

制造与建设过程开始于最后的投资决定（即财务结算）。业主同意交付投资预算，签署所有相关文件，并可能与其他方合作。所有风电场的基本组成安装成功标志着工作的完成。

项目运营授权及委托工作从这个时间点开始实施。风电场移交给运营方的前几周内开展试运营。

运行与维护阶段的持续时间大约为20年。通常情况，运行期持续20~25年。欧洲最早的商业风电场已运行了十余年，但多数现有的海上风电场只运行了1~5年，在项目运行过程中取得了诸多经验教训。

早期海上风电场风电机组的可利用率通常为80%~90%，低于陆上风电场。不过在近期欧洲的海上风电项目记录中，可利用率在92%~98%。可利用率提高的部分原因是技术的相对成熟，以及各方对项目可靠性的重视。但由于天气和海浪对可及性的限制，海上风电项目中风电机组可利用率不会高于陆上风电场。

在欧洲，业主通常会与风电机组制造商签订有效期为5年的维护合同。近年来，出现了10年、甚至15年的服务合同。这种运行与管理合同一般包括保障最低水平的技术性能以及获得最佳性能的奖惩机制。签订最初的运行与管理合同，业主可考虑以下典型选择：对风电机组制造商的追踪服务，与其他独立的运行及维护服务提供商（或能提供所有服务需求的机构）签订合同，或者自己负责运行与维护。

拆除阶段是指拆除风电机组、基础及风电场其他部件的时段，将风电机组基础及其他风电场的基础设施拆除并运往陆地。对于移除工作尚没有相关经验，目前正在研究风电场退役部件的再次利用，例如开发二次发电的潜力。

7.2 海上风力发电成本及风险

海上风电项目成本由许多因素决定，了解这些主要因素有利于缩减成本。海上风电场成本与陆上风电场的成本存在显著不同，离岸作业成本高是主要原因。现介绍海上风电场成本主要构成、驱动因素及风险。

7.2.1 能源成本

海上风电的成本可以看做一种能源成本。能源成本是某个项目中产出每兆瓦时电能时需要的有效成本，包括以下两部分：

1）资本支出＝一次性建设投资成本

在欧洲，单位资本支出为150~350万欧元/MW。

2）运营支出＝日常营运及维护支出

在欧洲，单位运营支出为20~30欧元/MWh。

能源成本的计算公式为风电场的所有成本除以总发电量。通常，能源成本的计算基于详细的现金流模型。图7-1为给定海上风电模型的现金流示意图。

若不考虑完整的现金流分析，可采用以下公式计算能源成本的指示值。

$$\text{能源成本}=\frac{\text{资本支出}\times\text{资本回收系数}+\text{运营支出}}{\text{年发电量}}$$

其中，资本回收系数（CRF）是表示每年资本性开支的金融术语。

这些成本可以根据现场条件和目前的市场价格模拟计算。资本性支出包括风电机组、地基及电力基础设施的供应和安装成本。运营支出以及其他一些费用同样可以模拟计算，如项

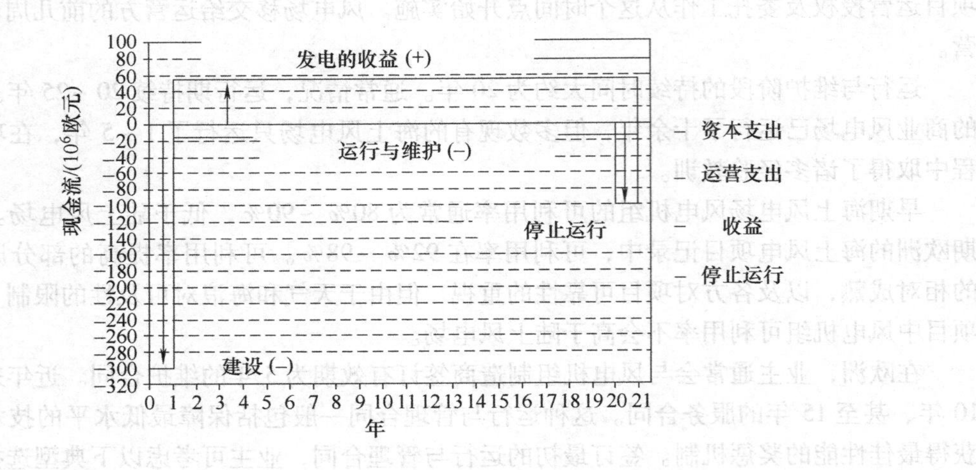

图 7-1 海上风电项目现金流举例

目管理成本、突发事件和工程保险费用。

图 7-2 所示为两个海上风电场的典型资本支出分类图。与陆上风电场相比，由于出口电缆长度随海水深度的增加而增大，故地基和电力基础设施的成本占有更大比重，资本支出依赖于风电场建设地点和精确的实地数据。

根据风电场布机和选定的技术条件，运用与陆上风电类似的模型可以计算出每年的运营支出。最后，可算出每一种布机形式下的年发电量，为优化布机提供理论基础。

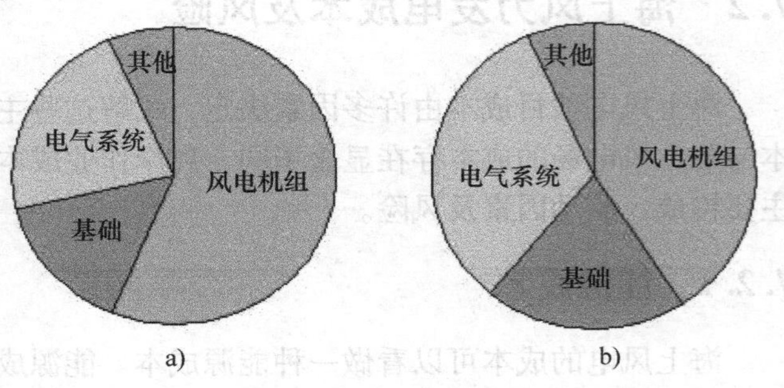

图 7-2 两个海上风电场的典型资本支出分类图

a）近海岸（距岸边 20km） b）远海岸（距岸边 100km）

随着风电场容量的增加，海上风电场的成本（资本支出和运营支出）会普遍上涨。这些成本中还有一个固定成分独立于风电场规模之外。例如，一组小型风电机组与一组大型海上风电场相比较，出口电缆的安装成本不会有太大差异。因此，逐渐增大的风电场容量将导致单位兆瓦的成本减少，固定费用将由更多兆瓦的电量来分担。

总的年发电量也随着风电场容量增大而变大。然而，每个风电机组尾流损失也相应地增加。因此，扩充风电场容量将导致年发电量小幅提升。该趋势导致能源成本随着风电场容量增大而降低。但是，超过一定规模后，尾流损失成为一个重要因素，能源成本开始增加。

7.2.2 驱动因素

图 7-3 为海上风电项目成本的费用明细。下文将逐一探讨这些成本组成部分。

风电机组占能源成本的 35%。海上风电机组的制造成本比同类型的陆上风电机组稍高。

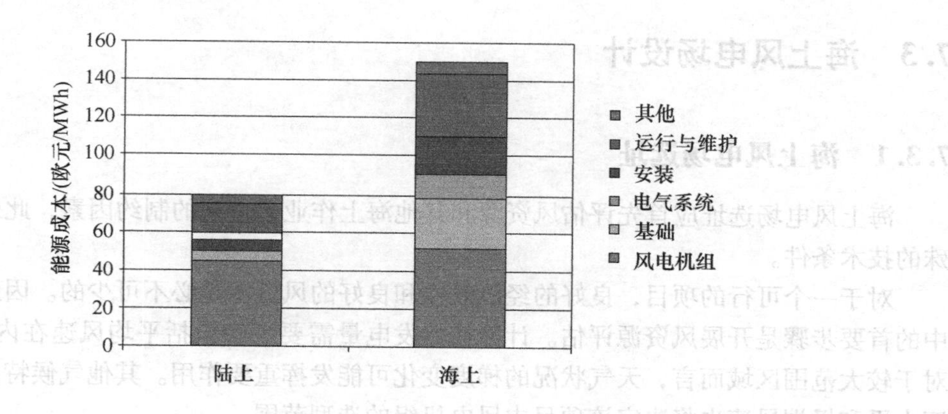

图 7-3 相比陆上风电项目，海上风电项目的指示性费用明细

这是由于需要更高的结构强度，能承受较大的海上环境载荷，以及更好的防腐蚀保护系统和气候控制系统。据估计，这可能会增加大约15%的生产成本。

然而，与同类型的陆上风电机组相比，市场上海上风电机组的溢价较高。许多人认为，这种价格溢价与以下因素有关：首先，风险溢价在价格中占有一定比例，这与海上风电场项目风险程度较高有关；其次，海上风电机组市场情况不同。

由于海上基础建设和海上风电场运行维护成本极高，扩大风电场规模、提高海上风电机组的可靠性尤为重要。其中，海上风电场基础的成本占总能源成本的20%。海上风电场基础结构重量较重且造价昂贵，因为巨大的结构需要大量材料和劳动力。另外，鉴于各个风电场条件不同，这些基础大多是定制设计，所以自动化程度不高，无法降低成本。

海上风电场的电气系统占能源成本的15%。与陆上风电场相比，海上风电场电气基础设施的建设更为复杂且更为昂贵。一个海上高压站从建设到维护耗资巨大。此外，连接到电网前，要铺设相当长一段距离且费用相对昂贵的海底电缆。

海上风电场的安装成本占能源成本的15%。这是由于安装设备需满足海上不确定环境的运行条件。风和海浪情况（简称为“天气”）有可能导致设备无法继续安装。天气状况导致的工期延误是增加海上风力发电成本的重要因素，详细规划后能够有效降低此成本。

海上风电场运行与维护费用占能源成本的20%。相对来说，海上风电场的运行和维护费用很高，需要昂贵的安装船和安装设备。从港口到风电场的航行距离会消耗额外的时间，同时由于天气状况而导致的工期延误，造成成本的增加和发电量的损失。长时间的巨大海浪，也会阻碍对故障机组的维修。而这段时间通常是风速很大的时候，所以无形中造成了许多潜在的发电量损失。

7.2.3 海上风电项目存在的风险

海上风电项目有许多风险，主要原因是：海上风电项目技术和组织的复杂性比陆上传统风电场高；海上条件，即风和海浪的不断影响，使得风电机组的设计、建设或任何操作都受到极大的技术挑战；海上风力发电还是相对新兴的行业，仍处于经验积累的阶段，对于一些挑战和困难尚未有成熟有效的解决方案。

7.3 海上风电场设计

7.3.1 海上风电场选址

海上风电场选址应首先评估风资源和其他海上作业者带来的制约因素，此外也要考虑特殊的技术条件。

对于一个可行的项目，良好的经济效益和良好的风资源是必不可少的。因此，选址过程中的首要步骤是开展风资源评估。计算初始发电量需要了解包括平均风速在内的天气状况。对于较大范围区域而言，天气状况的梯度变化可能发挥重要作用。其他气候特征，如湍流强度水平和极端风速也将决定该项目中风电机组的选型范围。

在项目初期，海上风能资源评估通常依赖于现有数据。对于待建的海上风电场，可以在附近安装海上风资源测量装置，也可从一定距离外的现有海上测风塔或沿海测量站向外推算风速数据。若没有任何测风仪器，可使用从全球天气模型中获取的模拟风数据。

在项目后期，如果风电场附近有风资源测量设备（例如：近海石油和天然气平台的测风设备，以及海上气象观测站），就必须根据其提供的数据进行详细的风能资源评估。如果没有此类设备，就需要进行现场测试。以适当的规格安装海上测风塔的基础需要很大的投资。因此需要应用更加节约成本的测量技术，如激光雷达技术（LiDAR）。

海上风电场选址很大程度上受到现有及未来海域使用者的制约。一些典型的海上风电场场址制约因素见表7-3。

表7-3 典型海上风电场制约因素

制约因素	详细描述
航空因素	在某些地区，低空飞行的飞机和直升机将限制风电机组叶片高度或完全不允许建设风电场
电缆	海底通信电缆（包括现有的海上风电场）可能与风电场电缆交叉。应当保持一定的安全距离（通常是几百米），尽量减少安装维护过程中电缆损坏的风险
自然保护区	出于生态保护的目的，风力发电场可能不会被允许建在保护区，或者是对技术和方法的使用有额外限制的区域
疏浚区	某些地区对疏浚区的河床材料有特许权（如挖沙或开采泥土），可能与风力发电场的运行发生冲突
海洋倾倒区	一些海上区域被指定为卸泥区。由于海底条件以及之后可能与持续倾倒行为发生冲突，这些地区一般都不适合建设风电场
环境影响	海上风电场的建设和运营对环境有一定的影响，例如对鸟类、鱼类或海洋哺乳动物群。一些特别容易受到破坏的地区最好不要建设海上风电场
渔业	因为船只和渔网将会对风电场结构和电缆造成危害，海上风电场将限制渔业发展
电网容量	风电场在合适的陆上连接点配备足够的电网容量。电网容量小或较长的出口电缆将显著降低技术或经济的可行性
军事区	出于国家安全的考虑或者便于军事演练和武器试验，一些地区可能会受到限制，这在过去也许已成惯例。除了法律法规的限制外，还有一个额外的风险，即因这些地区与过去军事活动有关，其海底可能存在未爆炸的弹药

（续）

制约因素	详细描述
天然气石油管道	海底管道可能跨越计划内的区域。应保持一定的安全距离（通常是几百米或几百公里），以避免安装或维修海上风电机组过程中对管道的损坏。此外，需要维护好接近管道的路径
天然气石油平台	风电场周围可能有配备员工的近海石油和天然气平台。为了使直升机安全到达该平台，应与风电场保持一定的安全距离（通常是几十公里）
雷达	风电机组可能会干扰军用或民用雷达工作。可以采用技术解决此问题，但可能会增加项目成本
娱乐设施	娱乐用户（如海员等）可能会反对建设海上风电场
航道	巨大货物的海船运输往往集中在指定的运输航道内。国际海事组织（IMO）严格指定海上交通分离计划，以确保航道与其他事物有一定的安全距离。此外，在国家规定或惯例的条框内，各个国家有其自定义的航线
土壤条件	土壤条件将决定适用的基础技术。若土壤条件不利，风电场的建设将非常复杂，且成本高
可视性	由于视觉污染，一些沿海居民反对建设离其居住区较近的海上风电场
水深	更深的水域增加了地基基础和安装的技术难度和成本
风和波浪	高风速是海上风力发电场项目经济可行的主要推动力。另一个重要方面是波浪和潮汐气候。波高和潮差影响基础的类型和大小，以及建设和维护工作的天气停休期 风速高、波高和潮差低的区域是最理想的开发区域
风电场	其他风电场可能已经建造或批准，因此有必要与现有的风电场保持一定的距离，以减少风场间的尾流效应

如果考虑全部制约因素对海上风电场建设的影响，几乎没有完全适合建设海上风电场的地方。因此有必要先进行软硬约束分析，利用硬约束条件来排除完全不具备建设风电场的地点。而后采取适当的缓解措施后来消除软约束这些都需要与利益相关者协调商议相关的辅助措施。

无论是在给定约束下确定可能的建设地点，还是尽量实现风力发电场的经济可行性，多准则分析都是一个有用的分析工具。

7.3.2　海上风电场的布局设计

经过选址过程，可以确定风电场的规划边界，随后，从现有风电场布局中可了解另外需要考虑的因素。此步骤中，风电机组选型（或考察风电机组的类型范围）也是关键因素。充分了解场址信息，优化布局使能源成本最低，使成本和发电量之间达到平衡。

海上风电场布局设计的关键因素有：风电机组类型、风电场容量和风电机组间距。这些关键因素联系紧密，譬如：改变风电机组的类型就要重新考虑其他三个要素。同样，风电机组间距的变化可能会改变风电场的总容量。

每个要素的选择同时取决于几个因素。首先是海上风电场的许可条件。通常会指定风电场场址边界，限制最大容量、叶片顶端高度和转子直径，也可能是限制使用某些技术，如基础类型或安装方法。许可性条件通常是基于审批过程中的影响因子评估而建立的。例如，其可能涉及航行的安全性、海底噪声或者电网容量，所以，必须综合考虑所有情况，细致了解背景信息，从而确保布局方案能兼顾所有方面。

设计风电场的第二个关键因素是尾流影响。良好的风力发电场设计应重视现场的主导风向，以减少尾流损失。例如：增加风电机组的间距可以减少尾流损失，但该方案可能降低风电场容量（边界内风电机组数量变少）或增加场内电缆的成本。因此，减少尾流损失需权衡技术和经济两方面。

两个旨在减少尾流损失的风电场布局的例子如图 7-4 和图 7-5 所示。两幅图均为荷兰 WindparkEgmond-aan-Zee（OWEZ）海上风电场。图 7-4 的风电场容量为 108MW，机组的横向排列方向与主导风向（西南）垂直，行间距较宽。第二个风电场（图 7-5 所示）离第一个风电场较近，是容量为 120MW 的海上风电场。该风电场中行排列是交错的，增加了主导风向上的有效间距。

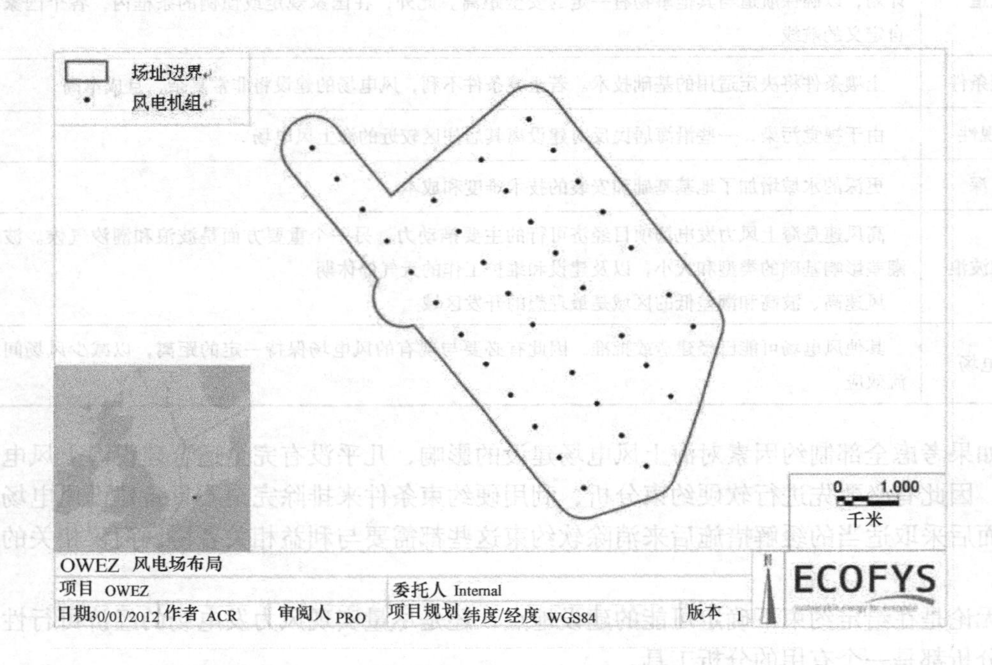

图 7-4　海上风电场布局图 a［来源：荷兰爱科菲斯公司（ECOFYS）］

海上风力发电场布局设计的第三个约束条件是现场条件，特别是湍流强度和极端风速。现场条件也会影响风电场的间隔。虽然海上湍流强度水平普遍较低，但仍有必要考虑附加尾流的湍流影响。正如尾流损失，通过增加风电场的间隔，可能降低附近尾流的湍流影响。

丹麦的 Horns Rev 风力发电场在尾流影响下有相对较低的湍流值。风电机组以 7 倍风轮直径的距离均匀分布，如图 7-6 所示。这种布机方案会降低尾流湍流强度的水平。

决定风电场布局的最后一个因素往往是成本。例如，风电场水位较深需要较大的基础，所以成本可能会更高。虽然安装大容量风电机组的数量减少了，但大型风电机组的基础更为昂贵。场设计也能影响电气基础的成本。风电场容量增加可能需要更大截面的出口电缆，这是问题的根源所在，此外，提高风电机组间距可能意味着需要更长的连接电缆。

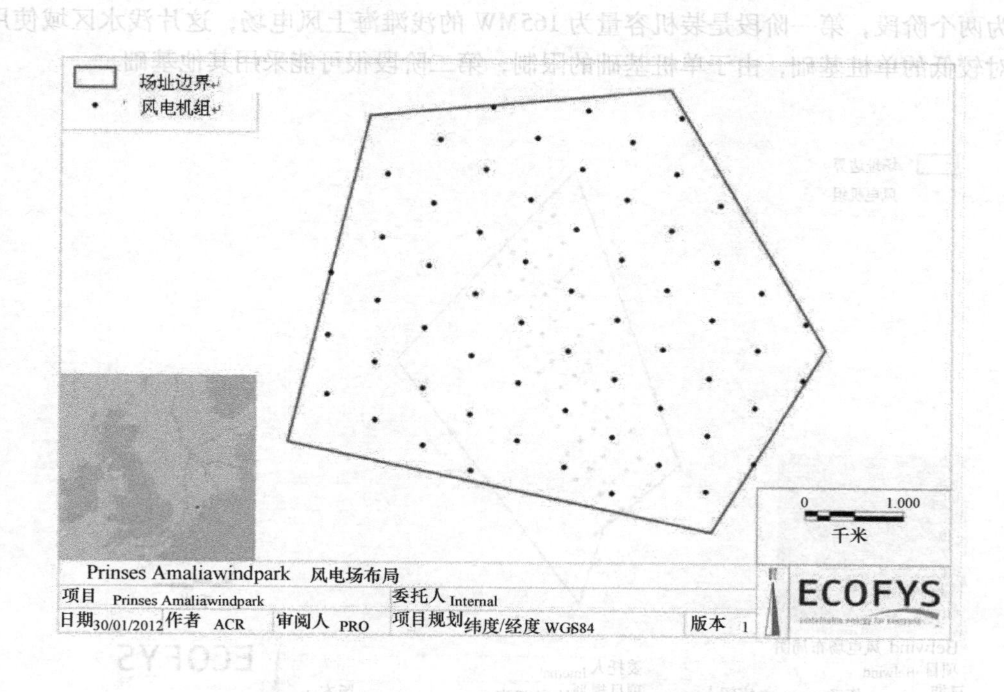

图7-5 海上风电场布局图b［来源：荷兰爱科菲斯公司（ECOFYS）］

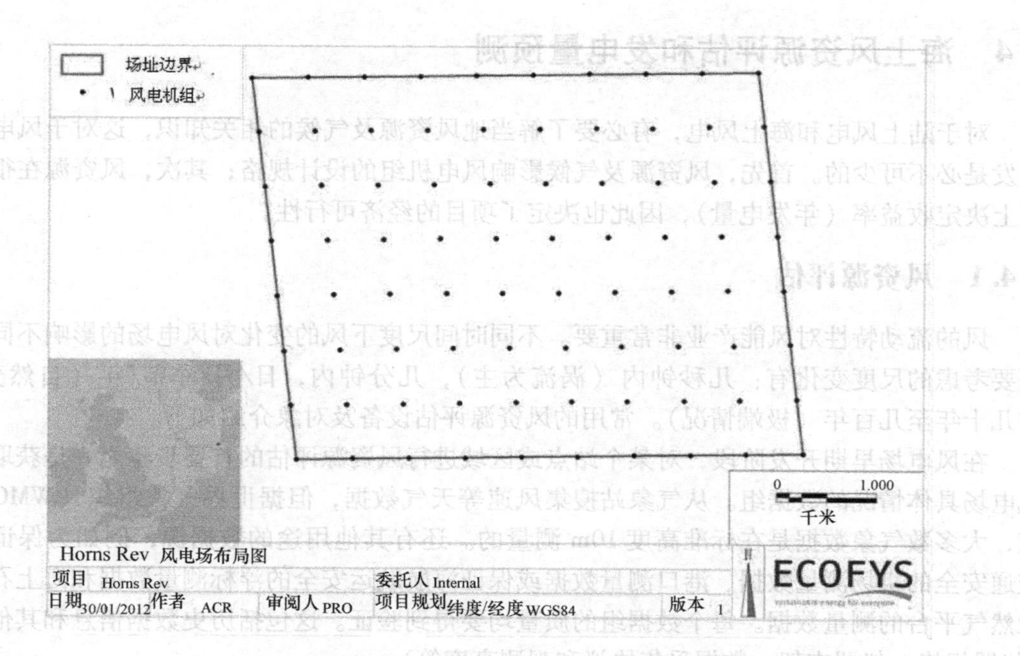

图7-6 海上风电场布局图c［来源：荷兰爱科菲斯公司（ECOFYS）］

如图 7-7 所示，海上风力发电场 Belwind 的布局设计主要是为了最大限度降低成本。此项目分为两个阶段，第一阶段是装机容量为 165MW 的浅滩海上风电场，这片浅水区域使用成本相对较低的单桩基础，由于单桩基础的限制，第二阶段很可能采用其他基础。

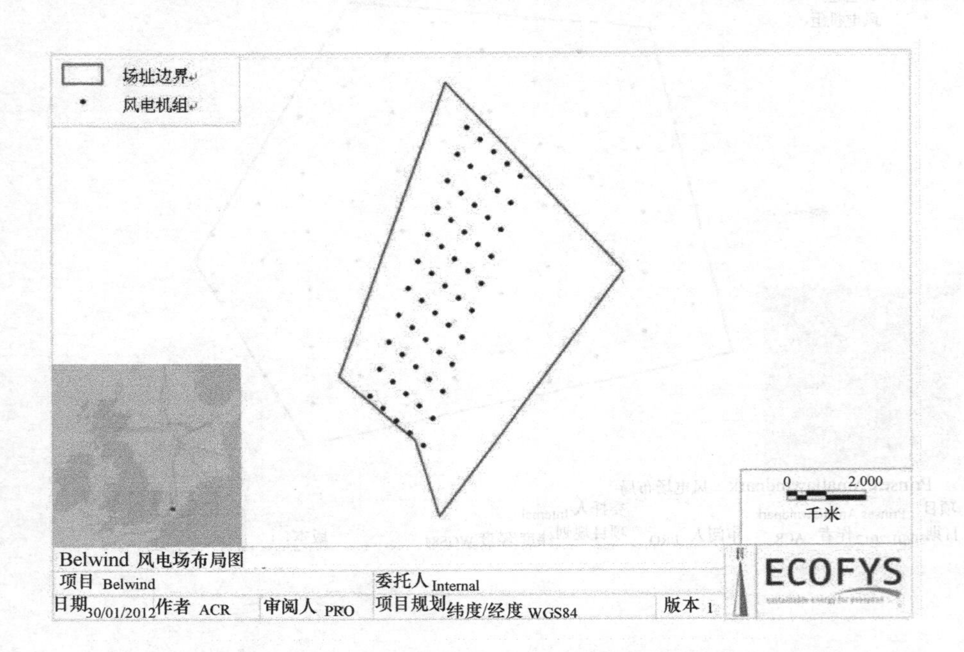

图 7-7 海上风电场布局图 d［来源：荷兰爱科菲斯公司（ECOFYS)］

7.4 海上风资源评估和发电量预测

对于陆上风电和海上风电，有必要了解当地风资源及气候的相关知识，这对于风电场的开发是必不可少的。首先，风资源及气候影响风电机组的设计规格；其次，风资源在很大程度上决定收益率（年发电量)，因此也决定了项目的经济可行性。

7.4.1 风资源评估

风的流动特性对风能产业非常重要。不同时间尺度下风的变化对风电场的影响不同，必须要考虑的尺度变化有：几秒钟内（涡流为主)，几分钟内，日/月/季节/年（自然变化）和几十年至几百年（极端情况)。常用的风资源评估设备及对象介绍如下。

在风电场早期开发阶段，对某个站点或区域进行风资源评估的首要步骤之一是获取适合风电场具体情况的数据组。从气象站搜集风速等天气数据，但据世界气象组织（WMO）规定，大多数气象数据是在标准高度 10m 测量的。还有其他用途的数据源，例如为保证空中交通安全的机场测量数据、港口测量数据或保证海航航运安全的浮标测量数据和海上石油或天然气平台的测量数据。每个数据组的质量均要得到验证。这包括历史数据信息和其他数据（仪器规格、仪器支架、数据采集协议和观测高度等)。

一些国家的政府机构通过补贴和资助建立气象公共测风塔来加速海上风电行业的发展，测量质量通常很高。然而，这些措施并不常见，且大部分海上测风塔是私人所有，数据是保密的。测风塔为某一地区提供一般性服务，所以测风塔不可能恰好位于某个（计划中的）风电场内。

近年来，卫星图像作为另一种海上风速分布图得到广泛应用，但卫星技术也存在一些问题，如：基于对图像解释得到的“风速测量”是一种间接计算方法，其准确度有限。某些地区时间和地点的覆盖范围取决于实际的卫星轨迹，所以可解释为长期平均值。然而，为了更好地对风能进行开发和利用，人们仍大力致力于基于卫星系统的信息等相关研究。

常规气象预报通过求解数字模型得到数值天气预报（NWP）。提供如风速和风向等数据。通过观测值验证后，可创建追报数据组。虽然数据实际上已经由模型得到，但通过与观测值比对，其质量可得到提升。这些模型数据组能覆盖较大面积，但空间分辨率很低，此时，还需应用局部内插方法，该方法同样适用于较为粗糙的垂直分辨率的处理。

区域风速的大小信息往往由风能图谱测绘得出。一方面，使用者通过某一地区的风能图谱了解风速相关信息；另一方面，风能图谱展示了测量活动和建模工作的结果。海上大型风能图谱目前已有出版，可用它来辅助初期选址现场勘查。由于基本信息和模型会造成较低的分辨率，这种图谱的精度通常是有限的。另外，一个有限区域内的详细风能图谱（例如拟建的风场）需花费更多精力，当然风能图谱也可用于详细的布局设计。例如：近期由中国气象局出版的中国海上风能图谱（2011）。

由于取得当地风速数据组的最好方法是在现场树立专用测风仪，所以仪器仪表的质量和设计方案最好尽可能符合国际电工委员会（IEC）要求。由于观测高度应接近轮毂高度，故目前测风塔可达100m以上。而由于这种气象测风塔费用昂贵（取决于风电场，特别是海水深度），因此，决定安装气象塔前，项目开发人员需要具有良好的经营状况。特别是在英国，一些开发商已拥有自己的测风塔，但最后，项目规划的数据组的持续记录时间仅限于1年或几年。这说明仍需要其他信息来达到对风场的长期了解。

近些年，声雷达和激光雷达制造商，即声音探测和测距以及光检测和测距的相关厂商对风能产业产生极大兴趣，积极调整其产品规格以适应风能测量的需要。最大测量范围缩减到200~300m，同时提高了垂直分辨率。其中，激光雷达具有尤其广阔的应用前景。

声雷达（或激光雷达）可作为专用海上风能测量工具之一。将仪器放在一个固定的结构上，该结构可以是现有的（如石油或天然气平台），也可以为海上风电场专门设置。相比传统的海上测风塔，前者较为便宜，后者较昂贵，但好处是该结构的气象测风塔高度小于100m。

还有一种较为实用的方法，即将光雷达放置于漂浮物上（如浮标）。由于其尺寸小、功耗低，目前已有多家公司已开始提供此项服务。考虑到浮标在各个方向连续移动，其测量质量需得到进一步验证。此外，该系统应具有独立操作能力，因此需要较高的技术可靠度。

综上，激光雷达是一般陆上测量工具的首选，也可作为海上（浮动装置）测量工具。

7.4.2 海上风电发电量预测

风电场风资源评估方案拟定后，即可计算拟定风电场的产值。在优化过程中，风力发电场的特性（风电机组的数量、类型、轮毂高度和位置）均可能发生改变，对预期收益（或者称为年发电量（Annual Energy Production，AEP））会有较大的影响。本节介绍优化计算的一般方法，该方法同样适用于与海上风电场不同的陆上风电场。

图7-8所示流程图表示风电场年发电量的一般计算方法，介绍了从风速信息及其他输入量得到最终结果的整个过程。

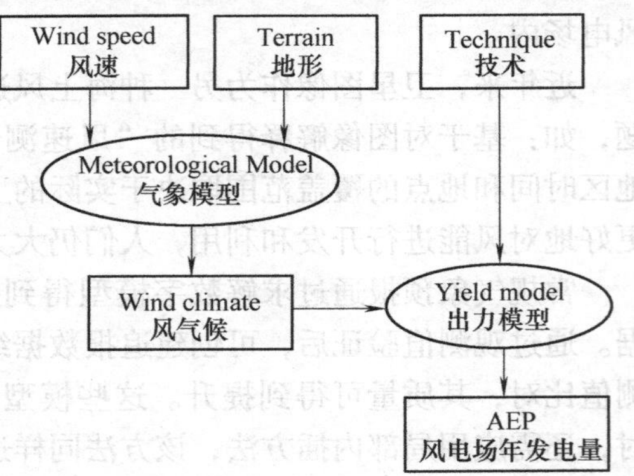

图7-8 某风电场年发电量计算流程图

最上方三个方框表示需要三种类型的输入信息：风速、地形和风电机组规格（技术部分）。将风速和地形信息输入到气象模型来模拟当地广义的风气候。技术规格和风气候信息输入到出力模型得到所需的结果。下文着重详细介绍每一部分的具体内容。

风速的测量结果是产能预测的基础，这里的风速不仅仅指平均风速。虽然普遍认为风速是评判某个地区风能资源好坏的第一指标，但其他特性也不容忽略。除了风速，风玫瑰图也是重要评价指标之一，因为风频率是风向的函数，影响风电场的布局优化。另外一个重要的指标是频率分布，即每个风速区间发生的频率。

风的重要特性之一是随高度的变化规律，即风廓线。风廓线的形状由两点决定：一是由地表的平滑度，即表面粗糙度所造成的机械摩擦效应；二是温度廓线的热效应，热效应使大气具有稳定、不稳定或者中性三种状况。根据定义，中性大气是指大气中的热效应相比机械效应（通常是在高风速下）可以忽略不计的情况。

为表征地表摩擦力的大小，可以将地形粗糙度量化。其表现形式可以是粗糙等级或粗糙度（单位：m）。可将海平面看做一个广阔海域，其表面粗糙度由波浪决定，粗糙度随着风速的增加而增加。然而，大多数情况下，粗糙度均以平均值计算（0.0002m）。

海上与陆上风电场的地形特点不同。在某些情况下，障碍物可能影响风电机组附近风的流动，但粗糙度对海上风电场影响较小。

气象模型环节是把风速和地形信息输入到模型中，此模型以边界层气象领域的科学研究结果为基础。普遍使用的方法是由丹麦科技大学风能中心（前身是Risϕ实验室）开发的WAsP软件。

时间特性及时间尺度是最终要考虑的因素。例如，用一年风速测量值作为基本信息，必须将其转换为长期特性值（10~20年）。

风气候参数信息至少包括长期平均风速、风玫瑰图和风速频率分布。理想条件下还包括湍流强度，由其可推导出极端值。这些参数可用于制造商评估风电机组是否符合IEC要求。

风电机组技术信息包括风电机组的技术规格，如轮毂高度、现场机位等基本信息。最重要的是功率曲线，即给出风速与功率输出间的函数关系。其次是*Ct*曲线（推力曲线），即考虑风轮前后风速值的变化。

正在开发的项目需要计算年发电量（AEP），也可理解为年平均上网电量。结合实际电价，年发电量是项目收入的主要影响因素。

确定风气候参数后，年发电量通过以下三步计算得到：

（1）理想发电量。理想发电量指的是仅考虑风电机组 *Pv* 曲线的发电量。其结果是理论值，不考虑尾流损失等其他损失。因而此结果即是将一个风电场假设为一台风力发电机组。

（2）总发电量。总发电量包括尾流损失，考虑到了风电场不同风电机组的具体机位、风气候特性（风玫瑰图）和风电机组的技术参数（*Ct* 曲线）等参数。海上风电场的尾流损失往往很大（一般为10%～20%），是造成海上风电场发电量不确定性的主要因素之一，目前国内外已有大量关于如何改善尾流模型的研究。

（3）净发电量。净发电量指考虑所有损失因素的计算和估计值。因为有些因素不适用于所有情况，所以必须检查每个具体场址各种可能的影响内容。具体包括：不可利用率的损失、电力损失、叶片污染和退化、强制关机、高风速滞后现象、功率曲线修正和损失缩减等。

7.4.3　不确定性分析

不确定性来源于风电场运行数据和建模步骤的偏差。风电场运行数据总存在误差，模型是实际的简化，存在局限性。所以对于海上风电项目，有关项目选址和测量持续时间、测量仪器位置的选取均是考查重点。

首先，计算具有不确定性的长期平均风速，单位为m/s。其次得出这种不确定性对输出功率的影响（以MW·h/年表示）。然后将从风速到输出功率的所有不确定值累加得到总的不确定度。与陆上风电项目类似，海上风电场的结果通常表示为50%～90%置信度下的某个可信区间。

7.4.4　中国海上风电建设应考虑的因素

中国的海上风电场建设应考虑中国海岸线及海上风气候的具体特点。评价海上风气候有以下几个重要的方面：影响风电机组设计的极端和湍流条件，决定项目经济可行性的长期平均风速，对风力发电的经济价值和运行维护策略。这些气候信息来自现场安装的标准气象测风塔及其他辅助设备。

中国风电场轮毂高度的平均风速大多为9m/s～10m/s，另外我国台风天气下的极端风速较高，风电机组的设计应尽可能符合中国国情。

7.5　海上风电场的建设与安装

本节介绍海上风电场建设与安装的方法。海上风电场的运维工作与风、波浪、潮流等自然状况密不可分，所以，在应对这些不确定性问题时需要周密的规划。

7.5.1　规划

项目规划贯穿了海上风电项目的整个周期，包括开发、招投标、工程详细设计、制造、项目执行等阶段。在所有规划内容中，优先考虑关键的活动。现以单桩为例，海上风电场的基础安装过程如下：准备港口来接收基础、基础送达港口、将一定数量的基础输送到自升式海上安装船、自升式海上安装船驶向风电场场址、自升式海上安装船就位、安装单桩基础、安装过渡段、调整过渡段至垂直以及过渡段灌浆。

以上过程也可划分为单桩安装和过渡段安装两部分。在有些情况下，安装过渡段时需选择单独的船只。比如，当单桩基础较重时就需要造价较高的自升式海上安装船，而过渡段的运输和安装对安装船没有过多的要求。这样就可以分开进行运输和安装，另使用一套更小更便宜的自升式海上安装船来安装过渡段，减少造价较高的安装船的使用时间，降低了成本。安装过渡段和调整过渡段至垂直的活动可以在更小的安装船只上完成。过渡段的垂直度调整和灌浆工作可以主要在多功能、动态定位的船只上完成。

天气是影响所有过程规划的重要因素。有些过程的开展受天气影响很大，如电缆的敷设；还有些过程受天气影响较小，但是耗时更多，如单桩过渡段的安装；有些活动受海浪的影响很大，如安装自升式平台的升降；有些活动受到风速影响，如风电机组机舱和叶片的安装。

7.5.2 天气影响

如果海上风电场的安装准备工作不充分，并且选择了错误的季节开工，将会导致海上作业的耗时翻倍。如果遇到天气状况恶劣的年份，工作时长甚至还会显著增加。

以典型的欧洲北海风电场的安装为例。该风电场有大约45台机组，机组的安装使用统一的自升式平台。如果从四月份开始安装基础，所有的安装程序大约需要170天。但是，如果从九月份开始安装基础的话，相同的程序需要210天，比四月份的情况多消耗了25%的时间。

虽然天气情况不可控制，但是可以通过合理的规划来减少天气对安装和敷设的影响，受天气影响大的过程可安排在天气情况良好的时候。风电机组的安装必须在不超过12m/s的风速下进行，敷设和接通电缆的工作必须在不超过1.25m的浪高下进行，二者不应该安排在冬天。

7.5.3 海上风电场机组及相应设备的安装

海上风电场机组及相应的设备的安装，应根据不同项目的特点分别讨论。本节将借助图例概述欧洲海上风电项目使用的不同安装方案。

图7-9为大型浮动船Svanen将一根桩拖向风电场址的情景。气候温和的时候Svanen效率很高，但恶劣的天气条件会降低该浮动船的利用率。用大型浮动船安装过渡段并不合适，因为在浮动的平台上向固定点安装部件可行性不高。此外，用大型船搬运相对较轻的过渡段，不够经济。因此，常采用更小的自升式海上安装船，如图7-10所示。

自升式海上安装船长度约50～60m，宽度约30～40m，配备了容量为300～500t的起重机。这种起重机虽然不足以举起单桩，但适用于过渡段和机组的安装。

下一代大型自升式海上安装船体积显著增大（大约为120m×50m）。它们能够举起5～6根大型单桩，能够自主推进，可以动态定位（不会因为抛锚浪费时间），配备至少800t的起重机和5000t的有效载荷。使用这种船只进行机组安装时，尽管可以充分利用甲板空间和承载能力，但是起重机的利用率非常不足，最终会增加成本。

图7-11为整个灌浆过程。典型的灌浆设备由两个开顶集装箱构成，里面有水泥浆原材料、两台拌浆机、一个灌浆泵和一个备用泵。用一艘多功能船就能轻易完成这部分工作，避免了使用安装船的昂贵费用。

图7-9　大型浮式安装船运送桩

图7-10　小型自升式海上安装船，适合过渡段和机组的安装

图7-11　灌浆过程

7.6 海上风电场运行与维护

本节将简要介绍海上风电项目中运行与维护的关键问题，涵盖了海上条件对项目的影响及对海上风电场可及性的限制、运行维护的规划、设计及腐蚀防护。所谓可及性，简单地说，指一个地方能够从另外一个地方到达的容易程度，它可以用空间距离、拓扑距离、旅途距离、旅行时间或运输费用来衡量。

1. 海上天气的影响

海洋是一个高风险的环境，人员暴露在严酷的气候条件下，不具备陆上具有的正常医疗和安全措施。在这种环境下安全有效的工作需要周密的规划、相关人员接受专门训练和严格遵守良好的设计规程。

海上的天气状况和特殊的海浪波动性使坐船前往风电场的工作人员感到非常不舒适且容易疲劳。由于晕船，许多人员并不适合从事这份工作。此外，很多时候由于波浪、风和潮流条件的限制，难以进行人员的安全转移。

气候的季节性变化十分重要。在英国，秋冬季海洋的风浪很大，这个时候的可及性就非常小。所以任何维修计划都应该安排在气候较平和的春夏季节。

2. 运行与维护步骤的规划

在项目的早期阶段需要准备一套详尽的海上风电场运行与维护计划，内容包括：项目开发目标和战略运作阶段、海上状况介绍和安全保障、海上风电场项目的检查和维护活动、运行维护组织（员工信息、服务提供商信息）、可及性要求（船只、码头和起重机）、备品备件及工具配置和物流配置情况（船舶和仓库）。

在制订计划之后提出具体的要求，它是业主组织运行与维护的基础和服务合同的条件，内容包括：健康、安全和环境体系；设计和建造要求；服务合同要求；风电机组性能保证；激励性服务合同；天气风险、船只技术规格和报告。

3. 维护方法

对海上风电场检查与维护的详细规划应该在项目的早期就开始实施。通常情况下一套完整的方法包括：

1）根据预定的安排表进行定期检查；

2）基于先前对部件状态或危险程度的检查结果，预估状态及风险程度；

3）根据预定安排表进行定期的预防性维护；

4）修复性维修。

气候条件（风、海浪、水流）常常对海上风电场可及性造成限制，这使发生意外故障时的维修变得非常困难和昂贵。比如，如果风电机组发生故障时正值暴风雪，昂贵的船只和设备就只能等待天气好转时前去维修。此外，机组停机的时候可能和强风期重合，造成发电量及相关效益的重大损失。

海上风电场有效的运行维护依赖于积极主动的规划和安排。这样可以将修复性维修的工作集中在合适的季节。有了足够的提前期，就可以预定到合适船只、设备和人员。此外，维修应安排在状态恶化之前以避免出现停机。这可将发电量的损失降到最低，因为维修时间直接影响了机组的停机时间。通常情况下重点在定期和基于状态的维护，目标是将意外故障和修复性维护降到最低。

基于运行状态的维护方法是否成功取决于：有效的检查机制；合适的风电机组状态监测系统和风电场配套设备。其中状态监测系统的重要性更加突出，且已编入欧洲的海上风电机组标准中。这些系统不仅要求在风电机组中安装正确的设备，还需要定期地监测和有经验人员对系统数据进行分析。同样，在许多实例当中对SCADA数据的分析也能提供有价值的信息。

除了监测和安排维护，也需要对运行维护阶段的活动进行详细阐述。这包括具体规程的定义和前期及施工阶段的工作方法，其中最重要的方面是设备安全性和可维护性。维修规程考虑如何到达、维修和替换所有部件。此外，还需要考虑所有材料和耗材的储存、运输和处理，这些都与设计紧密相连。

4. 运行维护的要求与建设阶段的联系

在运行维护阶段，使工作经济有效的关键步骤是对维护计划的优化。但是，许多情况下这与设计、使用技术的可靠性和制造安装的质量保证都有紧密的关系。通常，海上风电场运行维护费用昂贵，这就要求建设风电场之初就要考虑如何将这些费用最小化，提高安装技术的可靠性和易维护性。具体要求如下：

1）确保合同中有关供应、安装和维护的技术参数正确；

2）确保设计的合理性，比如材料选择、可靠性、可检验性和可维护性；

3）保证制造和安装工作中的质量，以确保海上风电场按照要求建造；

5. 物流设置

海上风电场可及性的困难引发了一系列运行维护的物流概念。大多数时候物流设置取决于快速转移的船只，它能将人员和装有零部件与材料的包装运输到风电机组。船只抵达码头，将挡板抵住，人员登上机组，就完成了整个运输过程。海浪的条件给这个方法带来了极大的制约。

有些海上风电场已经使用直升机来克服海况带来的约束。但是这种方法价格十分昂贵，而且对装载人员的数量和运载的重量都有限制。

现在已开发出了多种运输系统。从动态稳定的舷梯系统，到保持船只起伏稳定的机械臂，都已经应用到了海上风电场的施工、调试和运行维护阶段。此外，风电行业的业主和服务供应商也进行过多次尝试，正在逐渐积累这些系统的运行经验，今后有望在设计上带来更大的提高。

6. 运行维护性能建模

鉴于海上风电场运行可靠性对项目可行性的重要程度，需要进行大量的建模工作，包括：海上风电场的预期故障率和可利用率；检查和维护工作需要的物流运行；海上风电场性能在技术及合同上的测试。

7. 防腐蚀

在项目的预期寿命内，腐蚀是一个影响海上风电场可靠运行的主要因素。这得到了具有数十年相关经验的海运业和海上石油天然气行业的普遍认同。含有盐分的海水、湿润的空气和海洋的温度都会对全钢结构和零部件构成威胁。因此，需要大量的防腐蚀措施来保证这些结构的耐久性。通常情况下，防腐蚀措施采用以下三种方法相结合：加大钢厚度，使用涂层系统和阴极保护系统。

特殊的腐蚀问题还与以下方面有关：船舶摩擦（或撞击）基础的机械载荷，尤其来自于定期的检查和维护活动；鸟类和海洋生物的污染，会对涂层有影响；涂层局部损伤产生的点状腐蚀会影响疲劳强度。

海上的维护和维修费用昂贵，且易受到海洋条件的阻碍。比如，对海上基础结构涂层系统损伤的维修就需要使用昂贵的准备措施和物流支持。有些地方可及性极差，尤其是那些靠近吃水线的区域。此外，由于外界条件中盐分、海水和潮湿空气的影响，任何海上涂层维修工作的持久性都不如陆上好，因此高质量防腐蚀系统极共重要。

此外，需要一套专用的检查制度来监测防腐蚀系统的正常工作。因为环境恶劣，涂层有任何损失或者阴极保护系统有任何恶化，都要立即进行维修，以避免对结构和涂层的进一步损伤。

8. 涂层

传统的涂层系统由一个多层系统构成，市场上的系统品牌众多。除了选择一套高质量的涂层系统，还要确保涂层的使用符合制造商的说明规范，比如温度、湿度、表面处理、固化时间和使用技术。实际中涂层的问题与使用不当有关。

9. 阴极保护系统

阴极保护系统用于防止水底钢结构受到腐蚀，保持海水和钢结构之间的电位差处于比较合适的水平，从而防止钢结构表面受到电化学腐蚀。

实际应用中阴极保护系统主要分为以下两种：

（1）牺牲阳极的阴极保护系统：由海水中的一块小金属（通常为含有铟催化剂的铝锌合金）为钢结构提供电动势。在整个项目寿命期内，该系统足以对海水中的钢结构进行持久稳固的腐蚀防护。

图 7-12 所示为安装于基础顶端的牺牲阳极的阴极保护系统。

图 7-12　安装于基础顶端的牺牲阳极的阴极保护系统

（2）施加外电流的阴极保护系统：通过直流电源对钢结构施加合适的电动势，其产生的电流可以在一定程度上为受腐蚀钢构件提供保护。由于施加在钢构件两端的电动势大小可以调节，这种方法应用很灵活。但若电压过大，则氢原子的结构和钢构件的表面涂层有可能受到破坏。

两种阴极保护系统的主要设计参数包括：防止腐蚀所需的最小电动势；保证钢结构所有部件都受到防护的电动势空间范围；保护系统的寿命（特别是牺牲性阳极的阴极保护系统）；安装方法，保证阴极保护系统在安装过程中无损坏；保护系统的稳固性和可维护性。

两种系统都要求监测系统的持续运行，监测过程通过测量整个结构上的钢体和海水的电势差来实现。

10. 防腐蚀材料的使用

对钢结构进行腐蚀防护的同时，应增加对不受腐蚀材料的使用，特别是二次钢结构部件，例如：应用于栅栏、扶手及其他部件的玻璃纤维加强塑料，以及海洋用不锈钢。

对于使用防腐蚀材料的情况，除了关注原有的电化学腐蚀外，还应特别重视防腐蚀材料与主结构的连接。

11. 腐蚀防护面临的挑战

由于海上资源的复杂性和特殊性，海上风电场腐蚀防护工作面临许多挑战：首先，一般处于海浪冲刷区的结构最易受到腐蚀，但是由于阴极保护系统无法应用于这些区域，对该区域的防腐工作带来了一定的困难。同时，这些位置的防护涂层修护工作也很困难；其次，微生物也会引起腐蚀。能够引起腐蚀的微生物种类很多，有一些甚至可以在无氧条件下造成构件腐蚀。微生物引起的腐蚀比想象中要严重得多，甚至有可能出现局部凹坑或孔蚀。

所以，加强和预防钢结构的内部腐蚀非常重要。早期欧洲设计的许多单桩基础内部为密封结构，没有防护涂层，可腐蚀容量小。但由于电缆和套管等不可避免需要穿过单桩基础外壁，因此密封结构有可能因出现泄漏而有氧气和海水进入，所以也有人对这种设计持怀疑态度。开发更适合海上风电场的防腐蚀措施变得愈加紧迫。

参考文献

[1] 吴培华．风电场宏观和微观选址技术分析［J］．科技情报开发与经济，2006，16（15）：154-155.

[2] 熊礼俭．风力发电新技术与发电工程设计、运行、维护及标准规范实用手册［M］．香港：中国科技文化出版社，2005.

[3] FD003—2007，风电机组地基基础设计规定［S］．北京：水电水利规划设计总院，2008.

[4] 贺德馨，等．风工程与工业空气动力学［M］．北京：国防工业出版社，2006.

[5] GB/T 18709—2002，风电场风能资源测量方法［S］．北京：中国标准出版社，2002.

[6] GB/T 18710—2002，风电场风能资源评估方法［S］．北京：中国标准出版社，2004.

[7] 熊信银．发电厂电气部分［M］．3 版．北京：中国电力出版社，2004.

[8] 冯金光，王士政．发电厂电气部分［M］．北京：中国水利水电出版社，2002.

[9] Vladislav Akhmatov. Induction generators for wind power［M］. Essex：Multi-science Publishing Company，2006.

[10] 朱永强，张旭．风电场电气系统［M］．北京：机械工业出版社，2010.

[11] DL/T 5014—2010，330kV ~750kV 变电站无功补偿装置设计技术规定［S］．北京：中国电力出版社，2010.

[12] DL/T 5242—2010，35kV ~220kV 变电站无功补偿装置设计技术规定［S］．北京：中国电力出版社，2010.

[13] DL/T 620—1997，交流电气装置的过电压保护和绝缘配合［S］．北京：中国电力出版社，2004.

[14] DL/T 621—1997，交流电气装置的接地［S］．北京：中国电力出版社，2009.

[15] GB 14285—2006，继电保护技术规程［S］．北京：中国计划出版社，2012.

[16] DL/T 5149—2001，220kV ~500kV 变电所计算机监控系统设计技术规程［S］．北京：中国电力出版社，2002.

[17] GB 14285—2006，继电保护和安全自动装置技术规程［S］．北京：中国标准出版社，2006.

[18] DL/T 5137—2001，电测量及电能计量装置设计技术规程［S］．北京：中国电力出版社，2002.

[19] DL/T 5044—2004，电力工程直流系统设计技术规程［S］．北京：中国电力出版社，2004.

[20] 吴志钧．风电场建筑物地基基础［M］．北京：中国计划出版社，2009.

[21] J F Manwell，J G McGowan，A L Rogers. Wind energy explained：Theory，design and application［M］. London：John Wiley & Sons Ltd，2002.

[22] 包小庆，张国栋．风电场测风塔选址方法［J］．资源节约与环保，2008，24（107）：55-56.

[23] NREL. Wind resource assessment handbook［M］. New York：AWS Scientific，Inc ，1997.

[24] DL/T 666—2012，风力发电场运行规程［S］．北京：中国电力出版社，2012.

[25] DL/T 797—2012，风力发电场检修规程［S］．北京：中国电力出版社，2012.

[26] DL/T 796—2012，风力发电场安全规程［S］．北京：中国电力出版社，2012.

[27] 杜杰．大型风电场远程监控系统的研究和应用［D］．杭州：浙江大学，2005.

[28] 顾煜炯．发电设备状态维修理论与技术［M］．北京：中国电力出版社，2009.

[29] 龙泉，刘永前，杨勇平．状态监测与故障诊断在风电机组上的应用［J］．现代电力，2008，25（6）：55-59.

[30] 张雨，徐小林，张建华．设备状态监测与故障诊断的理论和实践［M］．北京：国防科技大学出版社，2000.

[31] 陈波．分布式远程故障诊断专家系统的框架及若干关键技术的研究［D］．大连：大连理工大学，2002.

[32] 陈仲生，杨拥民. 机器状态监测与故障诊断综述 [J]. 机电工程，2000，17 (5)：1-3.
[33] Wiggelinkhuizen E J, Verbruggen T W, Braam H, et al. CONMOW: Condition monitoring for dff-shore wind farms [C]. European Wind Energy Conference and Exhibition, 2007, 5: 7-10.
[34] 程鸿机，吕振. 设备状态监测与故障诊断技术的基本原理与方法 [J]. 山东建材，2000 (1)：17-19.
[35] 徐海峰，张世惠，吴昊. 状态监测在风电机组齿轮箱上应用的探讨 [J]. 风力发电，2002，18 (4)：24-26.
[36] Hameed Z, Hong Y S, Cho Y M, et al. Condition monitoring and fault detection of wind turbines and related algorithms: A review [J]. Renewable and Sustainable Energy Reviews. 2009, 13 (1): 1-39.
[37] 王坚，张英堂. 油液分析技术及其在状态监测中的应用 [J]. 润滑与密封，2002 (4)：77-78.
[38] 王小斌. 油液分析技术在机械设备状态监测中的应用分析 [J]. 煤炭技术，2001，20 (9)：52-53.
[39] 廖静卿. 油液分析在设备状态监测中的应用 [J]. 润滑与密封，2005 (4)：207-208.
[40] Garc'la M'arquez F, Tobias A, Pinar P'erez J, et al. Condition monitoring of wind turbines: Techniques and methods [J]. Renewable Energy, 2012 (46): 169-178.
[41] Sheng S, Veers P. Wind turbine drivetrain condition monitoring-An overview [C]. NREL, 2011.
[42] 刘永前，韩爽，胡永生. 风电场出力短期预报研究综述 [J]. 现代电力，2007，24 (5)：6-11.
[43] 杨校生，吴金城. 风电场建设、运行与管理 [M]. 北京：中国环境科学出版社，2010.
[44] 宋海辉. 风力发电技术及工程 [M]. 北京：中国水利水电出版社，2009.
[45] Joespn Szarka. Wind Power in Europe-Ploitics, Business and Society [M]. New York: Palgrave Macmillan, 2007.
[46] Tony Burton, Nick Jenkins, David Sharpe, et al. Wind Energy Handbook [M]. Chichester : John Wiley&Sons, Ltd, 2001.
[47] 严陆光，等. 中国电力工程大典 第7卷：可再生能源发电工程 [M]. 北京：中国电力出版社，2010.
[48] 杨校生. 风力发电技术与风电场工程 [M]. 北京：化学工业出版社，2012.
[49] 邵联合. 风力发电机组运行维护与调试 [M]. 北京：化学工业出版社，2012.
[50] 中华人民共和国主席令第二十一号. 中华人民共和国招投标法 [S]. 北京：中国方正出版社，2000.
[51] 国家发改委2000年3号令. 工程建设项目招标范围和规模标准规定 [S]. 北京：中国法制出版社，2000.
[52] DL/T 5191—2004. 风力发电场项目建设工程验收规程 [S]. 北京：中国电力出版社，2004.
[53] Global wind statistics 2012 [R]. Global Wind Energy Council, 2013.